超级记忆术

横扫全球的记忆法大全

—— 彩图版 ——

陈 玢 / 主编

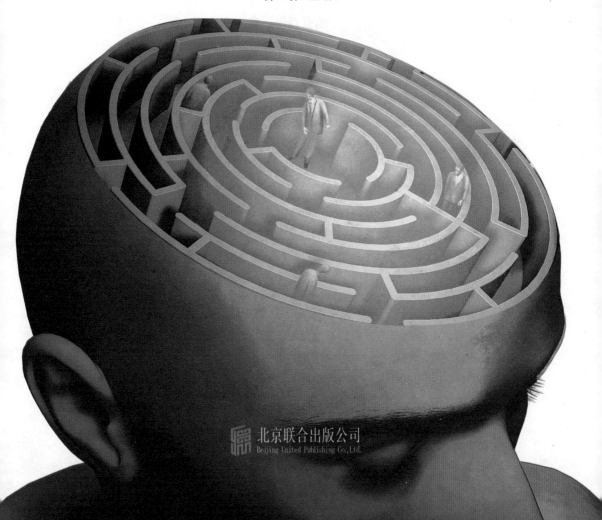

北京联合出版公司
Beijing United Publishing Co.,Ltd.

图书在版编目（CIP）数据

超级记忆术：横扫全球的记忆法大全：彩图版/陈玢主编. —— 北京：北京联合出版公司，
2015.12（2024.4 重印）

ISBN 978-7-5502-6885-2

Ⅰ. ①超… Ⅱ. ①陈… Ⅲ. ①记忆术 Ⅳ. ① B842.3

中国版本图书馆 CIP 数据核字 (2015) 第 313053 号

超级记忆术：横扫全球的记忆法大全：彩图版

主　　编：陈　玢

责任编辑：龚　将　王　巍

封面设计：彼　岸

责任校对：赵宏波

北京联合出版公司出版

（北京市西城区德外大街83号楼9层　100088）

三河市华阳宏泰纸制品有限公司印刷　新华书店经销

字数602千字　　720mm×1020mm　1/16　28印张

2016年1月第1版　2024年4月第20次印刷

ISBN 978-7-5502-6885-2

定价：75.00元

前言
PREFACE

为什么我们那么在乎自己的记忆？仅仅是为了找到丢了的钥匙或者想起有用的数字吗？答案是否定的。记忆包括我们的身份、个性与智力，以及所有我们想要保存的经历的总和。事实上，我们一直不断地将记忆运用于日常生活中，尽管我们常常没有意识到这一点。

为什么学习那么用功却总也记不住？为什么电话号码、重要日子记了又忘？为什么看到一张十分熟悉的面孔却想不起名字？为什么连重要的谈判会议都能忘词？为什么打个岔就忘了自己要干什么了？为什么经常在家翻箱倒柜地找东西？你是否对自己的记忆力抱怨不已？你的记忆潜能还有多少没有被挖掘出来？你是否想拥有超级记忆力，成为读书高手、考试强将、职场达人？

研究表明，人脑潜在的记忆能力是惊人的和超乎想象的，只要掌握了科学的记忆规律和方法，每个人的记忆力都可以提高。记忆力得到提高，我们的学习能力、工作能力、生活能力也将随之提高，甚至可以改变我们的个人命运。

众所周知，随着年龄的增长，我们的记忆力会减退，然而这并不是无法改变的灾难，在明白了我们的记忆是如何工作的之后，我们可以使它的效能得以提升，从而提高学习能力、工作能力和生活能力。

为了帮助读者开发大脑潜能、改善记忆力状况、快速获得提高记忆力的方法，本书在综合了记忆领域研究成果的基础上，解释了记忆的复杂机制，系统地阐述了记忆力的形成、保持、再现，以及遗忘等记忆活动的规律特点，深入探讨了影响记忆力的因素，并介绍了包括联系法、位置法、机械学习、路线记忆、记忆地图、外部暗示法、感官记忆法、图像记忆法、逻辑推理法等多种有利于提高学习成绩的记忆方法。书中还针对不同学科的特点，提出了专项记忆法，所举实例涉及语文、政治、数学、英语、历史、地理、化学等多种学科，对于改变机械的记忆方式、增强记忆效果、提高学习成绩具有指导意义。同时，编者还选录了一些提升记忆力的思维游戏，以帮助读者找到适合自己的记忆方法。

　　丰富的内容、精彩的游戏、科学有效的方法，结合大量的实用技巧，不仅可以帮助学生提高学习效率，而且对于上班族、需要创造力及想象力的专业人士，以及随着年龄的增长而有必要重新给大脑充电的人，都有很大的帮助。只要认真按照本书中的方法去做，就一定能开启你的记忆潜能，从而成为记忆超人，实现自己的理想。

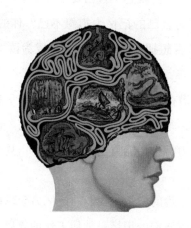

目 录
CONTENTS

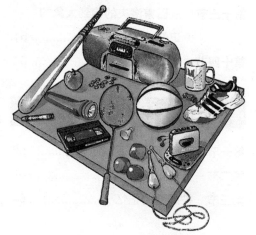

第十章　对症下药，各科记忆有良方

第十一章　提高记忆力的思维游戏

第一章
探索记忆的奥秘

第一节
关于记忆

如何定义记忆

记忆不是以简单的程序存在的，关于记忆最常见的说法是学习和记住信息的能力。然而，随着年龄的增长，人们发现先前的知识不断被遗忘，并开始抱怨自己的记忆。事实上，生物学的实际情况比这个相当模糊的"记忆"术语复杂得多。

面对一条新信息，通常先是一个极其短暂的感官记忆，接着是一个 20 多秒钟的短期记忆，然后是通过各种途径构筑成长期记忆。

记忆这一术语也同样应用于对 3 个动态过程的参照：学习新信息，将其储存在大脑的特殊空间，然后在需要的时候将其找出来。

对大多数人来说，记忆基本上被用于自主学习的场合，而在日常生活实践中我们常处于不自觉记忆的情况下，即科学家们所说的"无意识记忆"。这种应用于日常的记忆，使我们无须真正去学习就能记住邻居所穿裙子的颜色。这种能力是我们自然智力功能的基本要素之一。

什么是"好的"和"差的"记忆

比较"好的"和"差的"记忆涉及记忆程序的运行效率问题，我们认真地学习并很好地储存所学的信息，是否就能够很容易地回想起来？我们会发现有许多不同的描述，并且每个人对记忆的抱怨也不相同。

另一方面，一些事物有助于发展某些人的记忆力，对另一些人则不然。所以，我们不能真正地比较"好的"或者"差的"记忆。因为，对记忆效率的感觉是非常主观的：一个人与另一个人不同，一个领域与另一个领域不同，一个年龄段也不同于另一个年龄段。另外，在医学上，虽然神经学家和心理学家能够判断一个人是否存在记忆的障碍，但是，对他们来说衡量和断定一个人记忆力的真实情况是极为困难的。

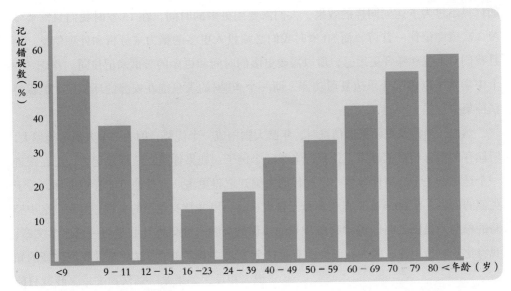

年龄（横向）与记忆（纵向）关系图表

好的记忆是年龄的问题吗

应该以另一种方式来提出这个问题：是否存在一个学习效果最佳的年龄段？答案是肯定的。人们在大约 30 岁之前，能表现出不同寻常的记忆能力，较容易集中精神，并且学习速度较快。在这之后，人们学习变得有些困难。但是，这并没有什么可怕

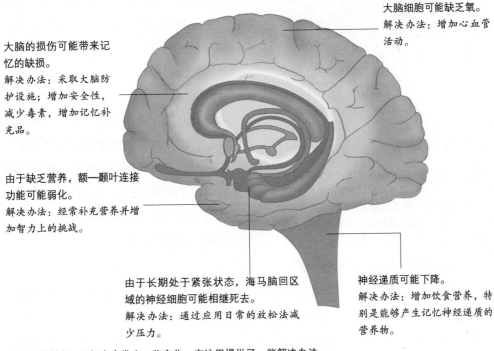

大脑细胞可能缺乏氧。
解决办法：增加心血管活动。

大脑的损伤可能带来记忆的缺损。
解决办法：采取大脑防护设施；增加安全性，减少毒素，增加记忆补充品。

由于缺乏营养，额一颞叶连接功能可能弱化。
解决办法：经常补充营养并增加智力上的挑战。

由于长期处于紧张状态，海马脑回区域的神经细胞可能相继死去。
解决办法：通过应用日常的放松法减少压力。

神经递质可能下降。
解决办法：增加饮食营养，特别是能够产生记忆神经递质的营养物。

随着年龄增长，记忆力会发生一些变化，在这里提供了一些解决办法。

的! 只不过为了达到同样的效果, 人们需要用更多的时间。在15岁时我们只需要学习3次就能记住一首诗, 而50岁时我们必须投入更多的精力来分析和处理信息, 而且我们对干扰和噪音更敏感, 所以需要更多的时间和更多的尝试来记住同一首诗。一个中学生可以边听音乐边复习功课, 而一个40岁的人只能在安静的环境中才能保持精神集中。

然而, 当涉及重新提取信息时, 年龄大则构成一个优势, 因为一个人的年龄越大, 所储存的信息相对就越多。让我们来举一个例子: 如果你是一位年轻记者, 正在跟进一个选题, 关于这项任务你一定比你的主编知道得更多。但是他可能会告诉你, 关于类似的内容, 在60年前的某份报纸上曾发表过一篇非常有意思的文章。这是记忆中经验的参与, 是随着时间的推移所积累的知识的反映。如果你让我学习一篇医学文章, 我将比较容易记住, 因为我已经拥有了这个领域的很多知识, 这将帮助我记住新的知识。相反, 如果是一篇法律文章, 我就只能死记硬背, 而这对我来说比较困难。

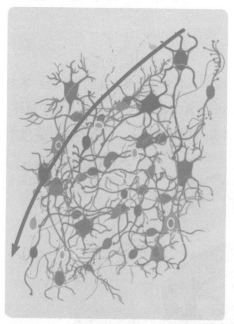

细胞的记忆路径: 这个图展示了一个复杂的神经网。记忆一些事情需要神经细胞的特定网络的活动。深色的神经细胞是活动的, 其他的是静止的, 除非被刺激。记忆的发生需要随机刺激的发生, 或者需要利用记忆术或记忆策略。

最好在年轻时学习一门外语吗

最好早点开始学习外语, 因为它涉及精确的知识, 而通常一种语言词汇的构筑、语调的学习都是在幼年自觉发生的。5岁之前, 一个孩子能够自觉学习不同语言的全部语音; 而年龄稍大一些, 则会选择那些自己常听到的词汇进行学习。因此, 一个年纪非常小的孩子可以借助一些短小的歌曲来掌握不同的外语语调。

对成人来说, 这项任务更多地要求"用心"强记, 因此将更难以实现。但是不要忘记, 总是存在个体的例外。我的前任老板在退休后学习了西班牙语和意大利语, 并且达到了相当优秀的水平。而这对其他人来说, 则被证明是比较困难的。

记忆力的好坏是基因决定的吗

即使教育可能扮演着一个重要的角色, 我们还是发现, 一些人虽然没有在著名的院校进行过长时间的学习, 却有着非常出色的记忆力; 相反, 有一些人虽然经常出入重点院校, 却并没有良好的记忆力。因此, 学习能力的不同, 不仅仅归因于教育的影响。

然而，还没有任何一个研究人员发现超常记忆的主控基因！虽然在某些动物身上发现遗忘基因和记忆基因，但是直到现在，这些通常是从一些非常特殊的实验中总结出来的假设，很难用以推断人类记忆的自然功能。总之，记忆肯定表现为天生所有和后天获得、基因和教育的混合物。

男性和女性以相同的方式记忆吗

回答这个问题并不容易，虽然绝大部分的性别特征与教育有关，然而通过采用激素分泌的间接方法却证明，基因也是一个需要被考虑的因素。某些激素分泌的多少是性别特征形成的主导因素，并且对许多智力功能，特别是记忆的运作具有影响。这种干预如果出现在儿童发育期间，将决定男孩和女孩的不同能力；如果出现在成人期间，将导致不同的行为效率，例如女性月经期间行为效率多少会有所下降。

通常女性在应用语言的活动中更有成就，而男性在需要求助于视觉—空间记忆时则表现得更有效率。例如，为了记住一条路线，女性趋向于记忆口语标志——"到了药店，向右拐"，而男性更注意空间方位的变化。

个人文化扮演着什么角色

基本上是记忆构筑了我们的个人文化，因为文化是我们通过学习获得的知识，它既包括亨利四世于 1610 年 5 月 14 日在巴黎被杀，都别林是爱尔兰的首都等这样的常识，也包括你小学四年级历史老师的姓名，或者你最喜爱的电影导演的名字。的确，新信息越是能和先前的知识建立联系，就越容易被掌握。记忆帮助我们构建了知识储存库，使我们更容易记住在同一领域里的新信息。

因此，一个律师或一个演员通常要比一个花匠更"擅长"学习一篇文章。律师将立即发现一篇文章分成 4 个部分，其中第二部分使他想起以前在别处读到过的论点。相比之下，一个花匠或一个猎人可能更容易记住一条路线。简而言之，越是从事一项专门的、职业的活动，就越能开发在这一领域的记忆能力。

良好的记忆是智力使然吗

记忆当然与智力有关。同样不可否定的是，它参与智力的运行功能。但是我们从科萨科夫综合征患者身上发现，他们虽然遗忘了许多东西，智力却保存完好。1888 年俄罗斯医生科萨科夫曾经记录，他的一个遗忘症患者在赢得一盘象棋两分钟后，就忘记了自己获胜的事实。

心理学家用"认知"或者"认知过程"代替"智力"这个术语。如果把智力定义为解决问题或者适应新情况的能力，那么在缺乏记忆参与的情况下，它将是极为残缺的。事实上，智力因生活经验丰富而逐渐提升，而经验就是记忆。

记忆和智力

智力并不完全是遗传的，其遗传因素仅占很小的一部分。聪明到底意味着什么？IQ智力商数测试在评估智力方面很有效，但是我们也不能太过相信这种测试的分数。更重要的是在个人能力和所处环境之间找到平衡。拥有良好的记忆力、平衡的心态，具有敏锐的判断力、良好的知识储备，这些重要的素质并不能通过IQ测试来评估。

我们的大脑是否在不断地记忆

只要我们不睡觉，大脑就会感知信息，我们就可以或多或少地去记住某些信息。当我们正在聚精会神地阅读一篇文章时，有人在隔壁房间听收音机，起初我们可能没注意或者听不见……直到某个时刻阅读无法再吸引我们的注意力，于是我们的精神由于音乐的干扰而开始漫游。幸运的是，意图、动机、意识（我想学习）能够过滤这种对干扰的感知，使我们的注意力集中。

但是，我们是否能记住所感知到的一切？所有的都被储存起来了吗？我们都能够回忆起来吗？一切感知都在我们的大脑里刻印下痕迹，但其中一些被删除了，另一些改变了：不太重要和未被利用的信息将趋于消失，或隐藏在某种存在之中。总之，很可能我们记住了比我们所想象的要多的信息，但也应该考虑一下所有信息是否都真的有用。

我们冒着记忆"饱和"的危险吗

我们的记忆存储似乎从来都不能达到饱和，并且我们总是能够学习更多的东西。除非在生病的情况下，一个80岁或90岁的人完全有能力学习新知识。

然而，学习机制则不同。在一段时间的学习之后，平均在45分钟到2个小时之间，记忆即达到饱和。但如果我们隔一段时间更换一个科目，就能够连续6个小时不断地学习。例如，在我学医的时候，我先学习1小时的肺病学，然后再学1小时的神经学，以及1小时的血液学，而不是3小时都在学习神经学。事实上，最好将知识分成小块来学习，以避免极为相近的知识之间互相干扰。虽然每门学科都没有全部学完，但是我们却能够很好地掌握已经学过的部分。当然，一段时间之后，应该休息或者更换学习内容。更换科目能重新刺激学习机制，不要忽视新事物的激励作用。

我们能够在大脑中确定记忆的位置吗

解剖学的观点认为，记忆痕迹储存在整个大脑中，特别是大脑后面的感官部分。

神经元间的相互连接形成了神经"网络"，它的形状像蜘蛛网，连接着所有与同一事件相关的感觉元素。当一个神经元学习时，会产生特殊的电活动，分泌出蛋白质，并且与其他神经元建立连接形成环路。以后，每一次做同样的事情时，都会巩固相关的电痕迹和蛋白质合成的记忆。因此，环路用得越多，记忆痕迹在大脑中保存得就越持久。

当我们要回忆上个周末做了什么的时候，会尝试寻找相关的神经元地图，包括所有与其联系在一起的味道、声音、情感等。回忆的过程就是重新构建神经元地图，聚集所有分散了的记忆痕迹。

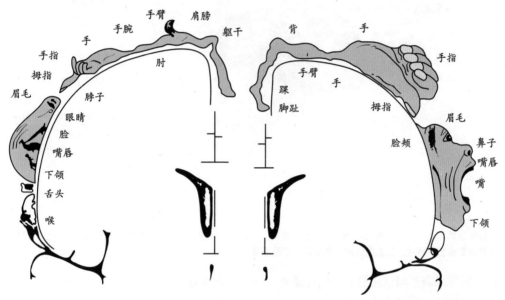

大脑的特定部位与身体的触觉相关联，身体各部位会随着它们传递给大脑的与触觉相关的信息数量的变化而变化。

我们应该在什么时候为自己的记忆担忧

约有 50% 的 50 岁的人和 70% 的 70 岁以上的人常抱怨自己的记忆，但这些抱怨并不一定对应着记忆障碍——没有疾病就没有记忆障碍。许多抱怨自己记忆不好的人，记忆检测结果却完全"正常"，其实他们只是缺乏注意力。然而在日常生活中对另一些情况的抱怨则确实令人担忧，比如别人重复了 20 次的问题仍然记不住；经常在马路上迷失方向；不记得 10 天以前做过什么，而那天正是侄女的生日……如果在记忆检测中确实显示出不正常，那就有可能真正患了疾病。

如何进行记忆诊断

首先，帮助那些来做记忆诊断的人消除疑虑是非常必要的，要让他们有信心。记忆测试一般需要 1—3 个小时，为了确定某一种记忆障碍，必须对记忆的不同方面进行测试：视觉记忆、口头记忆、文化知识、个人经历，等等。并且不应仅局限于测试记

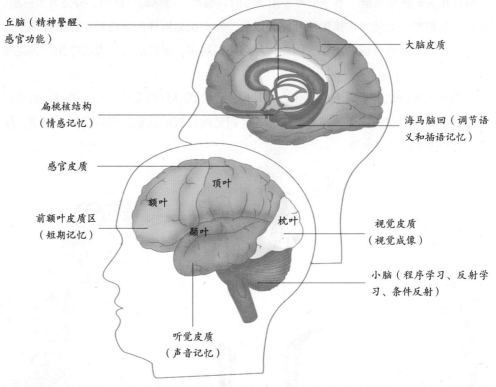

丘脑（精神警醒、感官功能）

大脑皮质

扁桃核结构（情感记忆）

海马脑回（调节语义和插语记忆）

感官皮质

顶叶

额叶

枕叶

前额叶皮质区（短期记忆）

颞叶

视觉皮质（视觉成像）

小脑（程序学习、反射学习、条件反射）

听觉皮质（声音记忆）

一段经历的点点滴滴储存在大脑的不同功能区域中。比如，一件事如何发生储存在视觉皮质，事件的声音储存在听觉皮质。同时，记忆的这两个方面还互相联系着。

忆，同样也需要测试注意力、语言能力、演绎推理能力等。

所谓对"情景"记忆的测试，包括对一列词汇、历史知识或者地图的学习，可以是简单的，也可以是复杂的。一旦被测试者已经记住了一列词汇，我们将立刻让他复述（即刻回忆），然后在2分钟、5分钟或者10分钟之后再次复述（分散记忆）。测试可以通过提供一个线索来简易化："请你回忆一下，在那列词汇中有一种花的名字。"也可以要求在第二列词汇中找出在第一列中出现过的词，也就是说，通过"识别"来回忆。

如果测试结果显示不正常该怎么办

如果结果是正常的，测试就到此为止。如果测试表明存在记忆障碍，医生可以要求被测试者做其他医学影像的检查。通过扫描或者磁共振图像可以知道某种功能丧失是源于肿瘤还是脑部疾病发作，或是记忆区域萎缩。这种检查报告有时候对探测某些疾病非常有用。

我们为什么记住一些事情，却忘记另一些事情

在个人记忆中，感情、感觉和动机扮演着重要的角色。记忆一条信息，不仅只是学习这条信息，也是学习它所要表达的内容，也就是说不仅是记住时间和地点，也包

括情感体验。我们知道，愉悦可以刺激学习机制，而当缺乏快乐的因素时，记忆力就会下降。因此，记忆的选择性必定与动机、个性、个人经历、已有的知识等因素相关。例如，一些焦虑的人较不善于记住那些不让他们担忧的事物的信息，因为他们的注意力被焦虑"消耗着"。

我们为什么会遗忘

随着年龄的增长，记忆的动机和能力会改变。我们学得不好，因为我们很累，动机不够，并且注意力也降低了。以前记住的一些信息变得普通或失去作用，要想从大脑中重新提取出来变得更加困难，而且需要投入更多的注意力。这就是为什么那些年龄大的人更容易回忆起以前那些经常被重复，并且在感情中打下深深烙印的事情的原因。

这种难以找回记忆的现象常表现为两种形式。第一种是"舌尖现象"，其特征是对一条信息的回忆非常困难，然而我们知道它就在那儿——比如一个人的名字——只是一时想不起来。而当我们成功地想起第一次遇到这条信息的场景时，它就会出现在我们脑海中。

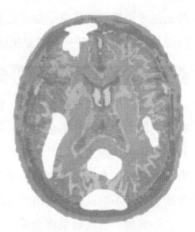

科学家使用神经成像装置能够检测出大脑发挥作用时被激活的区域。例如，当我们看书时，图像显示大脑颞叶、顶叶及枕叶的部分区域在"工作"，即图中的白色区域。

第二种现象则与记忆的"源头"有关。我们记住了一些事情，但是却记不清事情发生的具体时间和地点。例如，我们接连几次向同一个人讲述同一则逸事，因为我们忘了在生命中的哪个时刻已经讲过它了，而且讲过不止一次。

一些记忆为什么被扭曲

因为一个很简单的原因：记忆不是以一个自主的实体存在的。记忆不是你能在图书馆的书架上找到的一本书，也不是一张相片。我们记住一张相片，是记住了这张相片的组成要素，也就是说，回忆的过程是对一幅图像或者一种状况的重组。在这个过程中，我们只能重组不超过80%的信息，而另一个参加了同一个场景的人也记住了80%，但是他所记住的内容和我们记住的是不同的。长久之后，一些要素将永远消失或者被别的信息干扰而改变、扭曲。因此，我们可能以为堂妹曾经在1986年的假期来看望过我们，而实际上她是在1989年的假期来的。尤其是如果我们在同一个地点度假，错误的信息就更容易对记忆造成干扰。

为什么有时候我们找不到钥匙

我们的日常生活充满了很多随意的情形。当把钥匙随意放在某个地方时，我们总是不太注意，因为放钥匙的动作在记忆中与其他相似的、重复了上百遍的动作混淆在一起了。要知道，我们的大脑不能记住或者以有意识的方式回忆起所有的东西。为什么我们要记住一切？那将很可怕。我们做过太多的事情！我们的大脑使某些信息变得容易回想起来，并使另一些信息变得模糊不清，这样才能为其他更有意义的信息保留空间。因此，自动化的行为带来的更多是好处——留着空间去记住那些比把钥匙放在什么地方更重要的信息。如果我们经常忘记把钥匙放在哪儿了，不妨利用一些外部辅助工具，比如空口袋——总是把钥匙放在同一个地方。

我们能否改善记忆力

通过训练可以改善记忆力，但只局限在被训练的那个领域里。如果训练的是记忆文字的能力，我们并不会更容易找到钥匙，但是在记忆文字方面却越来越有效率。我们可以训练注意力，但是记忆名字的能力并不会因此增强。通过练习能够改善一些能力，但关键还在于是否能够把得到的益处应用于实际生活中。如果利用练习来开发视觉能力，却不尝试把它应用到生活中，则没有任何意义。练习应该是快乐的并且符合自己的兴趣，否则效果将会是有限的，甚至造成焦虑。这意味着，最好的激励是在日常生活中开展各种活动，阅读、与朋友聚会、旅游等。良好的生活保健也同样是不可忽视的，失眠、劳累过度、焦虑都是影响注意力的消极因素。

是否存在可以增强记忆力的维生素

人在疲劳的状态下，补充维生素 C 能够增强注意力。脑营养学家建议每个星期吃两次饱和脂肪含量高的鱼，但这并不是说，吃鱼会使我们拥有超乎寻常的记忆力。只不过，我们不太重视养成良好的生活习惯——均衡的饮食、充足的睡眠、良好的身体状况对记忆功能的重要性。

如何训练我们的记忆

在这本书中，你将发现一系列趣味练习，这些练习不是让我们学习如何选择正确的答案，而是帮助我们学习解决问题的技巧。如果涉及记忆数字的练习，重要的不是找到正确的答案，而是掌握应该应用的方法。这样，在今后的生活中再遇到数字问题的时候，我们就知道该使用哪种方法了。要记住，生活中所有要求我们集中注意力的情形都对记忆有帮助。

第二节
最初几年的记忆

我们造就了自己的记忆，正如它造就了我们。幼儿时期，是发展大脑和构筑精神心理的时期，也是最具活性的阶段。在生命的最初阶段，记忆已经拥有了可供一生铸造的雏形。

从出生前开始

胎儿有着丰富的印象和感觉，并且对母亲在怀孕过程中的感情非常敏感。胎儿记忆的形成和发展是一个复杂的过程，涉及基因、神经内分泌腺（作用于神经系统的激素）、生物化学和感情因素，并以间接的方式通过胎盘和母体承受着外部环境的强烈影响。

胎儿感知什么

胎儿能感知许多的事：母亲有节奏的脉动、摄入的某些食物的味道、由于姿势不好而引起的肌肉收缩，以及在出生后所能够辨别的音乐和声音。当新生儿听到一段在母腹中的最后 6 个星期反复听过多次的儿歌时，会更用力地吮吸塑料奶嘴。我们也观察到了类似的反应，当新生儿听到母亲的声音时，能将其与其他女人的声音分辨开来。在有多种味道可供选择时，新生儿会更偏爱母亲在怀孕时经常吃的食物的味道。因而，婴儿很早就能记得使自己感到舒服和兴奋的东西，以及使他们感觉良好或觉得不舒服的事情。

早期沟通

在怀孕期间，对即将出生的胎儿来说非常重要的一点是，把他放在关照的中心——腹部按摩有助于孕妇的舒适和父母与孩子之间的早期沟通。在触觉接触中，胎儿在母腹中将以积极的方式移向这些

正是通过母亲的声音和借助简单重复的动作，婴儿发现了世界。

> ## 婴幼儿的记忆
>
> 　　心理学家卡罗琳·霍维·科利尔领导的一个研究小组揭示，婴儿可能保存了用脚使得悬挂在摇篮上方的活动物体摆动的记忆。两个月大的婴儿在 24 小时内记得这个联系；出生 1 个月后，他们可以在 1 个星期内想起这个协调运动。出生后 6 个月，记忆痕迹可以持续 2—3 个星期。
>
> 　　从 2 岁或 3 岁开始，幼儿就有了创造记忆的能力，并且可以在十几年后回想起。这些记忆的保存是随着语言能力的增强而变得容易的。尽管如此，对成年人来说，大多数的个人事件记忆是在 10 岁以后才有的。

快乐的源头。这些印象随后会变成感觉，并形成记忆草图，胎儿会因此牢记这些生命与交流乐趣的"初体验"。这些初体验将会让孩子一生都保持乐观的心态，在遇到困难时屹立不倒。

　　出生是一个真正的"生态搬迁"。为此，母亲在生育孩子时应该有亲属和医生的支持，让孩子在绝对安全之中来到这个世界。这样，父母与孩子的情感联系将被延续，并且这种信赖关系先于其他任何情形被孩子记住了。

大脑的逐渐发展

　　从刚出生到 2 岁之间，人的大脑将增加大约 4 倍，最后在 20 岁左右达到 1400 克。大脑的发育对应着成熟现象和神经元之间连接的发展，一些神经元环路消失了，而另一些则被重新塑造并发展起来。大脑的"连线"逐渐实现，特别是在最初的两年间。每个神经元与其相邻的神经元之间，突触可多达 1 万个，而非相邻的总连接数则可达到千万亿个！同时，伴随着神经元环路的成熟，会逐渐形成一层保护层——髓磷脂，它将易化神经冲动的流通。

"大脑的可塑性"

　　神经元环路形成一个令人吃惊的复杂网络，它是所有学习活动的基础结构。为了描绘神经元适应新情况和学习新信息所具有的生物能力，神经学家称其为"大脑的可塑性"。

记忆发展的 3 个阶段

　　从记忆形成的角度来看，我们可以把从受孕到孩子 6 岁之间，划分为 3 个阶段。事实上，记忆始于

一个孩子正把花指给母亲看。婴儿在三四个月大的时候就能够发展出概念并且对物体做出分类。在 12 个月大的时候，孩子会简单地说几个词，但是在几年之后他就能完全掌握说话的全部本领。

"母亲的怀抱",即整个怀孕期间。孩子出生后,从学会走路直到3岁,经过"创造世界"的阶段到充满发现的时期,再到在"重新创造"的精神状态下学习的时期。然后随着生命的推移,通过回忆与生活经验相结合继续"再创造"。对于孩子来说,从真实到想象是个无尽的过程,是通往现实的必要认知过程。

从出生到学会走路

在这个阶段,给予孩子适度的尊重有助于他们饮食、睡眠和所有重要神经功能的调整。先天性差异、美好的回忆就是这样建立起来的:关注并给予适当的自由。

动作和感知的重复,以及在规律之中逐渐出现的突发变化,是在快乐的环境中成功地组织良好的记忆的基础。声音和动作相互交织产生的安全感与父母之爱给予的安宁,有利于孩子大胆地去发现周围的世界。

儿童记忆缺失

从记忆的层面如何解释"儿童记忆缺失"现象,也就是说,一般成人无法回忆起在2—5岁的生活情景。是否应该借用弗洛伊德为幸福而遗忘的抑制论?还是应该立足于情景记忆的环路解剖提出的在生物成熟方面存在自然缺陷?我们知道,情景记忆是要到一定的年龄才开始逐渐发展起来的,并且可能与语言能力有关。

然而,成年人无法回忆起幼儿时期的生活情景,或者这种记忆非常罕有,并不意味着幼儿缺乏全部记忆能力,他们完全能够在短时期内回忆起某些信息。

> **长期记忆的发展**
>
> 儿童逐渐地发展3种长期记忆能力:
> ◎ 最初,儿童在掌握手势、走路、发音方式时,开始增加程序性记忆能力;
> ◎ 稍后,儿童开始获得语义记忆的能力,包括语言(物体的名称、概念)和文化知识;
> ◎ 最后,儿童慢慢地增加情景记忆能力。

身体健康的孩子,会非常自然地对吸引他们注意力的新情况和物体产生兴趣和偏好,在成功地实现一个目标后,他们会带着更大的乐趣去迎接一个新的挑战。但是如果周围没有有趣的"另一个"挑战,也就不会有他们天真幼稚的絮语和在快乐中的动力,以及感觉的觉醒了。

"第二个童年"直到3岁

孩子越多地在父母的爱和关注下安全地发现外部世界,就越能够找到其中的意义,并且记住这些发现,而这也更能刺激他们的好奇心和探索的欲望。

父母的激励不应该仅局限于孩子的实际亲身体验,还应该发展其抽象的思考能力。

情感记忆和重复记忆可以帮助并刺激孩子智力发展，然而重复消极的信息和超负荷记忆会使他们失去前进的勇气，从而产生阻碍作用。我们知道，乐观的人更容易记住那些幸福快乐的往事，而悲观的人更趋向于回忆那些令他们痛苦的事情。

在游戏、模仿、发明中提升创造力和想象力；发现性别的不同，并度过具有恋母情结特征的时期；因弟弟或妹妹的出生而引发的嫉妒；在幼儿园开始最初的学习……我们不知道如何衡量孩童时期记忆的强度和情感的力量，但可以确定的是，这些记忆会影响到他们以后生活的方方面面。与此同时，在生命的这一时期，大脑通过突触的发展与稳定实现了一次巨大的生物性跳跃。

3 岁到 6 岁的"重新创造"

可以说人类心理的建构是一个不断返工修改的巨大工程。唯有人类的大脑才可以协调重复与改变的需求，同时稳定被自我延续的主观感觉，并保持一定的创造性去适应各种境况和不可避免的现代科技进步。

我们来举个例子，为了帮助孩子克服对夜晚和黑暗的恐惧，以及从清醒向睡眠过渡，父母经常给他们读故事，这时阅读忠实于原文的断句和语气是很重要的。这个习惯能安抚孩子，让他们很快就能毫不费力地灵活支配电脑鼠标，甚至能开心地做到在播放广告时转换频道和熟记发出特殊信号的音乐。

一个 5 岁的孩子就能带着自责连续不断地进行记忆修整，以检验自己对世界和存在物的假设，扩大并增进自我想象与现实的联系。但这种行为最初是从象形符号里剥离出来的，孩子的推理方式是以自我为中心的，是其想象的产物。

因此，孩子的"证词"可能会有些靠不住。事实上，很难使他们将真实存在从想象的部分中分离出来。例如，他们把父母叫醒，"因为在他们的床底下藏着个人"，并且他们对此非常确信。个人强烈的情感也会困扰他们，并可能扭曲记忆。

越来越出色的记忆

短期记忆，也称作运作记忆，在整个儿童时期会不断改善。例如，记住多位数字的能力会随着年龄的增长而增强，3 岁时能记住 2 位数字，5 岁时能记住 4 位数字，6 岁时能记住 5 位数字，8—9 岁能记住 6 位数字，12—15 岁即青年期可以达到成人的水平，即能记住 7 位数字。

为了以有效的方式学习，有必要掌握不同的记忆策略，如自动重复、根据类属将信息组织分类等。在 7—12 岁之间，儿童意识到记忆不是永不衰退的，于是开始学习评估和控制自己记忆力的能力，并意识到需要掌握一些记忆策略。学校在此就扮演了这样一个角色，为孩子提供了明确的学习框架，验证他们的成功和失败。

认识猫和狗

概念在婴儿的大脑中是如何形成的？它是可以测量的吗？1997年，英国伦敦大学的珍妮·斯宾塞及其同事对4个月大的婴儿所具备的能力进行了研究，刺激物是36种颜色的猫和狗的图片。这些图片被放置在远远超出婴儿左右视野的地方，当他们的眼睛从一个刺激物转移到另外一个刺激物时，他们的这一反应就得到了测量。之前的研究就表明婴儿能够分辨出猫和狗，通过这个实验，研究者想知道的是婴儿做出分辨时使用的是什么视觉信息。

首先，给婴儿看6组猫或狗的照片，使他们熟悉某一类动物。在接下来的优先检测实验里，给他们看一对杂交的动物。优先检测实验的刺激物包括6组猫和狗混合的图片，这些图片由各种猫和狗组成，这些猫和狗又不同于之前婴儿们所看到的为他们所熟悉的那些猫狗——一些是猫头狗身，其他一些是狗头猫身。这背后的逻辑是在熟悉猫狗形象的实验环节里，婴儿认识了具有普遍特征的猫或者狗，所以当他们看到一个之前没有看过的，就会把它当作猫或狗的另外一种，而不是完全当作一个新的物体。

研究者通过比较婴儿注视这些猫狗混合物的时间长短发现，婴儿注视那些脑袋是新的动物的时间要比注视那些脑袋为他们熟悉，但是身子是新的动物的时间长。这项研究结果表明，对婴儿来说，头部或面部的特征较身体的特征对于区分不同种类的物体更为关键。

一生的记忆

在童年这个非常特殊的阶段以后呢？一生当中，只要我们注意保持兴趣爱好、保持良好的家庭与社会生活，大脑可塑性与精神灵活性就会持续活跃。如果说"老人是退化后的小孩"（引自心理医生卡特琳娜·杜勒托），那么儿时记忆中的生活乐趣、信任与安全感就为整个人生埋下了种子，尤其保证了成人后的生活质量。

给孩子讲述或阅读小故事不仅能帮助他们学习语言，还能帮助他们提高记忆能力。

第三节
在学校的记忆

一个多世纪的研究使我们极大地改变了在学校学习的观点。在学习的过程中要运用到多种感官记忆。

在学校里，我们要完成多种学习目标，要解决多项议程，这常常都需要与自己的时间竞赛。首先，有一些是你希望学到的知识，因为你对它们感到好奇，并且认为学习这个科目很有意义。其次，有一些是你的老师希望传授给你的课程。再者，有一些是社会体制要求你掌握的知识，还有一些是父母期望你学习的课程。另外，一个学生必须知道自己将会被测试哪方面的知识或技能。一些测试是衡量知识水平的，另外一些测试很可能是检测技能水平的。有些课程可能会让你进行个案分析，其他的课程则需要你知道一些公式。有的测验可以使你提高即兴思考的能力和提升创造力，有的测试则可以指导你学习的方向。无论这些课程目标和检测方法多么不同——无论是一篇短文考试、多项选择、数学等式、口语表达，还是个案研究，它们在有些方面是相同的，即每一种考察方法都需要知识，而这些知识的学习都需要依靠你的记忆力。

研究人员根据在教学实验上的发现提出，在学校的学习归因于记忆的感觉本性。比如，有的学生采用"照片式"视觉记忆获得知识，有的则通过听觉记忆用心强记。一个多世纪的研究表明，记忆方法种类繁多，并且非常复杂。

"照片式"记忆：一个虚构的神话

科学研究表明感官记忆的确存在，但是它们是短期的，视觉记忆大约为 1/4 秒。另外由于生理特殊性，我们的眼睛只能保证在一个极小的角度内有较高的视觉敏锐度：$2°$—$4°$，即一个由 4—5 个字母组成的单词大小。也就是说，我们不可能对一页书"拍照片"。

感官记忆也适用于记忆其他的信息，语义的、图像的。比如说，图像记忆就是借助事物形象（物体、动物或植物）来存储信息的。这种记忆能够以持久的方式存储复杂的信息。美国科学家曾做了一个实验，对于 2500 张照片，被测试者在一个星期后重新观看的时候，仍能够辨认出其中的 90%。但这种记忆并不是所谓的"照片式"记忆。当我们"真的确信"似乎在脑海中看到了课本中的一页时，实际上这并不是一个准确的表述，因为我们看到的只是视觉组合图像，而且我们无法指出一个确定的单词在"这一页"中的准确位置。

听觉记忆是最有效的吗

当比较在短时间内记忆一列字母或单词的能力时，我们会发现听一段文字比我们自己阅读同样的文字要记得更好。但是，一旦这个测试被延迟 10 多秒钟，听觉记忆相对视觉记忆的优势（大约 20%）就消失了，听和读的效果就相同了。无论是视觉的，还是听觉的，事实上，信息很快就融合在一个更高级的符号编码——短期记忆中了。

从短期记忆到专业记忆

短期记忆，又称作运作记忆，这种记忆好比电脑的记忆，能够暂时记住来自一个永久记忆介质（如硬盘）的信息，或者以键盘、扫描仪等形式输入的信息，并将它们汇聚在一起或者分别进行不同的处理。一些研究人员甚至估计，短期记忆是一切逻辑推理的基础。但这种记忆的容量非常有限，大约一次 7 个元素，也就是说我们在脑海中一次只能够保存有限数量的信息。由于这种记忆很快就超负荷，对信息只能记住几秒钟，因此对那些重要信息有必要重复记忆。

计划的好处

非常幸运的是，短期记忆与不同的专业记忆是联系在一起的，词汇记忆使单词以声音和图画的形式被储存起来，语义记忆保存着经过分类的概念以及图像。这些专业记忆在运作时，短期记忆将参与信息的分组。如在学习乌鸦、金丝雀、鹰、喜鹊这些词时，它们将与已经出现在语义记忆中的"鸟"类联系起来，这样通过类属法我们将更容易记住这几个词。这种有效的学习机制正是基于对信息的有效组织。这也是通过概要、阅读笔记或其他形式将所要学习的内容结构化，从而能够更高效地掌握和记忆知识的原因。

课堂上阅读第一

技术的进步并不总是能够带来更有良效的新教学工具，有时候还是需要使用一些

阅读和电视录像资料

有一项实验，对某初中的学生通过不同的方式所获得的知识进行考察：阅读材料或课本，借助图像进行的口授课或没有图像的口授课，电视播放的无声纪录片或有声且带字幕的纪录片。结果（根据问卷调查的统计计算出的百分比）显示，阅读材料或课本可以为学习者提供最好的条件，而无声的电视纪录片则不利于默记。

	语言知识	语言和形象化知识	形象化知识
视觉直观展示	阅读材料：38%	课本：31%	无声电视纪录片：0%
视听展示	借助图像进行的口授课：27%	带字幕的电视纪录片：20%	
有声展示	口授课：21%	有声电视纪录片：11%	

老方法，而非不加分辨地将其取代。更好的解决办法是把新的和旧的方法联系在一起，各取所长。这是一个由心理学家阿兰·里约希为首的法国研究小组对100多名学生研究后得出的结论，实验的目的是比较不同学习方法的效率。

不同学习方法的实验

语言和图像（不可与听觉与视觉混淆起来）构成了不同的记忆方式。事实上，一方面我们能够分辨出3种信息类型——语言、语言和图像、只有图像；另一方面，我们也具有3种信息记忆方式——视觉的、听觉的和视听的（结合了前两种方式）。这就有了7种可能的组合：视觉上，简单的阅读材料、课本或无声电视纪录片；听觉上，口授课或有声电视纪录片；视听上，借助图像进行的口授课或带字幕的电视纪录片。在这个实验中，被测试者观看的电视纪录片是关于不同主题的，比如阿基米德或人类的听觉感知。

当用图像表现一个熟悉的主题时很有教学价值，阅读材料或参看课本也有助于获得好的效果，而"无声"电视纪片则没有太高的价值。如何解释这种区别？

正如其他研究表明的，图像只有以语言的形式记录在大脑中才是有效的记忆方式，即心理学家通常所说的"双重编码"（这一术语最早由加拿大心理学家艾伦·拜维奥提出）。事实上，"双重编码"的前提条件是阅读或者利用教科书，通过调节学习节奏来掌握某些术语或专有名词。而与阅读不同，电视观众既不能调节图像的速度，也不能进行退后操作。

因此，为了提高教学效率，应该在图像中伴随字幕，更好的是让学生自己控制学习的节奏，比如用电脑代替电视。

回忆的线索

任何学习都是为了能够在今后重组所获得的信息。然而，长期记忆中的大部分信息都不能存留在短期记忆里。因此，我们可以利用一些线索。例如，让一组人学习20个词，在回忆的时候提供类属（比如"鸟""鱼""作家"）将有助于最大数量的重组出所学过的词。这样的线索在不同形态下都有效，在教学方面，线索常以关键词或提示图的形式出现。

存在这样一个特殊情况，线索即词汇或图像本身，也就是所谓的重新辨认。重新辨认的成功率是惊人的，被测试者能够准确辨认出所学信息的70% — 90%。在教育学上的应用表现为多项选择调查表，被测试者被要求从几个备选答案中选出正确的答案。

图表胜于冗长的讲述

图表是学习和重组复杂信息的一种极好的方法。它的优点在于，能在表述的同时进行组织。图表的形式非常广泛，有曲线图、流程图等，其中最为常见的是地图。

阿兰·里约希研究组做过一个实验，让一群学生分3场次学习一段10分钟的电视资料片。该资料片节选自尼古拉·于洛的纪录片《尼罗河源头的秘密》，内容是关于尼罗河的水域系统。在影片最后，只向被测试者中的一半人展示了一个描绘尼罗河水域系统的图示。之后，所有的人都参加了一个测试，用来证实学生掌握的知识分3个级别，从资料片的主题（级别1）到水域变化的细节（级别3）。结果，那些看了尼罗河水域系统图示的学生取得了

实验证明，让学生自己控制学习的节奏有助于提高教学效率。

最好的成绩，他们在一开始就成功地抓住了大主题，而那些没有看图示的学生都是逐步抓住主题的。

程序性记忆

为了学习书写或者打字，使用电脑或者演奏一件乐器，又或者从事一项体育活动，仅通过语言以口头的方式提供一些建议并没有多大作用，必须要以几百次，甚至几千次的重复实践为代价，才能掌握其要领。

教学中，我们经常更多地采用演示，而不是解释。一旦掌握要领，动作通常会被自动地、无意识地执行。对这些动作的学习是一种特殊的记忆，称为程序性记忆。

第四节

记忆：创作灵感的来源

　　自传、回忆录、私人日记是否属于文学？圣·西蒙在他的回忆录中，记载了路易十四和摄政王奥尔良公爵菲利普从 1694 年至 1723 年的皇室会见日程安排，但他并不会因此就成为一个作家。普鲁斯特是一个作家，他的小说《追忆似水年华》中关于记忆的描写由于渲染着他本人和书中人物的感情与心理，"让我们认识了另一个世界"。英国导演彼得·布克在《遗忘时间》的开篇中写道："我本应该把这本书称为错误的记忆。"对

列夫·托尔斯泰写道，如果没有看过《帕尔玛修道院》（1839 年），他将不能在《战争与和平》（1868 年）中描写博罗季诺会战的场景。同托尔斯泰没去过博罗季诺一样，司汤达也没参加过滑铁卢战役，但他在拿破仑战争期间去过博罗季诺，于是他的记忆能从博罗季诺转移到滑铁卢。他们和维克多·雨果不同，雨果为了在《悲惨世界》（1867 年）中描述滑铁卢战役，曾亲临现场去做了调查。

雅克·劳伦来说，"回忆也能像想象那样疯狂"，他在《谎言》（1994 年）中尤其强调了这一点。回忆和想象的关系何在？在回忆的同时想象，这不就是创造者的特征吗？

《奥德赛》的记忆

从文学初期开始，奥德修斯的冒险——从特洛伊战争结束到他回到家乡故岛伊萨卡城——就反映了我们的记忆形态，传记部分穿插在重大事件的情感背景中，影响着这部冗长的史诗的进程。奥德修斯建造小船离开岛屿，但是仙女卡吕普索控制了他的意识，从而成为他的妻子。他的社会性和生物血缘关系，只有通过他的儿子忒勒玛科斯和那些乞求鲜活记忆的地狱亡灵才得到体现。为了成功返乡，他必须前往哈迪斯之门，在那里他遇到了在特洛伊战争中牺牲的英雄们和自己的母亲……记忆真的非常脆弱，总处于威胁之下：奥德修斯长期生活在卡吕普索身边时的消沉状态；喀尔刻

荷马创作的《奥德赛》是无数艺术作品的灵感来源。古斯塔夫·莫罗（1826—1889）的这幅绘画就是以《奥德赛》为原型的，名为《奥德修斯和美人鱼》。

配制的毒药使他的伙伴变成了猪；他还被爱莲娜下了能忘记所有悲伤的迷魂药；甚至父亲都老得无法认出自己的儿子……

作者在书中提出了两个问题：我们是因为离开而归来吗？我们在其他人的记忆中变成了什么？只有奥德修斯的狗阿格斯一下子认出主人。而奥德修斯却必须向奶妈展示胎记，向妻子描绘自己制作的夫妻床，才能使她们认出自己……

没有人要求"讲述"

为了永远平息海神波塞冬的愤怒，奥德修斯必须再一次离开，一边肩膀上扛着船桨，另一边肩膀上扛着遗憾的重担。许多作家都感受到了这个的重担，尤其是移民者。移民者的哀愁更确切的是返乡的焦虑，而非思乡之愁。在米兰·昆德拉的《忽视》（2003 年）中，两个捷克人在异域重新开始他们的生活——伊赫纳在法国，约瑟夫在丹麦。20 多年后，他们重新回到祖国。然而，当他们与老朋友联系的时候，朋友中没有任何一个人向他们询问"在那边的生活"，没有人要求他们"讲述"。

对不同人的记忆的比较体现了相同的不安，另一个背井离乡的作家伊斯梅尔·卡

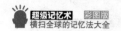

达莱在《H档案》里就表现了这一主题。两个来自纽约的爱尔兰移民后裔有一天来到阿尔巴尼亚北部的一个小城，为了弄清楚自己先辈移民的秘密，他们牢记周围的各色人等。他们还试图弄清游吟者（类似于荷马的游吟诗人）背诵史诗的时代，以确认《伊利亚特》与《奥德赛》是否为最早的史诗，荷马是否只是阿尔巴尼亚传奇的一个剽窃者。

"我对你的记忆，像存放圣体的金银器般闪烁发光"

这句诗是波德莱尔《恶之花》（1857年）中的节选，这部诗集闪烁着用感情渲染、用想象铸造的愉快而美妙的记忆：

深沉而神奇的魅力，我们此时陶醉在重塑的过去！

（《香水》）

我懂得唤回幸福时刻的艺术，重新生活在过去，蜷缩在你的双膝内。

（《阳台》）

从维克多·雨果和拉马丁，到魏尔伦、阿波利奈尔、艾吕雅……诗人们一直都在传达自己的记忆。

你还记得我们过去的心醉如迷吗？为什么你要我回忆起来？

（魏尔伦，《感伤的对话》）

我的记忆在洗牌
景象为我而思索
我绝不能失去你
这就是秘密之花

（艾吕雅，《诗歌之爱》）

路易斯·阿拉贡向遗忘致敬（上帝让人忘了去忘记），但在《艾尔莎的眼睛》（1945年）中他仍然涉及了自己的记忆。

记忆在梦之源泉逝去
翻飞的美丽世界在那儿变换着色彩
镜子里你诗样的双眸如泉眼般诉说着温柔的谎言

（《反纯诗歌》）

第五节

专业领域的记忆

对于研究记忆功能的科学工作者来说，记忆是通过几个"次系统"表现出来的，他们设计出不同的实验来测试这些"次系统"。为了明晰在专业领域中起作用的记忆机制，我们首先要改变观察角度。

玛丽，演员和导演（58岁）

当演员的时候，我从来不提前学习一段文字。我把剧本拿在手里，试图在脑海中勾勒出人物的举止和个性。就这样，剧本变成了一个逻辑空间，处于动作、感觉、情绪的连续性里，在熟悉这个逻辑空间后，我甚至不需要再学习剧本了：它就在那儿，正如一个显而易见的事实，这是一种情感记忆。

当然，当我有唱独角戏的任务时，就必须像在学校一样"用心"强记，但这也是在人物的塑造工作完成之后进行的。而在最后一次表演结束后的第二天，我就忘记了所有的文字。这是脱离人物角色的一种方法！

现在，作为导演，我的记忆原则则完全不一样了。我无法记住文本，只能通过想象在空间中建立视觉坐标。我为演员创造动作，然后自己就忘了，但我总会自发地观察事物是否准确地运行着。我记住所有拍摄场景中需要加入灯光、声音的不同时刻，这完全是视觉记忆，同样也是情感的。因为，如果在某个时刻，灯光不像大家期待的那样亮起来就不能产生

与广为流传的错误观点相反，演员不一定是用心强记的冠军。为了记忆角色，他们更侧重于分析，并且尝试融入所要扮演的人物之中。

"共鸣"。

自从我成为导演后，我的日常记忆就不如做演员时那么好了。我认为记忆不会自我维护，我们实践得越多才会记得越好。我唯一从来都没有成功记住的东西就是数字。

专家们的分析

和玛丽一样，大部分的演员都承认自己不是靠死记硬背来记住角色的。他们更多的是融入所要诠释的人物中，理解并且重组人物的动机和性格。一旦他们把握住人物的感觉，就将更容易记住台词。美国心理学家海尔格·诺艾斯在仔细研究演员的记忆后提出，演员不是记忆的专家，而是分析的专家。

通常，掌握一段较长的独白要求演员花一定的时间用心背诵。但当涉及经典戏剧的三段式诗文时，语句的韵律和对称配上适当的旋律后，记忆会变得更容易。然而，演员的记忆并不是始终可靠的，他们也有可怕的"记忆空洞"。

玛丽的例子中最有趣的是关于记忆方式过渡的那段描述，即从口语性质的记忆到图像和视觉记忆的过渡。在她当演员的那段时间里口语性质的记忆占主导地位，自从她开始从事导演工作，图像记忆则与演员在布景中的走位有关，于是口语性质的记忆让位给图像记忆。视觉记忆引出了地点和图像记忆法，这是一种需要想象一个虚拟空间的记忆方法。

丹尼尔，儿童神经科医生（45岁）

我每个星期大约要接待 25 个病人，一些病人一个星期定期来几次，另一些病人一个月来一次。我在询问病人的时候会详细地做笔记，特别是第一次问诊时。我经常在会诊前重新阅读笔记，这样每个孩子的面孔和经历会在我的脑海中变得很清晰。我极少会忘记与病人相关的轶事，如果发生了这类事，就意味着我应该在克服遗忘上下功夫了。

相反，如果要去购物，我通常是先写一张详细的购物清单。否则，我总是会忘记买某样东西。我真的有一种把那些要强制性记住的东西遗忘的倾向。

学会组织信息

一个全科医生平均每天要接待 30 多个病人，丹尼尔的情况却很不同，她幸运得多，每个星期只有 25 个病人，因为精神病会诊的时间很长。在会诊期间，她能记住诸多细节

高强度地学习、有规律地复习、良好地组织信息，这几个方面的结合有助于高效记忆。

可能归因于病人每个星期都来多次。另外，丹尼尔经常做笔记并复习，特别是对新病人。最初高强度地学习，之后有规律地复习，加上良好地组织信息，所有这些因素都有助于高效率记忆。最后，在遗忘的情况下，她会随时准备尽更大的努力。

直指问题的关键

对医生记忆的研究有时候会得出表面上矛盾的结论。有一个实验，其目的是研究资历更高的医生是否能更好地记住与诊断相关的信息。然而实验结果却显示，具有中等水平的医生远比他们的新同行记住更多的信息，也比那些经验更丰富的医生记的更多。事实上，经验更丰富的医生似乎直指问题的关键，而较少地注意对诊断不太有用的细节。

雷纳，咖啡店业主（57岁）

大部分时间，我在脑海里记住所有的东西，并逐一满足顾客的要求。当然，偶尔我也会弄错，端来一杯牛奶咖啡而不是浓咖啡，但我有机会重来一次。我总是和顾客交谈，我们互相开玩笑，大家都很放松……我每天都尽量让自己开心。

当顾客很多的时候，我很幸运能够自觉地依赖于一个习惯。这时，我什么也看不见，把精神完全集中在声音和所发生的一切之上。当我频繁地来到柜台前时，我也有过忘了应该拿什么的经历。但是，冥冥中我听到一个声音对我说道："雷纳，你忘了那个……"

我有很多常客，我完全知道他们点的是什么，但是我总是重新询问他们。他们有权利改变！其中，一些人来只是为了聊天，来找些气氛，还有一些人来这儿工作。这间咖啡厅里招来了许多从事不同职业的人。

外界干扰和记忆饱和

为了记住每位顾客的要求，雷纳利用了专家们所称的"运作记忆"，就是说，在一段极短的时间内把信息保存在大脑中。然而，这种短期记忆对各种形式的干扰都非常敏感。如果雷纳在听完一个顾客的要求后，和另一个顾客说话，他就可能会弄错前一位顾客想要的东西。虽然，有时候雷纳可以求助于常客的偏爱和习惯，但当他面对新需求的时候，就有可能出现记忆饱和。因此，为了缓和记忆冲突，有时候他会让顾客用笔写下自己的需求，并且偶尔依赖一个盲人顾客来提醒他……

咖啡店或者餐厅的服务员，几乎都表现出出色的记忆技能。另外，前者很少写下顾客要求的饮品。当饮品的数量不超过5—6个时，将在短时间内被保存在运作记忆中。尽管如此，也要当心外界的干扰，在用餐高峰期来自不同餐桌的干扰会妨碍记忆。

为牢记而分类

为了记住所有顾客的需求，服务员常借助一些记忆技巧。例如，根据饮品的特征

为了记住顾客要求的饮品，服务员通常采用类属法。如果是常客，服务员则会借助对顾客的认识和了解。

将其分类，顾客分别要的是 3 种无酒精的、2 种含少量酒精的和 1 种高酒精含量的饮料。根据使用杯子的类型分类（形状、大小）也能够帮助服务员：将所有的杯子摆放在柜架上，一个接一个地倒入相应的饮品。

虽然餐厅服务员几乎都写下顾客的点菜需求，但是他们还要记住同一桌的每位顾客点过的菜，以此作为别的顾客的参照。他们一般会按顺时针的顺序询问并记下每一位顾客的要求，这种方法一般都能成功，除非上餐时顾客换了位置。

分类的高手

美国心理学家 K. 安德斯·埃里克森研究了一个叫 J.C. 的人，他能完整地复述出 20 个菜单。而当埃里克森要求学生完成同样的任务时，他们却只能记住几个菜单。J.C. 是怎么做到的呢？他首先将菜单重新分组，前餐、肉类、沙拉、甜品等，之后再进行记忆。这确实是一个高效记忆大量数据的好方法，他甚至可以达到对 600 种不同食物的记忆。

瑞哈，集邮家（61 岁）

我从 10 岁左右开始集邮。我母亲曾是邮电总局的接待员，她从我姐姐出生时就开始集邮。她总是定期购买 4 张相同的邮票，一张留给自己，另外 3 张给我们。她把邮票放在集邮册里，每个星期天下午，给我们讲述邮票上的著名人物、徽章和建筑物的故事。我对此非常感兴趣。

我最早收到的几张邮票中，有一张印着贝当的肖像，给我留下了最为深刻的印象。那是一张棕色的大邮票，大约宽4厘米，长5厘米，虽然它已失去邮资功能，但上面印有贝当在法国战后的肖像。

今天，我拥有数千张法国邮票和众多的信封，所有这些都完整地保存在我的记忆中。如果不是因为特殊原因，我从来都不会买两张相同的邮票。

我觉得集邮是一种极好的文化活动，能丰富知识。比如我吧，现在对昆虫感兴趣，我就找那些所有表现昆虫的邮票。我总是寻找新的种类来丰富自己的收藏。

受局限的记忆力

瑞哈在一个极为有限的领域发展了百科全书式的记忆，我们在所有的收藏家身上都能找到这种记忆能力。钱币学家或者葡萄酒工艺学家，在他们的专业领域无意识记忆的效率通常等同于有意识记忆。另外，他们能更快地学习和重组信息。

收藏家能快速做到对藏品的最佳分类，他们会频繁地浏览自己的藏品，并且对新的藏品有极高的发现动机。

记忆的重要原则

◎ 记忆运行的3个阶段：记录、储存、重组。

◎ 为了积极主动地记住一条信息，必须把它"挂靠在"一个已知事物上。

◎ 重复实践能巩固记忆。

◎ 视觉记忆（构建心理图像）比仅仅的口头记忆更有效。

◎ 不存在无须努力的学习。

因此，在其专业领域他们能极好地组织记忆，达到常人所不能达到的高度。

吕西安，出租车司机（56岁）

14年前我想成为一名出租车司机时，需要在驾驶学校全日制学习3个月与这个职业相关的安全规则，还要记住50多条理论目的地，特别是巴黎警察局规定的典型路线。

为了帮助记忆，我每个周末都开车出去考察这些路线。考试的那天，我们抽签选择其中的两条路线，被要求背出来并写在纸上。

还有一个测试是需要在一张巴黎市区的空白地图上填上各条路的名称。我自己制作了一张同样的地图，反复练习了十几次。我设想了所有可能出现的类型，并且都用心把它们背了下来。因为我每天都不停地练习，对巴黎的定位从而成了一种习惯。

对于乘客，有的时候到了目的地我甚至都不知道他们是谁，他们打电话，或者我

记忆一个大城市的主要路线和景点需要很多努力，同时实地训练也是不可缺少的。

很累不想说话……但如果是一个重要人物的话，我就能记起来！开车的时候，我经常听收音机，特别是体育频道或者有趣的脱口秀。

自我练习的兴趣

吕西安表现出其职业所需的双重记忆能力，借助口头记忆他掌握了交通规则，依靠视觉—空间记忆他记住了各条路线。另外，他非常明白常规练习的好处。

随着时间的推移，他对路线越来越熟悉，在开车的时候他还能听乘客说话或者听收音机……

一个容量更大的大脑

为了取得全伦敦的出租车营业执照，出租车司机必须要记住 25000 多条路线和一些餐厅、大使馆、医院等的所在位置。这至少需要两年的时间准备，顺利通过笔试部分才有资格参加口试，幸运者将在正确回答 10 个问题后通过测试。因此，伦敦的出租车司机都是导航专家。由神经学家埃莉诺·玛格赫领导的研究小组研究了他们的大脑：他们的右海马脑回比非职业司机要发达得多。

但是，是否只能是最具有城市导航天分的人才能成为出租车司机呢？埃莉诺·玛格赫指出，出租车司机是在长年累月的驾驶之后才使得右海马脑回如此发达的。

经 BBC 调查，伦敦司机俱乐部的一个成员对这个结论感到非常吃惊："我从来都没察觉到我大脑的一部分体积在增加，那其他部分又会是怎样的呢？"

没有人的记忆是完美的

某一领域的专业知识会随着实践的增加而逐渐增多，直到达到百科全书的程度。随着这个过程的推进，学习和回忆都变得越来越容易和迅速。

尽管如此，专业领域的记忆也会衰退。就像前面所说的，当记忆负担过重时，咖啡店的业主雷纳有时候也会混淆或者忘记顾客的要求。而当涉及专业之外的领域时，他们也不再具有任何优势：玛丽很难记住数字，丹尼尔需要为购物列一个清单。同样，虽然吕西安和瑞哈发展了百科全书式的记忆，但是只能在特定的职业领域起作用，并且要以经常实践和持续复习为代价。

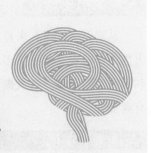

第六节
男性与女性的记忆

关于男性与女性智力不同的学术争论和社会争论一样，都提出了两个问题：有什么不同？是教育、社会、历史原因使然，还是该从解剖学、遗传学、两性的生物特性学考虑？

男性知道他们要去哪儿，女性知道她们在哪儿

"女人没有数学天分""男人不会预知并且组织能力很差"……为了深入认识这类问题，心理学家和神经学家不断进行实验，以下是得出的几项结论：

当要求男性和女性描述自己的过去时，女性的叙述更为详细和连贯，并且充满感情。在一对夫妇中，一般女性保存着更多共同生活的记忆并且更能记住事件的细节和发生时间。对童年生活的最早记忆，女性比男性平均要早 6 个月。

当要求记住一篇短文或者一列字词时，通常女性表现得更好。在被问及几年前读过的一本小说的内容时，男性和女性却有着相似的结果。女性总是更好地记住旧同学的名字和面孔，但是无论男性还是女性都更容易地记住与自己同性别的同学。男性通常保持良好的代数知识，并且能借助几何特征（形状、方向等）更快地掌握一条路线；女性则更多地借助口头标志来确定方向："在面包店前向右拐，然后在邮局前向左拐……"

一项研究表明，女性的记事能力高于男性，比如对童年生活的最早记忆，女性要比男性早 6 个月。然而，男性一心多用和处理复杂事务的能力要高于女性。

因此，对于一些记忆方式，两性中的某一性似乎真的存在优势。

性别不同大脑也不同吗

从解剖学的观点来看，男性和女性的大脑几乎没有差别，其主要不同在微观层面。男性语言的要素似乎更多地表现在大脑的左半球，而女性在处理语言时则更多地同时利用两个脑半球。这大概可以解释为什么在对字词或者文章的记忆测试中，女性更具有竞争力。

与激素有关吗

某些激素（睾酮、雌性激素、黄体酮）在性别发展（生殖器官、第二性别特征）以及与生殖相关的生物过程（男性精子的产生、女性的月经等）中扮演着关键的角色。它们在血液中的浓度，女性与男性有所不同，甚至同性之间以及同一个人在不同的阶段也不同。为了明确激素的浓度与认知和智力之

在日常生活中，男性和女性之间的不同是巨大的，包括智力差别。这是单纯的偏见还是科学事实？神经心理学家给出了他们的答案。

间的关系，科学家进行了许多实验。睾酮（雄性激素，或者男性激素）在男性出生前和刚出生后以及青春期的分泌量非常大，这种激素对数学和空间能力起着重要作用。用类似的方法我们发现，女性月经期间雌性激素浓度的变化影响着不同领域中的各种能力，如语言的自如、口头记忆和手的灵敏度。在更年期以及更年期之后，记忆能力轻度降低大概源于这一时期的激素变化，激素的替代物治疗能够部分地减轻这种症状。

与教育有关吗

同时，记忆能力也受教育、社会、文化等因素的影响。教育有可能促成某些"男性的"或者"女性的"行为。比如，某些玩具是用来刺激男孩子的，开发他们的生理世界和认知能力；而另一些玩具则是用来促使女孩子去发现和认识社会的。这样，不同的教育方式出现的动机与频率常常会导致两性之间差异的产生，或直接构成差异。

总之，在记忆方式上两性的相似性要多于差异。另外，需要明确的是：女性完全可以在一个由"男性的"记忆主控的领域获得成功，并且胜过大部分的男性，反过来也成立。

第七节

强烈刺激会留下深刻记忆

外界信息通过感观使人产生记忆

人的记忆是由外界输入到人脑当中的信息构成的。外界信息进入大脑的途径是人的感官，人的感官主要有 5 种，分别是视觉、听觉、嗅觉、味觉、触觉。当然，人们通过感官接收到的信息，必须要进入到大脑之后才会形成记忆，没有大脑，感官自身并没有什么特别的意义。感官只是单纯的途径，光线、震动、气味等物理刺激通过感官之后只会形成神经冲动，这些神经冲动需要在大脑当中进行解释和分析之后才会让我们真正感觉到我们生存的这个世界中的各种形状、颜色、声音和感情等。

感观信息通过人的神经系统进入大脑

感官为什么能够接收到外界的信息呢？人体的内部中心有一个巨大的神经系统，人的身体中的各个部位都有这个神经系统的分支结构。正是因为这种分支结构的存在，人们才能通过自己的 5 种感官来不断捕捉外界的各种信息。

强烈的刺激产生的记忆会留下深刻记忆。例如，对真的蛇或想象的蛇的恐惧，可能会持续你的一生。

感觉信息进入到大脑中，会在大脑深处进行分析，然后这些信息之间会建立一定的联系，再与其他的信息相比较，最后才会形成记忆。我们的感官并不是什么信息都会接受，基本上都是我们注意到的信息或者是和我们有关系的信息，这也是我们现在还能正常生活的原因。如果我们的感官什么样的信息都接受，那我们的大脑早晚都会被环绕在我们周围的各种图像、气味、声音和其他感觉塞满。

外界信息形成的记忆因人而异

虽然人的各种感官都是相同的，但是因为人与人之间有很多地方都是不同的，各

种感官信息在进入到不同人的大脑之后，会被人们涂上各种不同的色彩，这使得很多人对于同一个事件往往会有不同的解释方法。

通过人的感官进入到人的大脑当中的信息，不一定都会形成记忆，即便是形成记忆也不一定是深刻的记忆，这是因为大脑需要对感官信息进行过滤，选择最需要的信息进行记忆，至于一些无意义的信息则会被排除。或许我们不一定能够判断出哪些感官信息最终会形成记忆，但是一般来说，感官经过强烈的刺激之后所储存在大脑当中的信息，一定会形成记忆。比如说我们的身体某个部位受了很严重的外伤，这就是我们切身感受到的信息，而且会对我们造成很大的刺激，那这件事我们可能一辈子都忘不了。就像很多人都能知道自己身上留下的疤痕是由什么原因造成的，即使已经过去了很多年。

大型的事件会使人留下深刻的记忆

很多大型的事件，即使已经过去了很长时间，却依然能给人们留下深刻的印象，比如说奥运会开幕、载人航天飞船上天、火山爆发和地震等，现在想了解这些事件发生的时间等信息，可能随便问一个人都能得到正确答案。相信大部分人的身上都发生过这样的现象，这种现象叫作闪光灯泡记忆，也叫闪光灯效应，是指人们对震撼事件留下深刻记忆的现象。

大型的事件会给人留下深刻的印象。如果现在提起 2008 年的北京奥运会开幕式，你也许还记忆犹新。

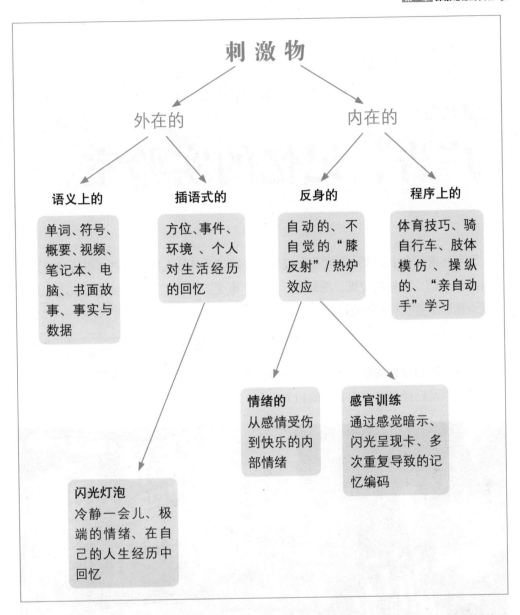

刺 激 物

外在的

内在的

语义上的

单词、符号、概要、视频、笔记本、电脑、书面故事、事实与数据

插语式的

方位、事件、环境、个人对生活经历的回忆

反身的

自动的、不自觉的"膝反射"/热炉效应

程序上的

体育技巧、骑自行车、肢体模仿、操纵的、"亲自动手"学习

情绪的

从感情受伤到快乐的内部情绪

感官训练

通过感觉暗示、闪光呈现卡、多次重复导致的记忆编码

闪光灯泡

冷静一会儿、极端的情绪、在自己的人生经历中回忆

　　人的大脑皮层由旧皮层和新皮层组成，旧皮层需要担负维持生命不可或缺的机能的作用，比如说睡眠，而新皮层则要担负着一些意识活动，比如理性思考等。闪光灯效应的发生是因为有些信息突破了新皮层，到达了旧皮层，与睡眠等人的生命本能连接在一起，也成为一种人的本能，因此在一般以及消失之后，这些记忆仍然能留在人的大脑当中。

　　由于闪光灯记忆能长久保留，因此在现实生活中，一旦有需要我们长期记忆的信息，我们就可以把这些信息和一些震撼人的事件联系起来，这样一些重要的信息我们就能够长期记忆。

第八节

广告，记忆的实验室

5个电视观众中只有1个宣称会观看广告时段，其他人确定自己会更换频道或者离开去洗手间、下楼扔垃圾、洗碗等。因此，毫无疑问，广告应该具有吸引力，甚至使受众能够不费吹灰之力就记住。

用尽方法来吸引注意力

如果广告信息首先留下令人困惑的感觉呢？很好！因为，需要推理才能弄明白的信息能够调动已经储存在大脑中的相关信息。并且，一条广告的图像、声音和场景越

在东京新宿的商业区，广告制作者用尽各种方法来吸引路人的目光。巨大的灯光招牌、大屏幕影片等，路人的所有感官都被刺激着。

丰富，受众将越容易记住。在电视或者电影院里播放的广告片可以调动所有的记忆方式，而在杂志的广告页、街道上的海报或者收音机播放的广告，只是局限于视觉或者听觉中的一个方面。

好广告的另一个标志——震撼感情，因为触动我们感情层面的东西能被记得更牢。无论是令人愉快的（和蔼可亲的人物形象、悦耳的音乐、节日或者假期的气

一般情况下，人类的记忆容量很难估量。但最近一项关于大脑的研究证明了专家们一直以来所断定的：我们大脑的容量远远超出自己的想象。

氛等），还是令人不悦的（为了卖保险产品制作的一幕意外事故），甚至是触目惊心的，功效都一样，只要是激烈的。如果广告制作者能够让受众吃惊（裸露的身体、不适当的搭配等），那么他们就十分清楚强化受众记忆的价值所在。

……甚至不为受众所知

为了达到预期效果，广告制作者还利用了诱饵效应。事实上，我们在不为自己所知的情况下，记住了大量能够决定我们行为的广告信息。例如，在一个关于奶酪的广告中，反复出现一头微笑着的母牛。几天后，当我们在超级市场徘徊的时候，通常会在十几种奶酪中选择带有这个商标的。每一次当我们看到这个商标或者类似的图像时，我们的记忆将以完全潜意识的方式被激活，广告信息由此在记忆中被加强。

信息的传播

制作好的广告如果不是以恰当的形式和节奏传播，也不会产生好的效果。因此，

潜在的诱饵：一个广为流传的错误观点

1957 年，市场心理分析家吉姆斯·维卡里宣布，他用惊人的方法成功增加了新泽西州一家电影院的苏打水和爆米花的销量。在电影放映期间，他设置了一个短暂的"阈下"程序（一种感觉阈限的低级过程），即休息时段在电影屏幕上出现"喝XX可乐吧！"和"饿吗？吃爆米花吧！"的字样。这种"阈下刺激"的理念立刻被电台和电视广告制作商所推广。面对市民的不安，美国国会分别在 1958 年和 1989 年通过两个法律议案试图停止这项研究，但是它们从未被表决。事实上，随后进行的大量研究都没能证明这种方法的功效，维卡里自己也在 1962 年承认了该实验的错误性。

还应确定广告信息应以怎样的节奏（城市里分发的传单、杂志中重复出现的插页或广告灯箱的聚光灯）反复出现。

但是，因为大部分的广告制作人都认识到这点，成功并不总是能保证的。当相似的几个广告靠得太近时，它们的内容（图像或者声音）或者采用的形式（使用广告牌、杂志插页，或通过收音机、电视播放）就极易产生混淆。这时，位置成为关键点，处于最先和最后的广告通常最容易被记住。因此，在电视广告时段最开始和最后放映的广告片价格相对较高。同一个广告总会按一定的"周期"循环出现，因为每一次出现，都会引起对前一次的回忆。

没有人总是成功

然而，神奇的公式并不存在，在广告领域失败的例子并不少见。即使极力宣传，但还是有许多人没记住品牌的名字或者产品的名字。

甚至，确切的广告标志刻在特定人的记忆中，买卖也不一定能做成。为了让买东西变成受众的反射行为，在售卖点产品就必须是容易被接受的、有价值的，而且还要避免受到有现场促销活动或价格更有吸引力的同类产品的影响。因为，最后起决定作用的常常是消费者的银行账户……

你的下意识记忆如何

大脑可以下意识地永久记住一些经历和信息，但是其他那些不能被一下就记住的信息就要靠不断地重复记忆和演练才能被永远地记住。下面这些简单问题就是要说明下意识的记忆虽然在身体的某个角落，但有的时候是很难再想起来的。对有健忘症的人的大量研究支持了这样一种假设：虽然下意识记忆理论打了折扣，但还是能肯定这种记忆一直尚未被触及。我们都有一个区域来储存这种记忆，但只是要唤起这种记忆就有些难了。

1. 竖排的交通信号灯上，哪一种颜色在上，是红色还是绿色？

2. 雪碧用英文怎样拼写？

3. 你们家微波炉上温度调节按钮的最大值和最小值是多少？

4. 你的汽车上的时速仪的最大值和最小值是多少？

5. 色子2点对的是几点？

6. 中国的四大名山分别是什么？

第九节
退休后的记忆

随着年龄的增长，我们的长期记忆会得到提高（我们可以不厌其烦地述说往事），但是我们的短期记忆就大不如前。记忆就像是肌肉，你不使用它就会失去它。

记忆的年龄

童年是记忆的输入阶段。大脑几乎就像"海绵"一样，不断地吸收：童年生活的经历、家庭生活习惯、社会规则、日常用品的使用方法……随着时间的推移，学习变得越来越复杂，并且需要组织。儿童、青少年和成年人都使用适合自己的方法整理知识，以便更轻松地应用。

而老年人带着曾经强制性的节奏和习惯离开工作的世界，从此，必须去适应生活中心转移到家里的日子，这是种他们以前只有在假期中才能体验到的生活。现在，他们有更多的空闲时间去从事在从业时进行的一种或几种副业，该是重新捡起曾放弃的娱乐活动或者进行锻炼的时候了。甚至，一些人会开始从事在几年前梦想的一种新的工作或职业。然而，事情并不像我们想象的那样。事实上，一个适应期是必要的，而这个"介于两种生活之间"的阶段，有时候并不容易度过。

什么是随着年龄真正改变的东西

我们慢慢地变老，我们的记忆也跟其他精神的和身体的因素一样，性能在逐渐减弱。不过，只有在患病的情况下，这种趋势才会恶化。其实记忆的退化早在退休之前就开始了！但是这也视个人而不同，不同的精神活动不是以同样的方式和速度演进的。

更频繁地忘却，集中注意力有困难

随着年龄的增长，我们发现很难同时进行几种活动，我们越来越经常"丢失"钥匙或者眼镜。事实是，当思维忙于另一件事时，放置钥匙或眼镜的动作不再被有意识地记住，因此在之后需要它们时无从回想。

记忆的衰退不是在退休那一天突然出现的，它是逐渐衰退的，并且每个人的方式和速度都不同，但我们可以减缓记忆的衰退。

另外，对某项活动我们需要付出更多的努力才能保持长时间精神集中，同时我们也不如年轻时学得快。

我们常抱怨想不起某个人的名字。事实上，这是一种任何记忆策略都不那么容易起作用的"低落状态"。众多因素会影响记忆力的演进，一些与个人经历或者社会环境有关，一些则受个人意愿和动机的影响。

衰退的能力

一旦校园时光远去，我们经常忘记在校时学习的知识。我们错误地以为，一篇深奥的文章现在也只需读一两遍就能记住。事实上，我们已经丧失了学习的习惯（组织信息的方式，必不可少的重复，便于记忆的各种技巧和策略等），从而导致新旧知识之间建立联系的可能性变小了，构建心理图像的能力也减弱了。

一条没被记录好的信息在重组时需要投入更多的努力。相反，一旦信息被良好地巩固在长期记忆中，将不会受任何与年龄相关的因素影响。遗忘曲线对每个人来说都是相同的，无论年龄大小。

事实上，对许多事物的记忆都被很好地保存着，尤其是专业领域的知识，我们所抱怨的遗忘几乎总是那些对我们来说意义不大的事物。

不同信息之间的相互干扰

另外，拥有的经验和知识会随着岁月的流逝而增多，一些信息将汇集在一起并分享一些共同的特征：同样发音的名词，我们曾住过的所有地方，我们与朋友一起的晚餐，等等。这种情况下，最近的记忆能激发以前的记忆，或者相反，最近的记忆刻下更深的感情烙印，妨碍之前的记忆重现。

与上面所提到的不同，似乎存在这样一种记忆，随着年龄的增长其功能趋向增强！这就是心理学家所说的"前瞻性记忆"，即对我们在未来应该做的事的记忆：明天早上打电话给玛丽姨妈，今天下午去药店，在19点左右去扔垃圾……许多经验表明，年龄大的人往往比较他们年幼的人更能记住这些行为。越是年轻的人，就越倾向于信任自己的这种记忆能力，然而，结果并不总是与他们所期待的一样。相反，老年人会借助外部辅助来帮助记忆，比如记事本、符号等。

如何保持良好的记忆力

年龄的增长通常意味着大脑具有的容量越来越少，并且我们更容易疲倦，记忆力也不例外。那么如何保证良好的记忆力呢？

注意生活保健

到了一定的年龄，身体的各种功能通常会变得不太好，而健康问题可能导致记忆障碍。某些药物，特别是安眠药，对记忆会产生直接的负面影响。适当的预防措施和良好的生活习惯，都对守住记忆有利。

不存在能够刺激大脑或者保持高效记忆的"神奇饮食规则"，但均衡的饮食有助于预防心血管疾病、癌症和某些病变，应多吃蔬菜、水果和鱼（特别是那些含有丰富的

米歇尔，一个67岁的"年轻"学生

我梦想着在退休前重新回到大学学习，因为尽管我的年龄大了，但我仍然保持一定的好奇心，从书中、电视节目和罗浮宫博物馆的讲座中我发现自己对艺术史十分感兴趣。我的目的是想要有个"差事"，并且在退休之后从事不同的活动。这可能会令人吃惊，因为我之前在另一个完全不同的领域工作：实验科学。

为了实现这一挑战，我想在一个确定的情况下进行自我实验。因为我要进行一个全新的尝试，这令我很兴奋。我以学生而不是旁听生的身份在大学注册了，因此，我必须通过考试、答辩、口语测试等等，这显得很新鲜。我再次感到重新回到了年轻人中间，但我能否融入其中？我也想知道自己是否还保持着良好的记忆力。

在学习新事物时我没有感到特别困难。我要和其他所有学生一样，必须记住时间、人名、地点等。我的阅历一定程度上帮助了我快速将相关的信息联系起来。对我来说比较困难的是，我不太习惯较快的学习节奏。至于精神活力，我不能和最好的学生相比，这是肯定的，但我也并不落在后边。我不存在注意力方面的问题，因为我尽量准确地做笔记，这需要集中注意力和持续的分析力。

考试证明我的记忆功能运行很好，这令我很欣慰。而另一方面，对我来说所有的年轻学生长得都很像，我无法辨认出他们，而就在几天前我还和他们一起讨论过问题。这可能与我的学习动机不同……

现在我退休有10年了，我已经获得一个电影学学士学位，并且正在做考古学论文。我还投入了对计算机操作的学习，我将花更多的耐心致力于这方面的学习。在这种情况下，不单是记忆问题而是实践，因为计算机首先是一种工具，它使我能够通过电子邮件与住在澳大利亚的女儿沟通。

如果没有这些经历，今天我的记忆力是否还是如此好呢？

不饱和脂肪酸的生鱼），饮用适量的葡萄酒（最多一或两杯，并且只在用餐时饮用）。

保持好奇心

额外的不安有时来自于某种感觉器官的衰老。当视觉和听觉衰退时，对外界的感知将会变得更困难，而且不再完整，这势必会阻碍记忆。此外，功能的减退还经常伴随着退出社交活动，这样便更残酷地造成记忆功能不能再顺利运转。

事实上，社会或家庭环境的激励、娱乐活动的参与对记忆具有有益的影响。一项记忆测试"在大众中"进行，将会取得更好的成绩，并且如果活动种类越是丰富，产生的效果越好。

我们在年轻时发展的认知资源是年老后"主要"可以依赖的，充满活力、保持好奇心和警觉，对维护智力与记忆都非常重要。

我们感兴趣的是什么

只有在我们不去运用它时记忆力才会衰弱吗？人们常说，当我们变老时，回忆年轻时候的事情要比回忆前个晚上做过什么更加容易。但是这因人而异！增加训练记忆的机会，并不意味着要强制自己去做不符合我们品味、愿望和日常生活的大脑锻炼。然而，日常生活中有着许多需要我们努力记忆的东西，例如银行卡的密码、进入住宅的密码，又或者是完成一项任务的行政程序。那么，为什么不创造些技巧或者策略来训练记忆呢？

当然，除了有用的或者必要的活动之外，还存在其他一些可供我们选择的活动。没有什么比记住那些看似无任何用处的东西更难的了，比如所有城市的市政府所在地。对一门外语进行学习，却没有居住在使用该语言的国家一些日子的打算，则毫无用处。如果不制定一个计划，并有规律地实践，那么要掌握计算机操作（记录个人经历、编制家族数据库等）几乎是不可能的。同样，在听完一系列讲座或者阅读完一本书后，不去复习或深入研究是不能记住很多东西的。事实上，如果我们对某一个课题感兴趣，就应该深入进去。

换句话说，如果想通过某种活动改善记忆，就应该以不断重复的方式去实践，并且长期坚持。最好是选择一个自己感兴趣的活动，这能给自己带来直接的满足感，并且要为此做好付出必要努力的准备。

动机在保持记忆力中扮演着关键角色。为了持久并有规律地实践某种活动，无论是游戏性的还是实用性的，在选择上都应该符合自己的兴趣中心。

第十节
集体记忆

集体记忆的概念最早由法国社会学家莫里斯·阿勒波瓦茨（1877—1945）提出，他假设群体或者社会的每个成员一起构筑并分享一段共同经历。但这种假设的依据是薄弱的，因为只有个人记忆才是一种被证实的能力。

信息的传递

除了在疾病的情况下，每个人都能够回想起自己人生的重大事件、前一天所做的事和不久的将来要做的事。那么，一个家庭的成员、一个群体的成员，甚至整个国家的成员是否能够分享这种记忆呢？

回答这个问题先要考虑信息传递的社会范围。研究发现，信息的传递具有多样性，正式的或者非正式的、口头的或者书面的、有意识的或者无意识的、做笔录或不做笔录的、偶尔的或者系统的，还可以通过复制、模仿等形式进行。人们在相互传递着信仰、风俗、价值观、知识、行事的方式、存在、感觉……

重新激活记忆

共同记忆的分享至少要在两个人之间进行。我们不断对所记住的信息进行拣选、增加和删除，这被表现为神经元之间关系的加强或减弱。

如何构建共同记忆

神经生物学家让·皮埃尔·尚若在他的著作中提出，由于神经元的可塑性，每个人的大脑都保存着无数自己所处环境的痕迹，其中一部分的痕迹——多变却重要的那部分——处于同一生理和社会领域的其他个体也可享用。例如，在晚餐结束时，家庭成员一起翻看相册，这一行为就激活了一定数量的共同记忆：卢汉的堂兄婚礼时的一场暴雨，每个圣诞平安夜微醉的大叔，在瓦诺瓦兹的夏季假日等。在社会结构（在这里指家庭）中，记忆的分享是随机的，正如对同一事件不同人会出现不同的表述或分歧。

什么是可被记忆的

某些信息比另一些更容易被记忆和分享，它们在某种程度上"稳固"在某个人或一个群体中，这大概是由于这些信息与大脑内在精神结构产生了共鸣。例如，一部节奏优美的音乐作品就比一段隐秘的音乐更容易被记住。相对前一晚上学习的关于股票市场的课程，我们能更轻松地回想起《拇指姑娘》的故事。对一些几何图形也一样，我们更容易记住一个圆形，而非一个不规则的多边形。许多可以想象出来的物体都因为有这样的特殊性，而成为"注意力的吸引者"，从而被大多数人记住。

纪念：一种被要求的记忆分享

每年的 11 月 11 日，在法国的所有阵亡纪念碑前都要举行全国性的纪念仪式。然而，社会学上的争议表明，仪式参加者远远没有做到一起分享纪念事件的相同记忆。这种情况下，选择性记忆的事实错误地被认为是实际存在的事实。但另一方面，个体记忆中保留了对根与共同命运的信仰。古斯特·孔德（1798 — 1857）曾在他的实证主义中提到此现象。他认为，这种纪念仪式会在"具有共同命运"的一代人中持续发展。这

1902 年，维克多·雨果诞生 100 年之际，法国人民在先贤祠组织了一个豪华的庆典来纪念这位伟大的诗歌之父、共和制的捍卫者。

种记忆分享的要求，就像所有语言一样，拥有强有力的社会效应，能帮助群体成员像团体般进行想象。同时，这种记忆分享也塑造了一个单一的社会世界。但集体记忆与真实历史之间存在着区别，前者为社会成员共同所有，而后者则或多或少为个别群体所有。

一个模糊的概念，却非常实用

根据定义，集体记忆的概念有时候很模糊却非常实用。模糊，是因为它不可能保证全部的个体都能分享被赋予同样意义的记忆。例如，谁能准确地说出法国大革命在600 万法国人中存留着的记忆。另外，它又是非常实用的，因为我们不知道如何以另一种方式定义这个表面上由多人分享的过去的意识形态。然而，绝不能忽视群体或社会成员忘记他们相同的过去的行为。与其说集体记忆是群体所有成员记忆的总和，不如说是遗忘的总和，因为真正的记忆总和应是在被个体加工之前，而遗忘的总和则共有那些被遗忘的事。

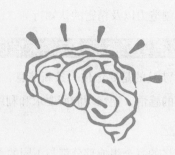

第十一节
剖析记忆

记忆功能的正常运转需要整个神经系统的参与，神经系统负责传递并处理感觉信息。感觉信息影响着我们的情绪、行为（比如语言）和个性，以及记忆的特殊性。

神经系统

神经系统由周边神经系统和中枢神经系统两部分组成，神经网络遍布全身的各个部分（皮肤、肌肉、关节等），包括所有的器官、腺体和血管。神经系统将外界的信号（视觉的、听觉的等）传递给大脑，使人体以运动的方式反馈回应。例如，大脑将听觉信息解码后，回应的动作才能被组织起来。并不像我们想象的那样，大脑是中枢神经系统的唯一构成物。

大脑，中央组织者

中枢神经系统由脊髓（位于脊柱中）和脑组成。脑被封闭在头骨中，包括小脑、脑干、间脑和大脑。小脑位于大脑的后面，是运动的控制中心。脑干在脊髓的上方，也是一个关键部位，因为它是循环系统、呼吸系统、觉醒和体温的控制中心。

当感觉到达大脑时

脑半球的表面被许多脑回缠绕包裹着，并被几条沟分成5个主要的区域：枕叶、顶叶、颞叶、额叶和岛叶。岛叶隐藏在外侧沟深处，参与调节感觉信息。

枕叶、顶叶和颞叶位于脑半球后部，分别控制一项或几项感觉功能：枕叶负责视觉，顶叶负责触觉，听觉、味觉和

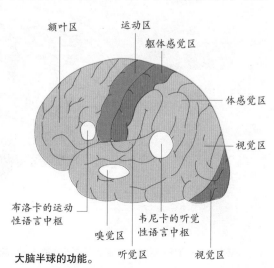

大脑半球的功能。

嗅觉由颞叶负责。当然，它们之间的连接部分可以交换、比较和修改各自所带的信息。

额叶位于大脑前部，占了整个大脑的40%，是一个专门负责复杂行为的区域，管理着个性、创造力以及精密的认知行为，比如计划、策略、组织、预测等。

每种类型的记忆有其对应的大脑区域负责

根据所涉及的是要记住一条新信息，还是回忆过去的时间、地点或是以往学过的知识、经历的感情，记忆功能所要求和利用的环路是不同的。

短期记忆

短期记忆的每个组成部分都与不同的大脑区域相连，语音圈与大脑左半球的顶叶和额叶区相连，视觉－空间记事区位于大脑后部，中央管理者可能与左脑半球的额叶联系着。

陈述性记忆

对新信息的学习和巩固发生在两个巴贝兹环路里，其中一个位于左脑半球，另一个在右脑半球。这些环路由大脑内部的海马脑回和扣带回构成，属于大脑的边缘系统。

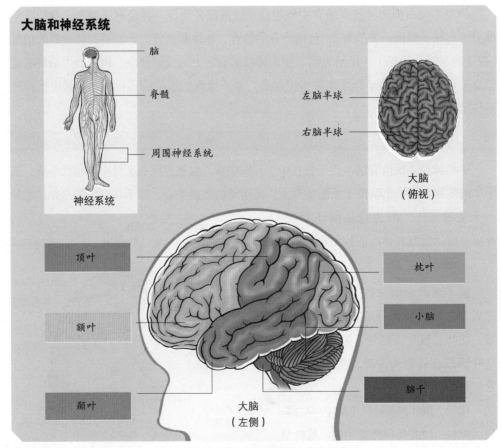

大脑和神经系统

脑

脊髓

周围神经系统

神经系统

左脑半球

右脑半球

大脑
（俯视）

顶叶

额叶

颞叶

枕叶

小脑

脑干

大脑
（左侧）

中枢神经系统由脊髓和脑组成，大脑的每个部分都与一个确定的功能相结合。

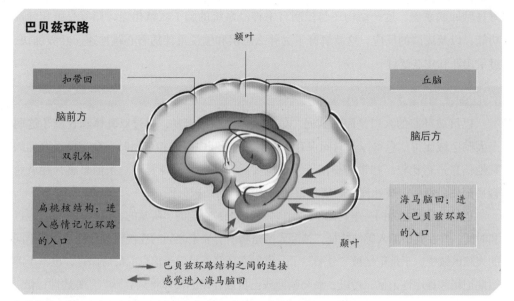

巴贝兹环路

额叶

扣带回

丘脑

脑前方

脑后方

双乳体

扁桃核结构：进
入感情记忆环路
的入口

海马脑回：进
入巴贝兹环路
的入口

颞叶

→ 巴贝兹环路结构之间的连接
← 感觉进入海马脑回

大脑半球内层部分有 4 个相互连接着的巴贝兹环路，这些环路用于对新信息的学习。

以前，我们以为这些环路与感情环路是一样的，但事实上是扁桃核结构给记忆装载了感情。左脑半球的巴贝兹环路用来记忆由语言带来的信息，比如阅读或听到的句子；右脑半球的环路用于记忆空间信息，比如路线和抽象的图像等。两个环路又互相联系在一起，实现紧密的合作。

记忆的重组需要通过不同的环路，因为不同的记忆对应着不同的神经元网络。诱发性问题能提供回忆的线索，从而引导我们通向记忆库并实现记忆的有意识再现。但是，目前科学家还不是很了解这个过程的具体情况，只是知道与实际事件的地点和时间相关的线索保存在额叶中。记忆的再现分两步实现，首先靠额叶与颞叶区域的激活来重建，然后由脑后区保存。左颞－额叶区的损伤会造成整体认知的困难，对应的右边系统的损伤则会造成个人记忆的残缺。

程序性记忆

我们通过反复学习所获得的行动、习惯和技能，构成最基本和最原始的记忆形式。运动习惯的形成归功于 3 个大脑区域之间的相互联系，它们以间接的方式参与对运动功能的控制：小脑、大脑深处的区域（纹状体和丘脑）和顶－额叶的某些局部。

感情环路

给记忆加上感情色彩能够调整行为适应各种状况。例如，当我们看到蜘蛛时会恐惧、惊叫、逃脱或采取防御行为。这种感情的"着色"通过一个特殊的环路得以实现——扁桃核环路。构成感情环路入口的扁桃核结构与大脑的其他众多区域都相关联，它接受来自所有感觉区域的信息，也与控制本能（比如饥饿、干渴、欲望、愉悦）的

海马脑回联系着。这一结构还与控制自主神经系统的脑干区域相连，调节心脏和肺部功能，以及皮肤的反应，这就解释了为什么恐惧和愉悦总伴随着心跳加速、呼吸加快、过量出汗和皮肤泛红。

对新信息的学习

巴贝兹环路的入口是海马脑回。信息从海马脑回出发，通过双乳体和丘脑（这两个大脑区域使得信息得以长时间保存），当经过额叶内层的扣带回时，会与已经存储的其他信息进行比较。扣带回扮演着一个重要的角色，我们越是对一条信息感兴趣就越容易记住。最后，被处理过的信息重新回到海马脑回被巩固。

巴贝兹环路能为同一事物的不同组成要素编码：视觉的、听觉的、嗅觉的，以及地点和时间，并在其中加入感情特征。神经元网络将所有要素之间的连接轨迹分别储存在不同的大脑区域中，于是记忆被"分散"了。巴贝兹环路不是用于信息的最后储存，也不干涉短期记忆和程序性记忆，所以，海马脑回或巴贝兹环路的损坏将只会影响到陈述性记忆。

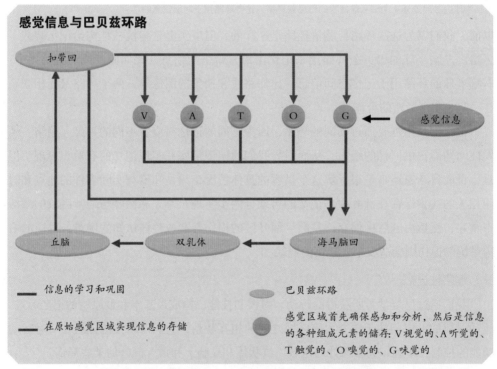

感觉信息的各种组成元素通过巴贝兹环路被记住，循序渐进的巩固程序将强化各个元素之间的连接。

对信息的巩固

可以通过新的学习或者简单的重复来巩固已被储存的信息，例如为了记住一首诗而反复背诵。在连续重复时巴贝兹环路扮演着重要角色，颞叶会逐渐加强分布在大脑中的不同元素之间的联系。

第十二节
记忆的细胞机理

　　神经系统是由几十亿个功能不同的神经元构成的。感觉器官的神经元把来自周围神经系统的信息（视觉、听觉、味觉、嗅觉、触觉）传递到大脑，而运动神经元把它们传向相反的方向以控制肌肉。大脑本身也是一个复杂的神经元网络，用于整合感觉信息，并决定做出何种回应。

　　为了弄清楚记忆所依赖的生理和生物化学机理，首先必须了解单个神经元是如何传递信息的，以及与其他神经元是如何接合的。

神经元和突触

　　神经元是一种特殊的细胞，能够更新、传递和接收电脉冲，或者更确切地说是生物电，因为这种电现象产生于活的生命体。电脉冲（称为动作电位或者神经冲动）先在一个神经元内部传递，然后在构成整个神经系统的网络中传递，某些神经纤维每秒能够传输 150 米。

　　神经元细胞体包括细胞核、树突和轴突。轴突是一个单一的延长部分，长度从 1 毫米到 1 米不等，在末端都形成球状。动作电位通过轴突被传递到位于另一个神经元表面的接收器上，连接

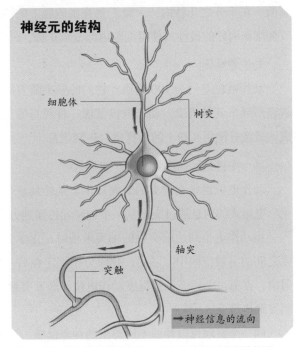

神经元的结构

细胞体

树突

轴突

突触

→神经信息的流向

神经元是一种非常特殊的细胞，专门负责神经信息的传递。

突触的结构

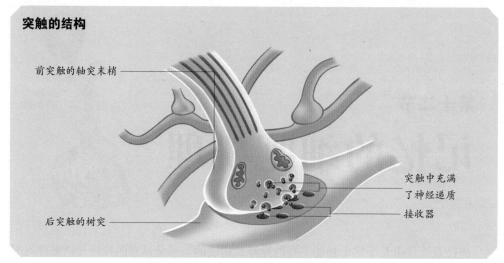

前突触的轴突末梢

突触中充满
了神经递质

接收器

后突触的树突

借助特殊的化学分子——神经递质，突触得以保证神经信息从一个神经元传递到另一个神经元。

两个神经元的"接合"区域称为突触，根据其承担功能的不同，每个神经元与其他的神经元通过 1000 — 100000 个突触连接在一起。

信息如何传递

细胞膜起着划分电势能的作用，细胞外部为正，细胞内部为负。有些细胞称为应激细胞，如神经元，这种细胞能够产生动作电位，一种和正负电极转换有关的生物电刺激。在千分之几秒内，大量汇集在细胞膜上的钠离子（正离子）进入细胞内，迅速改变细胞内外的极性，使得细胞内部变成正极，外部为负极。

为信息编码

动作电位差约为 100 毫伏，它们的频率随着需要传输的信息的变化而变化，刺激越强烈频率就越紧凑。动作电位就像一种简易的莫尔斯代码，由简单的符号与停顿组成，或像只使用 0 和 1 的计算机二进制语言。

从一个神经元传递到另一个神经元

动作电位通常在树突的表面产生，延伸到整个细胞体，直到轴突的顶端，表现为生物电形式的信息通过突触从一个神经元传递到另一个神经元。

当动作电位到达前突触的轴突末梢时，化学分子——神经递质被释放到两个神经元之间的突触空间中。随后，化学分子固定在后一个神经元的接收器上，引起化学反射串，在第二个神经元里促发动作电位（激发突触传递），或反之，阻止动作电位（抑制突触传递）。

同一个突触可以释放不同类型的神经递质，至今已发现 100 多种，如谷氨酸、γ－氨基酸和乙酰胆碱都出现在与记忆相关的大脑活动中。

记忆的细胞机理

一个人在出生时拥有约 400 亿个神经元，它们之间通过众多突触相互连接，特别是在大脑中。神经元网络随着生命的进程而改变，一些连接将被巩固（例如通过学习），另一些则被消除。这就是我们所说的神经元和大脑的"可塑性"。

然而，人类神经系统如此复杂，以致无法研究记忆的细胞机理。目前，关于这个领域的大部分研究，均来自对无脊椎动物或者某些哺乳动物的最简单的神经系统的研究。

习惯化和敏感化

某些海洋蛞蝓的神经系统是最常被研究的对象之一，它由分布在 10 个神经节上的 20000 个神经元组成。这些神经元直径可达 1 毫米，对其染色有助于对它们的分辨、操作和观察。

当我们碰触蛞蝓位于腮下的排泄口时，它会紧缩，同时腮片也会缩到外壳里。如果不断重复这个生理刺激，排泄口的收缩程度会随着时间减弱（习惯化），腮片也越来越放松。在我们自己身上做类似的实验会出现什么现象呢？电话铃声先会让我们吓一跳，之后，我们对电话铃声的反应越来越弱。在另一个实验中，我们在触碰蛞蝓的排泄口时，如果同时用弱电点触它的尾部，它的运动反应会加强（敏感化）。

长期协同增效作用

在蛞蝓身上观察到的反应从几分钟持续到几小时，甚至在停了几天之后再进行刺激时，又能够持续几个星期。在显微镜下可以看到，神经递质的自由度在神经元接合的突触上被潜在作用增强了，同时发生生物电的变化，这从本质上影响到神经元的应激性。我们称这一效应为长期协同增效（或抑制）作用，"长期"的定义与神经元应激性的持续时间有关，而与记忆形式无关。

比方说在敏感化作用中，两个优先结合的神经元被同时刺激，后突触的神经元会增强其应激性（协同增效作用），或恰恰相反，造成应激性减弱（协同抑制作用）。

在哺乳动物的某些大脑区域也观察到了类似的现象，特别是在海马脑回和小脑中。而海马脑回直接作用于记忆，小脑则影响运动功能。

短期记忆：生物电的改变

生物电的改变是构建短期记忆的基础，这一现象能从一个更微观的层面上找到解释：分子说。

在习惯化的实验中，我们观察到神经递质释放的比率随着时间的推移而减少；而在敏感化实验中，这个比率会增加。记忆被解释为，通过突触的包含神经递质的突触

短期记忆的细胞机理

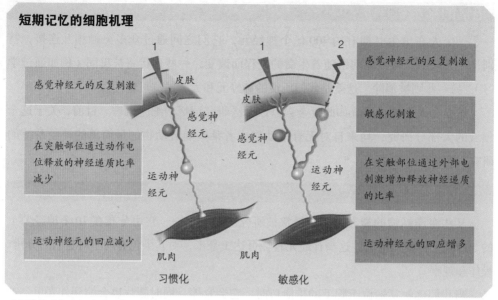

对无脊椎动物（如海洋蛞蝓）的研究证明，有两种类型的适应：习惯化，由感觉神经元的重复刺激引发；敏感化，由在对感觉神经元刺激时连接外部电刺激引发。

小泡的数量的变化，这种变化直接与细胞间钠的变化有关。像长期协同增效作用这样的生物程序是极其复杂的，研究人员已发现了几十种在这些程序中作为媒介或调节者的分子，如接收器 AMPA 和 NMDA，蛋白质 G，蛋白酶等。

长期记忆：神经元结构的改变

　　如果生物电的改变能够作用于短期记忆，那么如何能够"决定性"地储存记忆呢？又如何在神经元上加固记忆呢？对于长期记忆，仅仅是生物电临时的和可逆的改变是不够的，是基因发挥了作用。事实上，对一个神经元的重复刺激将引起处于细胞核内的某些特殊基因的活化，于是真正的"加工"便开始了。

　　第一步，基因活化将引发大量蛋白质的产生，这些蛋白质用于形成接收器和能够保证持久强化神经信息传递的元素。

　　第二步，在重复刺激的作用下，基因活化产生的新的蛋白质将参与神经元自身的增生。这些蛋白质首先在树突的顶端形成许多刺状物，刺状物在伸长的同时又产生新的树突，并与其他神经元建立新的连接。如此发展，就形成一个新的特殊网络，这些神经元结构的改变就是长期记忆的细胞基础。

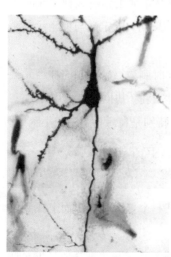

从这张图片中我们可以看到，重复刺激引起神经元树突的增生。

第十三节
从巴甫洛夫的狗到大象的记忆

今天，生物学家甚至在最初级的生物体上，比如海绵，都发现了一种记忆，即记录环境的改变。而高等脊椎动物利用记忆的能力，有时候可以与人相比。每天与动物打交道的人，比如狗或者猫的主人，常遇到这类的范例。100多年来，科学家对动物记忆的探索取得了巨大的进步。

令人惊讶的实验

俄国生理学家伊万·巴甫洛夫（1849—1936）曾做过一个著名的实验，他还因此获得了1904年的诺贝尔奖。实验证实了狗能对刺激做出反应：如果在喂食时摇铃，那么几次实验之后，只要铃声响起，狗就会流口水。如今，就我们看来，这个实验既平常又没什么价值。

只懂得"学舌"的鹦鹉

现今最会说话的鸟是加蓬一只名叫亚历克斯的灰鹦鹉，它能够复述所学的所有词汇。20多年来，它不仅记住了50多种物体的名字，还学会了辨别类属，比如形状和颜色。如果向亚历克斯展示两个用木头做的三角形，一个绿色一个蓝色，当问它两者的相似之处时，它会回答说"形状"，然后补充说"材料"。

专为海狮设计的实验

为了证明海狮能在记忆中长时间保存较少见到的猎物的图像，加利福尼亚大学的两个生物学家用了十几年的时间训练并测

研究员指出，海狮可能是除了人类以外的生物之中记性最好的动物。

试了一头名叫瑞欧的母海狮。在 1991 年期间，研究人员先让瑞欧学习一些符号、字母和数字，然后让它从众多的卡片中辨认出所学过的东西，每一次辨认成功就给它一条鱼作为奖赏。随着时间的推进，学习内容也不断增加。10 年后测试时，研究人员向它展示了以前从来没有见过的符号、字母和数字，然而它竟然能将新的元素分辨出来。对这种令人惊讶的记忆能力，生物学家解释为，海狮在每个季节都会遇到种类繁多的猎物，它们都能够认出来。

自然界中动物的记忆

动物生态学的研究人员对自然界中动物行为的研究，不仅局限于孤立的个体，他们同时也研究了动物间传递知识的可能性及其方式。

灵长类动物的特殊能力

黑猩猩比较有团队精神，群居数量可达到 100 多只。这些"社会"或者"社区"在生产某些工具方面可以实现专业化，例如，一些黑猩猩专门使用某种形状的树枝捕捉白蚁，而另一些黑猩猩则专长于捕捉黑蚁。我们在一个"社区"观察到，一些黑猩猩借助石头或者木块来砸核桃，而其他"社区"里的黑猩猩却没有掌握这种技巧。20 世纪 70 年代，动物生态学家发现日本一种猕猴懂得用海水清洗块茎里的沙子以改善块茎的

瓦索是第一只参加 20 世纪 60 年代进行的语言学习实验的黑猩猩。它在 4 年时间里学会了 132 种手势，能造简单的句子。这些实验是否证明黑猩猩能够像人一样学习语言还存在争论，然而黑猩猩偶尔能正确地造句倒是事实。

味道。经过反复的观察，研究者还发现了黑猩猩对药用植物的使用情况。一只母黑猩猩在腹泻时吃了一种含有抗生素的合欢树的树皮，而这之前黑猩猩群里的其他成员并不知道这种植物的功用。但不久之后，合欢树的这种功用便在群体里被记住并传播开来。

"从母亲到子女"：大象和鲸

对于大象和鲸，知识是通过"从母亲到子女"的方式进行传递的。一个家庭中，老年雌象教导年幼的象了解地理知识，即迁徙过程中的安全区域和危险区域。同样，年长的雌鲸能够记住那些"有危险"的船只，并告诉小鲸鱼毫无恐惧地去接近那些安全的航船。

研究人员推测，大象家族能够在 100 多年的时间内都带着"集体记忆"，从雌象的

一群大象的共同记忆是通过老年雌性大象带来并传递的，它记忆了群体迁徙时途经的路线信息，包括安全的地方和危险的区域。

成熟，直到它们最小的孩子死去。对于幼象来说，年长的雌象就是一部在它们的生存环境中求生的百科全书，除非一个猎人过早地结束了这个传递之源。

借助游戏训练狗

狗一直有种作为人类的伙伴的天赋，通过人类的选择，这种天赋能得到更好的发展。英国的驯狗师通过一系列的训练来调教他们的伙伴，当收到"蹲下"或"睡觉"的命令时，狗便会卧下来并保持不动。接受过特殊训练的狗对人类有很大的贡献，雪崩救人、清除碎瓦、寻找毒品或炸弹、帮助残疾人、表演杂技等。为了获得良好的效果，驯狗师需要不断地激励自己的伙伴，使它们乖巧地服从命令，通常借助游戏和奖励能达到这个效果。对被训练的狗来说，仅服从命令还不够，讨主人欢心也是必不可少的。

狗的记忆力不需要主人花费太多精力和力气，日常生活中的一些小游戏就可以让狗拥有良好的记忆力。

第十四节
医学影像技术

毫无争议，大脑是医学家与运用医学图像的科学家酷爱的研究对象。甚至有这么一个专业——神经图像学。无论是功能的还是形态的，为了诊治或者为了基础研究，新的技术给我们提供了越来越精确的图像，进一步推动了对记忆的研究。

形态成像技术

形态成像技术能确保我们更好地认识大脑的构造，尤其是能给活人进行检查，这显著改进了神经学疾病的识别诊断，比如确诊肿瘤或脑血管意外。与功能图像不同，形态成像技术提供的是"静态"图像，即和大脑特殊活动无关。

X 射线断层扫描（CT 机）

X 射线断层扫描提供的是被检器官的精细水平剖面图，能清晰地分辨那些在传统 X 光片上看不见的或容易同其他器官混淆的人体器官。C T 成像技术依靠的是 X 射线的放射性（使用不会对人体造成危害），电脑以数字图像的形式显示通过人体的 X 射线数据，不同的人体组织吸收 X 射线的量不同。脑 CT 能清楚地显示脑血管的畸形（动脉血管瘤）、脑血管损伤（脑溢血、脑梗死）、肿块、肿瘤、严重创伤引起的脑损伤、与神经元缺失相关的脑萎缩等。这种技术能把受损伤的大脑的图像同记忆测试结果联系起来，帮助我们对记忆发生的位置有了更多的了解。

磁共振图像（IRM）

通过磁共振得到的图像要比扫描得到的更精确，特别是在某些区域（比如脊髓）或者在某些感染性疾病的情况下。CT 扫描只能得到横切面图像（与人体主轴垂直），通过磁共振则可以得到竖切面和斜切面图像。

在进行 IRM 检查时，身体进入一个强大的磁场，人体组织中所有水分子中的质子都朝向同一方向。当磁场中止时，质子又回到原来的位置，同时放射出反映机体组织密度的特殊电磁波。

如果你必须要进行一次检查

无论何种检查都会被安排在一间安静的房间里进行，被测者闭着双眼仰面平躺在检查板上，有时候医生会借助面具或者耳机来隔离被测者的感觉。滑动检查板被推入一个筒状物的内部，里面有着各种类型的图像检测仪。在整个检查过程中被测者被要求保持不动，以保证图像的质量。一般的检查会持续20—30分钟，用于研究的检查可能需要更长的时间。通常，只有头部在机器里，但是某些IRM检查时被测者的整个身体都在里面，有时候这会对独处恐惧症患者造成一些影响。

L'IRM是一种有声测试，依据的是电磁原理，因此所有金属物体都必须留在检查室外。该检查对做过颅内冠状动脉成形术的患者是禁止的，因为磁铁会造成金属扩张器移位或损坏，从而危及患者的健康。

有些检查需要在静脉中注射微量的碘溶液。这种溶液会使大脑血管变暗，从而更容易视觉化某些脑血管畸形，比如动脉瘤或血管瘤。但注射这种溶液后可能会产生头脑发热的感觉。有时候在进行IRM检查时会注射一种叫作钆的物质，同样也是为了更好地观测某些脑部损伤。在进行SPECT检查时，会在静脉中注射分量极微少的用于医疗的放射性物质，这种物质在大脑中存留的时间非常短暂，但它有视觉化大脑区域的功能。

功能成像技术

最新的功能成像技术使我们对人体组织解剖和大脑"正常"运转的理解发生了巨大的改变。这一技术使我们更重视某些脑部疾病患者的大脑的整体运作，也使得与大脑（特别是那些健康人的）精细运转相关的区域显现出来。在后一种情况下，获得的图像质量出奇地好。当被检测者在大脑中搜索词语或文化信息时，读文章或听音乐时，对面孔或工具进行指名时……功能图像显示大脑的不同区域在"发亮"。这一技术在基础研究中被大量应用，同时也改进了对某些神经疾病的诊断。

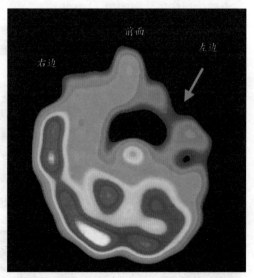

在语义错乱失常的情况下，SPECT检查显示出大脑左边颞叶区的功能衰减。

单光电子发射体成像（SPECT）

SPECT（源自英文的缩写词 Single Photon Emission Computed Tomography），即在人体组织中植入无防御性放射物质，然后通

过一个特殊的照相机探测其放射线，再用电脑处理所获的信息，得出被探测器官的切面图像。SPECT 能够显示出在感染期间，如精神错乱或者血管意外时，脑功能的异常。

正电子 X 射线断层成像（TEP）

法国有 3 个研究中心应用 TEP（或者 PET，源自英文缩写 Position Emission Tomography）技术对人体的不同器官（心脏、肝、肺等）进行了非常精确的生理学研究，特别是大脑。该技术对神经递质以及大脑活化机理的认识取得了极大进展。

通过释放正电子得到的断层图像，除了对基础研究的许多领域具有重要意义外，也是诊断癫痫、帕金森病和阿尔茨海默病的一个强有力的方法。TEP 基于的是与正电子相关的射线的探测，正电子是种比电子轻的基本粒子，但是带的是正电。由放射性物质发出的正电子融入具有特殊生物化学性质的分子中后，借助正电子照相机我们可以观察到分子在机体内的分布，同时通过电脑可以重组大脑的截面影像。TEP 特别适用于观察一些生理现象，比如血液的流量、人体组织中水或氧的分布、蛋白质的合成等。它能揭示在执行记忆任务时血液流量和大脑中化学物质的变化，帮助科学家们获悉在记忆研究时大脑中的化学系统与身体结构是如何相互作用的。

功能磁共振图像（IRMf）

功能磁共振图像技术被用于探测某一器官在一段时间内血液分布的变化，这一测试能反映在活动增加的情况下人体组织耗氧量的变化。将功能磁共振图像与休息状态得到的图像比较，可以研究某一器官在特定功能中的作用。比如让我们真切地"看到"记忆在实际情况下的活动。

L'IRMf 主要用于分辨负责不同功能的大脑区域，比如视觉、听觉、记忆或者语言。被检查者在进行某些精确的脑力任务时，我们可以观察到活跃着的大脑区域。作为对传统医学成像技术的补充，L'IRMf 能协助医生做那些非常接近脑部十字区域受损的大脑外科手术。

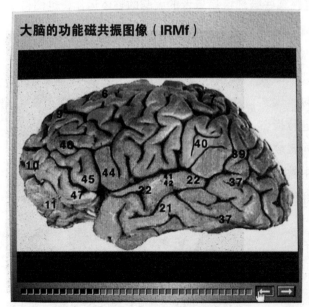

大脑的功能磁共振图像（IRMf）

通过磁共振技术得到的图像革新了人们对大脑的认识，上面这幅图像展示出被测者在默念词汇时某些语言区域（区域 44）的活化。

第二章

记忆的程序与类型

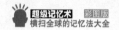
第一节

在所有状态下的注意力

你能描绘出一张 10 元钞票的正面吗？你不记得了，那是因为你从来都没有仔细地看过，然而你却在无数次地使用它。这个例子很好地展示了应该如何记忆：必要的感知、注意力和动机。

有效的感知

在打电话或者对话时，没有听清楚的名字很难被记住；以不正确的方式阅读黑板或者印刷文件上的文字既不利于理解，也不利于记忆。当信息没有被很好地捕捉时，对它的分析就需要付出更大的努力，尤其是当信息不完整时，将很难被保留在长期记忆中。

通常情况下，学习条件本身也妨碍有效的感知（例如噪音干扰）。但是困难也可能源于视觉不佳或者听觉衰退，而又拒绝佩戴眼镜或者助听器。

在必要的时候需要注意力

即使感觉器官正确、完整地接收了信息，一般来说，在被存储前信息还需要被定位和处理（分析、比较等），这就要有点警觉性和注意力了。当然，根据实现目标的不同需要不同程度的注意力。

短期记忆比较容易受注意力的影响。大部分关于日常记忆的抱怨都源自缺乏注意力或者精神不集中，这主要是由于疲劳、压力、过度劳累、焦虑或者抑郁导致。同样，酒精、毒品（印度大麻、迷幻药）和某些药品（安眠药、镇静剂、抗抑郁剂等）也会影响注意力。

自发或被引导的动机

有时候，我们似乎无须努力或者无意识就记住了一些东西，比如某位名家的作品。而有时候，我们需要付出很多努力才能掌握某种知识，比如学校开设的一门科目。有时候，会形成一个恶性循环：在同一个起跑点竞争力弱会让人泄气并抑制学习的欲望，即使复习了成绩仍是平平，这又进一步造成自信心的缺乏，从而使得摆在面前的任务变得更难以完成。

当缺乏自发的动机时，就必须求助于被引导的动机，以达到原本不太感兴趣的目标，比如为了从事某种职业或者梦想的事业而通过考试。动机越缺少自发性和对应该学的东西越不感兴趣，巩固记忆的机会就越小。在这种情况下，首先需要有意识地付出努力，包括求助相关辅助工具、确定合适的记忆技巧以及花更多的时间重复。当面对一个新情况而非常规任务时，这些策略就更便于应用。

如果缺乏动机呢？恒心会帮助你。还有，为什么不创造一个新的激情？通常，一个奖励就足以激发我们的动机。

不同等级的注意力

注意力与记忆联系紧密。每一刻我们都收到无数来自外部世界（图像、声音等）和内部世界（欲望、感情、思想等）的信息，我们必须做出选择。为了阅读和理解一段文字，我们必须将对它的注意力与在同一时间感知的其他信息（背景噪音、灯光的改变、一阵风吹来……）分开。然而，这不是集中注意力的唯一方法。

注意力强度或高或低

如果我们必须在一天的每个时刻都保持相同程度的注意力，那么我们很快就会累了。幸运的是，不是所有的活动都要求高度的注意力。因此，我们可以根据强度区分不同的注意力形式。

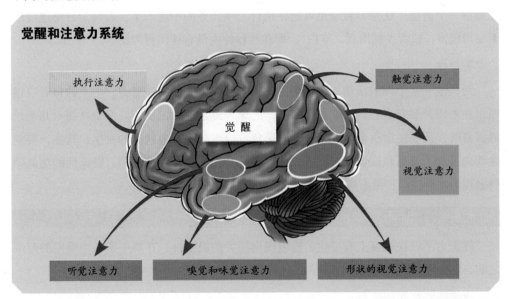

觉醒和注意力系统

觉醒和警醒能保证大脑对突然出现的不可预料的事做出反应。另外，大脑对每个感觉领域都保持着特别的注意力，而集中注意力能让我们调动显著能力去实现一个确定的行为和应对明显的矛盾冲突。

高强度警告

强烈的饥饿感或者消化不好，又或者宴会第二天起不来，甚至面对同一件事情，我们都应根据具体情况来确定需要投入的注意力。以一天为例，从苏醒状态到睡眠，可以看到一些逐渐、缓慢、非自愿的改变，这是源自生理上的需要。因此，良好的生活习惯能帮助我们集中注意力，并且提高记忆力。

阶段性警告

如果事先被警告，我们将会做出比较快的反应。这就是为什么在向某人抛东西前喊"小心"，或者按喇叭警告其他司机和行人的原因。这样一个警示信号（视觉的、听觉的、触觉的等）会引起一种短暂的注意力，使得其在极短的时间内做出有效反应。而10秒钟后，效果就不明显了，注意力的顶峰处于0.5秒到0.75秒之间。但是警示信号并不总是能够起到积极作用，有时候反而会变成干扰，造成负面效果。比如，一个司机不恰当地按了一下喇叭，警告不成反而惊吓了骑自行车的人，导致行人摔倒。

持续性注意力

上课或者听讲座、玩文字游戏、在高峰期开车……所有这些活动都需要持续性注意力，通常我们用"全神贯注"来形容。注意力障碍源于多种因素。很多情况下我们的注意力赶不上信息到来的节奏，例如当车开得太快的时候，我们看不到某些指示牌或者障碍物。注意力也可能因为我们缺乏某些必要的能力而降低，例如当我们用一种掌握得还不是很好的外语进行对话时。也可能是我们无法转移足够的注意力去完成某项活动，例如当我们已连续听了几个讲座后精神疲倦时，我们将很难再继续专注地听完最后一个讲座。注意力衰退也可能在执行一项任务的中途产生，表现为行动速度逐渐变得缓慢，或者大脑出现"空白"，即在几秒钟内没有任何行为反应。

警觉性

对其他一些单调的活动，我们则需要另一种完全不同的注意力。一个钓鱼者应该明白在垂钓时要有耐心，并准备在鱼上钩的那一刻迅速做出反应。保安在面对几个录像屏幕时，需要注意所有特殊事件，以避免危险事故或紧急状况的发生。其实，警觉性首先是为了留意和探测非常规事物，这与持续性注意力截然不同。警觉性的功能障碍表现为判断错误、做出错误警报，或由于疏忽造成行动障碍。

时而分散，时而集中的注意力

注意力不仅在强度上有变化，还表现出极大的灵活性，在集中于一个确定的范围之前，它会首先最大量地捕捉信息。

选择性地投入注意力

研究人员给这种注意力方式起了个绰号叫"鸡尾酒宴会效应"。因为，在社交晚

边开车边使用手机：致命的组合

1998 年，J.M. 维奥兰蒂通过研究发现，边用手机边开车发生致命事故的风险比不使用手机高 9 倍。实际上，让手机在汽车里开着不用，发生致命事故的风险也会高 2 倍。边开车边用手机为什么如此危险呢？维奥兰蒂查看了俄克拉荷马州 1992 年至 1995 年的交通事故报告。与发生事故时不使用手机的司机相比，维奥兰蒂发现，使用手机的司机在事故前易于不注意马路，易于超速行车，易于走错道，易于撞上固定的物体，易于翻车，易于突然掉头。1999 年的另一个研究表明，与正常行车相比，拨打手机时的开车速度控制和保持车道都不准确。

如此令人震惊的证据已经使得一些国家（如巴西、以色列、意大利和澳大利亚）的一些城市，认为驾驶时使用手机是非法的。美国一些州采取了立法措施，华盛顿州实行的法律规定：手机只有装备该州批准生产的"无须用手的设备"时才可在汽车里使用。

1999 年，芬兰赫尔辛基大学的大卫·兰布尔发现司机察觉前面有车的能力减退了。他把一直向前看、不分散精力的司机与随意拨打手机的司机（分散了视觉注意）和无须视觉注意执行简单记忆任务的司机进行了比较。可想而知，被分散视觉注意的群体反应最为困难。与一心一意注意大路的司机相比，同时执行两项任务的司机反应也较慢。无须用手的设备并不能排除开车的手机使用者的安全问题。

会上，我们能成功避开酒杯的碰撞声和其他人交谈声的干扰。日常生活中还存在很多这类情况，我们能够选择性地投入注意力。在火车站或者机场大厅，我们"滤过"嘈杂的喧闹声，竖起耳朵听广播中的提示；在商业大街，我们"忽视"各种广告信息牌，将目光锁定在一个确定的商品上；欣赏老唱片时，我们可以"略去"破坏快感的细微噪音……

注意力分配

通过分配注意力我们可以同时完成多项任务，如在开车的时候听收音机、在做菜时打电话等。然而，我们可能会突然在一项活动上投入更多的注意力，而减弱对另一项活动的注意力，由此引发错误的行为（因此法律禁止在开车的时候打电话）。通常，同时从事多种活动的能力随着年龄的增长而减弱。年轻人可以一边听喜欢的音乐，一边复习功课；而年长者则会感到背景噪音太大，干扰阅读。

执行性注意力

显而易见，需要一种即刻控制以应对突发状况。例如，当我们阅读报纸或者看电视时，对电话铃声做出反应。执行性注意力就具备这一功能，尤其在运作记忆中，它能为在长期记忆中储存信息做准备。

第二节
感情扮演的角色

开学的第一天，结婚的那天，生孩子或者一次意外……只要稍微分析下，就会发现感情在我们的记忆中扮演着重要角色。

为什么我们更容易记住使自己感动的事

当认识到注意力和动机以关键的方式作用于记忆后，我们就会明白为什么感情也可以帮助构筑记忆了。强烈的感情不仅让我们的注意力放弃其他不太重要的信息，还会引发一个程序的开始——在接下来的几小时、几天甚至几个星期内，承载着这种感情的事件将不停地在我们脑海中重现。这期间，我们会自觉地将这件事与以前的事以及未来的计划联系起来，以便精确地确定它的时间和地点。

这就是为什么我们能更好地记住与自己相关的或感动自己的事物的原因。如果事件具有特别的悲剧性，并造成重大的压力感，它甚至能够以入侵的方式固定在记忆中。

感情在大脑中的"位置"

在大脑中我们是否可以给感情确定一个"位置"呢？在一个记忆测试中混合着中性词（桌子、门、椅子等）和富有感情色彩的词（快乐、幸福、疼痛等），后者通常能更好地被记住。通过功能磁共振图像（参见下页框内文字）我们可以观察到，在对后者的记忆过程中同时激活大脑的两个区域：海马脑回和扁桃核结构。

以自我为中心的记忆

对老年人的"自传性记忆"的研究表明，一生中构筑记忆数量最多的阶段是 10 — 30 岁。其实，"记忆构建高峰"与我们在工作和感情生活中做出的大部分有强烈情感特征的选择时间相对应。在很久以后，我们仍然能够想起当时的许多细节和确切的时间，比如我们是如何遇到现在的配偶的（确切的情景、对方的衣着等）。不同的经历为我们的职业生涯划定了方向，偶然瞥见的通知、在班机上抓住的一次机会等。当然，这些重要的信息也是以我们的动机为前提的。

感情在大脑中的"位置"

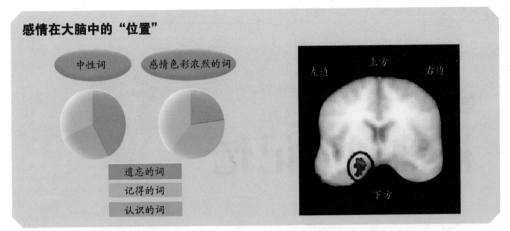

感情色彩浓烈的词更能抵抗遗忘（橙色部分）的侵蚀，并且比中性词更容易被自发地想起（蓝色部分）。正如功能磁共振图像（右边的图像）显示的那样，感情色彩浓烈的词能同时激活海马脑回和扁桃核结构。

瞬间记忆

2001 年 9 月 11 日，世界贸易中心被炸的时候你在做什么？1998 年 7 月 12 日，世界杯足球赛决赛中法国获胜的时候呢？1997 年 8 月 31 日，戴安娜王妃去世的时候呢？1969 年 7 月 21 日，人类第一次踏上月球的时候呢？按年龄来说，无疑你对某些事件还是存在些"瞬间记忆"的。

强烈而清晰的记忆

"瞬间记忆"用来描述那些非常逼真、详细的记忆，就像瞬间拍下的照片，它能引发强烈的个人或集体情感，并持续很久。这种记忆可能涉及一个公共事件，也可能是个人事件——一次意外、一次感情伤害等。在前一种情况下，我们几乎经常回忆起自己是如何获知某一事件的，它是在哪个确切的时间发生的，当时我们正在做什么……

当感情阻碍记忆时

的确，轻微的压力可能带来良好的记忆效果。对一个焦虑的人来说，过多的麻烦可能使他产生超常记忆。但这通常是以降低对日常对话或对事件的注意力为代价的，因而很难记住细节。另外，基于情绪的疾病，比如抑郁症或者焦虑症，即使有些痛苦的记忆是因为当事人自己过分夸大了，但在回忆时通常还是会伴随着伤痛，有时还会妨碍患者面对真正的注意力和记忆问题。

在某些情况下，强烈的感情同样会妨碍记忆（遗忘症突发）或者阻碍某些个人回忆（功能性遗忘症）。压力是生活的自然产物。我们需要刺激，因而少量的压力（有利的压力）可能是有用的，能帮助我们保持最佳的思维警觉水平。例如，当我们需要完成一份重要的报告时。但是如果压力太大（不利的压力），我们就会变得惊慌和不知所措。而且在我们对它采取措施之前，生活似乎失去了控制。

第三节
被抑制的记忆

被抑制的记忆

抑制的概念是西格蒙德·弗洛伊德（1856—1939）提出的精神分析理论的核心。关于灾难的记忆、心理冲突或者负载太多感情的事件，当它们逃离意识，被"储存"在潜意识中时，称为"抑制"。但是，这些被抑制的东西试图以行为缺失、口误或者梦的形式"重回"意识中。在1901年出版的《日常生活的心理疾病》中，弗洛伊德分析了100多个源于他自己和周围人的例子，以表明"遗忘"——忘记人名、地名或者某个字，又或者口误、阅读错误等——不仅是简单的记忆衰退，还是潜意识欲望的表现。

然而，口误和行为缺失具有一些共同之处，都经常涉及人名、地名、时间，或词汇的颠倒，如"好"和"坏"。对于一个问题"你的旅程怎样"，一个患者的回答令自己都感到吃惊"没有比这再好的了"，而实际上他本来想表达相反的意思。精神分析专家经常提到一个"经典的"口误，患者本来希望谈论自己的妻子，但是他说出口的却是"我的母亲"。尽管如此，很显然，每个人都有错用一个词来代替另一个词的经历。

在莎士比亚的《哈姆雷特》剧中，男主角对他的母亲充满了隐含性动机的愤怒，弗洛伊德对他进行了精神分析。图为《哈姆雷特》的剧照。

精神分析革命

关于精神心理，弗洛伊德解释道："一个个体的家园有多个主人。"我们做出错误的行为、口误或做梦时，受抑制的无意识欲望（精神分析学家称之为"本我"）上升成意识（也就是"自我"），从内部监督者（"超我"）的控制中脱离出来。这并非记忆功能障碍或某种精神病症状，遗忘和梦的奇怪产物都是建立在贯穿我们精神生活的复杂原动力基础上的，我们无法控制。

弗洛伊德毫不自谦地把自己提出的精神分析

理论与另两大科学革命做比——哥白尼提出的地心说和达尔文提出的进化论。

通向无意识的完美途径

如何知道哪些记忆被抑制了，或者哪些潜意识的欲望试图通过某种形式表达出来？弗洛伊德利用催眠术发展了一种精神分析治疗法，这种方法试图对无意识表现进行有意识的解释，尤其是梦，它被称为"通向无意识的完美途径"。在梦中，来源于现实生活的"日间残余"与被抑制的记忆相结合，因为在潜意识中"时间不存在"。

精神分析法是一种复杂的心理治疗过程。患者面对的是有意识和无意识的记忆，精神分析专家提供的是对这些记忆的解释。通过与心理分析专家的交流，有些患者童年时期未解决的矛盾冲突能在意识中重现，在心理分析专家的分析和帮助下，使得问题得以解决。

弗洛伊德经常拿精神分析与考古相比，两者都试图在以不完整的方式保存下来的痕迹中寻找过去。出于对考古的热爱，他在接待患者的房间里摆满了古代塑像。

存在于幻觉和假象之间的记忆

心理分析理论甚至走得更远，对它来说，不存在被潜意识、恐惧、感情、欲望改变的记忆。因为，正是它们"冲动地投入"给我们的精神心理活动提供了动力，才使我们能"回到"过去。当精神分析专家试图找回"过去"时，他们会尽力去发现连接记忆的现实心理基础，而非真实的"历史"现实。为了揭示被隐藏的精神心理，心理分析需要进行一个扭曲幻觉的"动态"操作，这种对记忆的寻找使我们意识到，记忆若没有与其相结合的感情就永不存在。

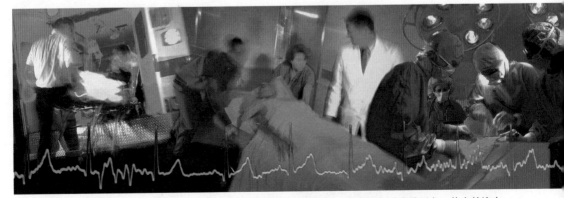

许多梦境是一个完整的事件，这个事件由连续的、生动清晰的图像构成，例如图中的实验对象，他在梦境中经历了车祸和紧急抢救。

第四节

对信息进行选择和分析

　　注意力、动机、重复……所有这些都很重要，但还不足以提升我们的记忆潜能。因为，记忆不以某种自动的方式，比如照相机或者录音机的方式，照原样储存信息。面对每一刻传来的多种信息，我们的大脑进行选择后只记住了其中的一部分。因此，良好的记忆力依赖大脑强大的组织能力，来消减信息的复杂性和数量，以便进行分析，并与其他信息建立联系。

寻找逻辑关系

　　每个人都知道，把一个 10 位数分成一对一对（01–35–79–11–13）比一个一个（0–1–3–5–7–9–0–1–1–1–3）或者作为一个整体（01357901113）来记忆要容易。除了这样简单的组合，有时候在一些数字中还存在一定的数学逻辑关系。例如在 01–42–53–64–75 这组数中，后 4 对数具有一个共同的特征：把每组的第一个数字减去 2 就得到第二个数字（如 4–2=2）；它也符合另一个递进规律，每组中的两个数字分别加 1 则得到下一对中的第一个和第二个数字（例如 4+1=5，2+1=3）。

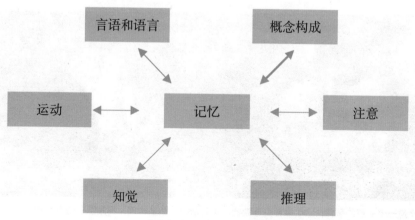

与记忆有关的几种活动类型。

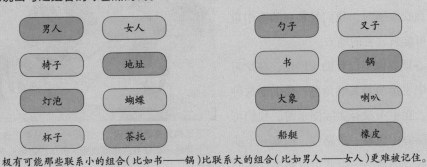

测试你的组合能力

将下面 8 组词读给你周围的一个人听，当他记住后，你说出每组中褐色底的词，让他说出与之组合的绿色底的词。

男人	女人		勺子	叉子
椅子	地址		书	锅
灯泡	蝴蝶		大象	喇叭
杯子	茶托		船艇	橡皮

极有可能那些联系小的组合（比如书——锅）比联系大的组合（比如男人——女人）更难被记住。

在其他情况下，也需要将信息进行分类。例如，在面对一张购物单时，我们首先根据商店，然后再根据经过商店的顺序——面包店（面包）、香料店（番茄酱）、邮局（邮票）——重组所要购买的物品。

建立联系

沙拉——醋和树木——灯，我们更容易记住哪对词？毫无疑问是第一对，因为这两个词之间存在强烈的组合关系。对信息进行组合是思维的主要手段，同样也有助于记忆。

通常组合是自发进行的，尤其适用于记忆反义词或意思互补的词。例如区分凸和凹这两个字的意思，我们只需要记住其中一个字的意思就够了，因为它们的意思是相反的。以组合的方法，我们还可以尝试记忆电话号码、亲人或朋友的生日，又或者记忆历史日期。例如某个朋友的生日是 8 月 4 日，就可以联系到 1789 年 8 月 4 日法国大革命开始，废除特权的那一天。

一张图片胜过 1000 个单词

最早验证视觉想象如何作用于记忆的是英国人类学家弗兰西斯·高尔顿。高尔顿是查尔斯·达尔文的堂弟，他为人类做出了一些意义重大的贡献，包括著名的优生学，现代气象图技术和指纹鉴定的导入。当高尔顿开始对视觉想象产生兴趣后，他做了一项关于 100 人的问卷调查，请被调查者运用心理成像法来回忆他们早餐时的细节。

结果很有意思：或许是俗语所断言的——一张图片胜过 1000 个单词。高尔顿发现能够回忆自己经历的人，通过构建心理图像形成了丰富的描述性叙述；那些回忆较少的人仅形成了模糊的印象；而那些记忆空白的人根本没有任何印象。通过这个简单却有说服力的实验，高尔顿推测视觉想象对记忆是非常重要的；而那些拥有最好记忆力的人能够恢复大量储存于大脑中的印象和感情。

心理成像

为了确认是否锁好了住宅大门，我们有意识地回想在出门前自己正在做什么。在找眼镜时，我们经常在脑海中重现它可能被放置的地方。

心理成像不仅有助于回忆，在学习过程中也扮演着关键角色。借助于这种能力，在手头没有实际图示时，我们可以在脑海中想象一条路线，构思一个曲线图或者图表……由此可以解决许多问

"记忆构建高峰"阶段，也许是一个人从事工作的初期，对于曾经一次任务的艰难攻克，多年后回想起来仍会历历在目。

题，甚至可能有重大科学发现。阿尔伯特·爱因斯坦说自己曾想象骑着一束光线，并因此对光的速度产生了兴趣。实验显示，当我们构建一幅心理图像让一些词处于某个场景中时，记忆效果比只是简单的重复要好两倍。

在日常生活中，可以通过心理成像记住人名、地名、新词汇，甚至一门外语词汇。为十字或者白色这样的名词构建一幅心理图像非常容易，而其他的词可能要求更多的想象力。与广为流传的观点相反，心理图像并不一定要拥有"奇怪"的特征。

在记忆的小路上漫步

每个人都喜欢在记忆的小路上一次次地漫步。当你回忆日常的事情和童年的时候考虑一下下边的提示。

◎ 在你童年的时候有没有过假想的朋友？是男的还是女的？

◎ 当你还是个少年时，最喜欢哪部电影？你认为是什么使它给你留下了如此深刻的印象？

◎ 你所做过的最顽皮的事是什么？你被抓住了吗？发生了些什么？

◎ 你参加过高中的舞会或者其他大型的舞蹈吗？你和谁一起参加的？你穿的什么？那时你最喜欢的歌是什么？

◎ 你是否喜欢你的外公外婆，爷爷奶奶或者某一位亲人？你记得他们最多的是什么？

◎ 你生命中的转折或者里程碑式的重大事件是什么？

如果你继续你的心路历程，增加一些额外的记忆（当你想到它们），在你了解它之前，你就将写成你的文集。

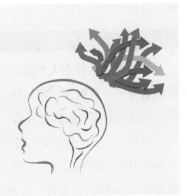

第五节
从编码到背景

有效学习涉及两个主要条件：处理信息的深度——"解码"和我们是在何种语境下学习的。

进行有效的编码

对学习内容进行分析有助于记忆。但是应该遵循什么原则来优化这种分析呢？为了回答这个问题，心理学家设计了一些实验来实践不同的编码方式。

形状、声音和语义

当我们在大脑中"操纵"一条信息时，会进行不同类型的分析——书写（CYGNE：是小写还是大写）、发音（enfant：这个词是否与"elephant"具有同一个韵律）或者语义（葡萄：用来酿造葡萄酒）。

心理学家所做的各种实验表明，最后一种处理方式——自问词汇的意思，而非发音或者书写形式——有助于更好地记忆，这一过程经过了一个更为深入的分析。因此，这通常是我们学习时最经常的自发性处理方式。由此可见，在记忆领域也一样，"最好不要只相信表面"。

联系自我进行记忆

如果成功地在信息与自我之间建立联系，很有可能改善我们的记忆能力。为了记住像"过滤器"这样普通的词，可以联想自己曾经弄坏了一个过滤器，另一个借给了邻居，在一个月前我们买了第三个。这一过程叫作"自我参考"，能最大限度地调动我们的精神重心，从而强化词汇在长期记忆中的痕迹。

根据目标调整编码

我们是否必须不惜任何代价地弄清楚一个词的意思，或者将其与我们的个人生活联系在一起？事实上，我们还需要考虑到信息的不同类型。如果需要记住的是一篇散文，最好把注意力集中在它所要表达的意思上。但是，如果要背诵一首诗歌，最好注

意诗句的节奏及韵律，这些才是易化记忆的有用线索。至于诗歌的意思，在回忆的时候它将帮助重组诗歌的主题。

不要忽略背景环境

谁没有过这种令人难堪的经历：在路上遇到一个认识的人，但是却怎么也想不起他的名字……直到在"习惯性"的环境中重新见到他的时候才知道，原来他是我们每天去买面包的面包店的售货员，或者是我们常去看的牙医的助手。

事实上，一个信息的所有元素还包括我们记忆时所依靠的背景环境，它们常常在不为我们所知的情况下被记住了，正如一些生理现象（饥饿、口渴、快乐、兴奋、呼吸加快、心跳等），还有一些背景则是我们能识别的，如时间和地点。

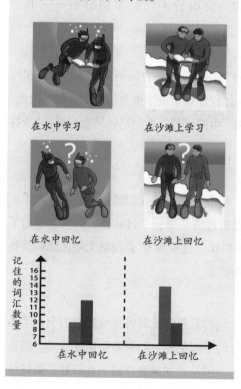

像在水中的鱼

英国心理学家巴德雷和戈顿做过一个实验，要求一个大学潜水俱乐部的会员学习一列词，一部分人在水中学习，另一部分人在沙滩上学习。结果，取得最好成绩的是当回忆和学习的背景环境相同的时候。

在水中学习　　在沙滩上学习

在水中回忆　　在沙滩上回忆

记住的词汇数量

在水中回忆　　在沙滩上回忆

潜入水中学习

1975年，英国心理学家邓肯·戈顿和艾伦·巴德雷做了一个实验，要求一个大学俱乐部的潜水员分成两组学习40个词，第一组潜入水中学习，第二组坐在沙滩上学习。然后要求每一组的一部分成员在水中回忆，另一部分成员在沙滩上回忆。结果，第一组在水中回忆的人平均记住11－12个词，而在沙滩上回忆的人平均记住8－9个词；第二组在沙滩上回忆的人大约能记住14个词汇，而在水中回忆的人平均记住8－9个词。

也就是说，面对同等的要求，当回忆和学习的背景环境相同时效果更好。通过对饮用酒精或者吸食大麻的人的观测，也证实了这一结论。

"令人难忘的演出……"

如何使演出令人难以忘怀？美国心理学家杰罗姆·瑟赫斯特考察了城市大剧院的演出，他询问了25年里的观众对284场演出的记忆。结果发现，被记得最牢的是一个歌手或者乐队指挥的名字。一个4人专家评委组给出的解释是，这些人在公众中特别"引人注目"。有感情才能有特征——初次表演或第一次和爱人约会的地方——我们才能将日期或地点记得更牢。

另一方面我们发现，人们能够更好地记住具有积极意义的词（快乐、幸福等），除非一个人具有阴暗的情绪或者患有抑郁症，描述不愉悦东西的词（害怕、恐怖等）则更容易被记住。

恋人们总是对第一次相见有深刻的印象，就算时隔多年也会记忆犹新。

记忆的"回归"

"2003 年 8 月到达萨那希时，我想起 2000 年夏季的一些经历。"重新进入我们获得信息的背景，回忆会变得更容易。这种记忆的"回归"可能是自觉的或者是不自觉的。有时候，学习时背景环境的独一性足以使得大量细节重新涌现出来：你住所附近新开的一家意大利餐厅的一份佳肴，就有可能引发出曾经在意大利的一次旅行的回忆。

相反，有时候由于背景环境的改变，我们无法想起一些事：在考试的时候，我们无法想起一些课程细节，而这些我们却在家里复习过了，并且已经很好地掌握了。

为了解释这种现象，心理学家提出特殊的编码原则：如果学习和回忆的背景环境相同，那么我们的记忆更有效。例如，当我们想找回某个记忆时，有时候"往回走"是很有用的，也就是在脑海中重新经历当时的过程。

古代哲学家把记忆比作大型鸟笼中的鸟。一旦信息被储存，要想再提取那个正确的记忆，就如同如何从大型鸟笼中抓住那只特别的虎皮鹦鹉一样难。

第六节
双重编码

大脑由两个半球组成，它们各自以不同的方式发挥作用，同时又相互协作。

"我把钥匙放在哪了？"

这个日常生活中常见的问题能调动大量的记忆资源。一次内省就足以说明这一点。我们"看见"钥匙，感觉它就在手中，并在锁眼里"转动"，我们尽力回想当时的环境背景和准确时间，以及和别人的谈话，有时同时进行的其他事情会干扰我们对放置钥匙的常规记忆。

用神经心理学家的话来说，对这样的任务我们既需要情景记忆，也需要语义的、程序性的记忆。尽管所有回想起来的信息——视觉的、口头的、语义的、行为的等——都与"钥匙"有关，但它们是在大脑的不同区域里被处理的。借助神经元环路，这些联系才得以在两个脑半球中被激活。

脑半球的分工和协作

大脑半球的专业化致使语言发展的最主要部分与左脑半球相连。当我们学习或者回忆语义信息时，例如一组词或者一首诗歌，由左脑半球的记忆系统负责。而当信息具有视觉的或空间的属性时，右脑半球将参与进来。例如，当我们记忆一条路线或者辨认一张面孔时。每个脑半球处理信息的编码方式不同。

视觉信息和口头信息

语言在我们的精神活动中扮演着一个如此关键的角色，以至口头分析可能参与像记忆路线或者面孔这样的任务。功能核

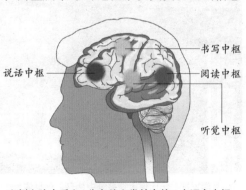

左侧大脑皮质上，分布着人类特有的4个语言中枢。

说话中枢
书写中枢
阅读中枢
听觉中枢

大脑的可塑性

我们对大脑功能的许多认识都来源于对疾病的研究。受损的大脑区域可以帮助我们对引起大脑损伤的功能障碍进行研究。在脑病例中，患者最初多进行颞瓣（海马脑回中）内部双边切除，以根治难医的癫痫，使病人手术后不记得新近的事情。

相反，当两个脑半球中的一边受伤或者被切除，另一边通常能够以近乎正常的方式保证日常生活所需的大部分功能。除非进行精确的测试，才能体现出某些能力的缺失。

磁共振图像技术使我们可以看到在执行给定任务时大脑的活动区域，通常右海马脑回负责通过视觉辨认面孔，而左海马脑回用于搜寻对应的人名。为了确定名字和面孔的对应关系，活动是双边的。然而，应该注意两个脑半球也有其相对独立性。在大脑一边受损的情况下，另一边脑半球几乎仍可以保证正常的记忆功能。

分析处理和总体处理

另外，根据某些经验，"口头"和"非口头"的区别并不总是足以解释两个脑半球各自扮演的特殊角色，它们的专门化可能并不只是与信息的属性有关，而且还与信息如何被处理有关。左脑半球可能负责分析和暂时的处理，以逻辑的方式或者根据表达的意思将信息分类。而右脑半球可能进行一个总体处理以建立空间关系，或者根据形态和感情的指示将信息分类。无论如何，我们的精神活动经常要求两个脑半球同时参与。依赖于双重编码的记忆会更有效，因此，阅读是最好的学习方法之一。

语言：左脑半球负责管理，右脑半球负责补充

几乎所有的右撇子和大多数的左撇子，都是由左脑半球掌控与语言相关的精神活动。但是，右脑半球也能够记忆简短的词汇，特别是有着具体意思能引起强烈的视觉图像或者负载着感情的词。一个词或者一句话的表面意思由左脑半球负责，而对其隐喻意的分析则需要右脑半球的参与。

空间：右脑半球负责管理，左脑半球负责补充

空间管理更多地依赖于右脑半球。当我们在空间中定位，或者学习一条新的路线、辨认一个标志时，比如一栋楼房，将由右海马脑回及其相邻区域负责掌控。同时，右脑半球也记录了一些口头编码："在第三个红绿灯后向右拐……"

其实，每个脑半球都可能与一些特殊的定位方式有关。在一个不太熟悉的环境中，或者面对一条复杂的路线，我们倾向于自己设定一些路标默想出一张路线图，这些"路标"会刺激右海马脑回。另一方面，对线路的整体处理和设计则需要依靠左海马脑回。但是，这种任务的分工可能不只是人类特有的，因为这种任务的分工也能在鸡的身上被观察到！

第七节
当记忆背叛我们

我们突然想不起某个常用的词，我们一直认为正确的东西却被证明是错的……我们的记忆不总是完美的。那么，关于我们自己的经历呢？生动的细节能保证它们的真实性吗？我们能否相信自己的直觉？当把所有这些记忆都当真时，我们能否为自己的直觉而骄傲？

如何知道是真的还是假的

验证记忆是否忠实于现实，这并不容易。如果存在几种说法，在没有"客观"证据时，如何考虑到方方面面来下结论？然而，当不同的人（例如同一个家庭的成员）对同一事件（他们中的一个人童年时期突发的一件事）拥有相同的记忆时，难道不是这些年来达成的共识？许多轶事由于被多次复述会变得更美好，难道我们就不会使它变得越来越远离真实？那么，是否存在一些判断依据来区分真实和虚假的记忆呢？

瞬间记忆

"当获知以下事件时，你正在做什么？肯尼迪总统被暗杀时，前披头士成员约翰·列侬被杀时，埃及总统安瓦尔·萨达特遇刺时，戴安娜王妃发生车祸时，挑战者号航天飞机爆炸时……"所有这些事件都是精神心理分析家用来研究瞬间记忆的材料。一段带有强烈感情的鲜明而详细的记忆能持续多年，但却常常被错误地用来与瞬间成像相比较。通过公众对重大事件的描述，心理学家可以比较一个为数众多的群体的记忆。在事发后的不同时间段（事后 1 天或几年）进行调查，能够分离出关于这些事件的记忆的特殊性：清晰度、细节的数量和类型、连贯性等。

挑战者号航天飞机爆炸

1986 年，一个研究小组记录了在该事故发生时一群学生的活动。3 年后，研究小组重新联系这些学生进行询问。结果，大约44%的人有所改动，有些人的说法变得简单，有一些人的说法则变得复杂。后来的描述变得丰富或与第一次描述截然相反，是对自己的记忆极度自信的一类人，不管再过多久他们的描述都不再改变或添加。

确信与真实不一定一致

瞬间记忆鲜明而详细的特点与由此产生的确信，都无法确保其真实性。那么这种确信从哪

1986年1月28日，"挑战者号"在升空后73秒时，爆炸解体坠毁。现场观众震惊不已，这是人们的瞬间记忆，然而几年后有些人的说法却有所改变。

来？主要是通过伴随记忆的鲜明感觉和精确细节来发挥效力。对真实事件的改变和附加仅仅是"善于讲故事的人"的装饰，有时候新的元素在不为我们所知的情况下悄悄地潜入我们的记忆中。

修改记忆

一般，瞬间记忆的真实性问题并不太具有重要性。但是，如果在司法背景下判断记忆是否精确则是另一回事。打比方来说，被传唤来的目击证人在陈述事故时，其可靠性到底有多大呢？

诱导效应

在一个实验中，美国心理学家伊丽莎白·罗福特和约翰·帕默放映了7段关于交通事故的短片。在观看完短片后，他们让被测者描述观察到的场景，然后回答一系列的问题，其中一个问题是"汽车在相接触时的速度大概是多少"，但这个问题不是以同样的方式向所有人提出的，对不同的被测者"相接触"这个词可能用"相撞""相碰"等。结论验证了研究人员的假设，如果使用的是"较强烈"的词，得到的是一个较高的数字评估：使用较弱的词时估计的平均速度是50千米/小时，当提到猛烈碰撞时估计的平均速度达到65千米/小时。

错误信息效应

另一个实验中，在被测者观看一段交通事故短片后，分别给他们一份关于这起交通事故的书面报告。一半报告中存在部分错误信息，例如用"停车"指示牌代替了短片中的"让行"指示牌。然而，当研究人员询问被测者是看到"停车"指示牌还是

"让行"指示牌时，15% — 20% 的人确定看到的是"停车"指示牌。

权威肯定效应

美国心理学家索尔·卡森设计了一个实验，被测者在一个实验助手的监督下用电脑输入一段话，事先，他们被警告不要触碰 Option（ALT）键，否则电脑可能会"死机"，并且资料将丢失。实验中，电脑突然自动地"停止"，然后实验助手指责被测者触碰了 Option 键，刚开始被测者都否认。事实上，没有任何人按了那个键。在一半的情况下，实验助手假装看到被测者按了 Option 键；另一半的情况下，他假装什么也没看见。接着，实验人员制定了一份坦白书要求被测者签字，69% 的人签了字，其中 28% 的人相信自己按了 Option 键。被实验助手指控并打字极快的被测者全部都签了字，并且 65% 的人承认是自己的错，甚至 35% 的人还创造了某些细节来确认自己的罪行！

错误的记忆

大量实验表明，只要某些条件汇聚在一起，就可以制造出虚假的经历。例如，借助一张假照片，并请一个亲戚做同谋，或者先要求被测者想象一件本可能会发生的事。实验设计者成功地在大约 1/4 的被测者中，"制造"了一个被认为发生在他们童年时代的事件，而事实上所有的细节都是杜撰的。这些虚构的事件包括乘热气球旅行、游览迪斯尼乐园、住院、被野兽袭击、和马戏团小丑一起过生日、在停车场捡到一张银行支票，或者在一个商业中心走失后发生的各种意外等。一个研究小组让被测者相信自己参与了一个改善新生儿视觉和运动能力的研究项目，甚至诱导他们"想起"在出生的第二天看见自己的床头挂着一个彩色的活动玩具！

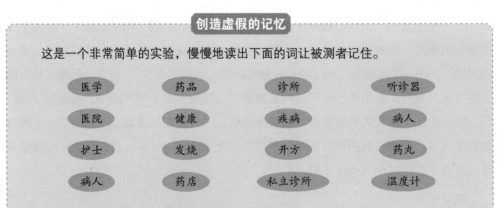

创造虚假的记忆

这是一个非常简单的实验，慢慢地读出下面的词让被测者记住。

医学	药品	诊所	听诊器
医院	健康	疾病	病人
护士	发烧	开方	药丸
病人	药店	私立诊所	温度计

过几分钟后，让被测者说出自己听到的词。有超过一半的人可能会给出与医学相关的其他词，比如"医生"，但是这个词却没出现在列表中。

我们的记忆不是永不衰退的。正如这个实验显示的，57% 的被测者肯定自己听到了一个在这里并不存在的词，但肯定的态度并不足以保证记忆的真实性。

"被抑制"的记忆

19世纪80年代和90年代的几起案件引发了对美国司法的流言蜚语。在每起案件中，都有一个成年人指控家庭成员或者周围的人在她童年或青少年时对自己进行了性虐待。她们都宣称自己是受害者，然而她们却没有任何记忆，直到10多年后她们去进行心理治疗时才重新想起。心理治疗将她们现在的痛苦（抑郁、失业或爱情失败等）归因于童年遭受的性强暴。

大部分被受理的案件都对被告给予了重判和巨额赔款，还有一些案件则被驳回。一个成年女子指控自己的父亲在她7—14岁时经常性地强暴她，并且连续两次强迫她堕胎，然而医疗检查却表明她还是个处女。在某些病例中，一些不负责任的或运用特殊疗法（比如催眠）的精神治疗师都遭到了起诉。

有争议的儿童记忆

常言道"童言无忌"。那么，儿童的记忆带来的又是什么？他们的记忆总是真实的吗？是否被"狡猾的"成人意见影响了？

萨姆·斯通的故事

这是1995年做的一个实验，一群孩子事先听了许多关于一个名叫萨姆·斯通的陌生人的不良评论。之后，"萨姆·斯通"来到教室待了几分钟，并和蔼可亲地与孩子们进行交谈。但当孩子们被问到"萨姆·斯通"是否会做出可能令人不快的事情时，比

一段矛盾的对话

这段对话节选自文森特·米内利的音乐剧《金粉世界》（1958年），主人公玛米塔和奥诺雷回想起很久以前他们的最后一次约会。随着这段美妙的二重唱的开始，观众会发现他们的记忆并不完全相同。他们两个谁是正确的呢？

奥诺雷：哦，对！我清楚地记得敞篷的四轮马车在急驰。

玛米塔：我们是走路的！

奥诺雷：你丢了一只手套……

玛米塔：是一把梳子！

奥诺雷：哦，对！我清楚地记得强烈的阳光。

玛米塔：当时在下雨！

奥诺雷：那些俄罗斯歌曲……

玛米塔：是西班牙歌曲！

奥诺雷：哦，对！我清楚地记得你那镶着金色花边的裙子。

玛米塔：我那天穿着一身蓝！

……

如撕书、弄脏毛绒小熊，在 3 — 4 岁的孩子中，5 个中有一个肯定自己看到"萨姆·斯通"犯了错，而实际上他完全无罪。当研究人员提出倾向性的问题时，接近一半的孩子指控"萨姆·斯通"犯了错。而在年龄大些，约 5 — 6 岁的孩子中，6 个孩子里只有 1 个提到"嫌疑人"可能会犯错。而且孩子们关于"萨姆·斯通"犯错过程的叙述颇为详细，好像真有那么回事一样。

对错误的顺从

大量实验表明，学龄前儿童或更小的孩子更易受教唆。但由于成年人歪曲事实的可能性更大，因此许多案件都依靠儿童的证词。

坦率性的问题（"发生了什么？"）更有可能得到一个可靠的证词。相反，倾向性的问题（"他是这么做的还是那么做的？"）即使问好几次，还是会降低获得真实答案的可能性，就像孩子们面对强制性的选择时（"白的还是黑的？"）经常会回答"我不知道"。

然而，坦率性的问题被反复提出，就可能促使儿童认为自己的第一个答案不太正确，从而做些改变去顺从成年人的期许。事实上，无论是明确的还是含糊的威胁或承诺，儿童都格外敏感。

最后，与预计的相反，儿童不再像鹦鹉学舌那样单纯地复述，而是提供更富有想象力的证词，甚至可以骗过最有经验的专业人员。

毫无疑问，为了取悦成年人和获得成年人的信任，让儿童的记忆在压力下更为脆弱。

如何改善听证

现今，司法人员和社会工作人员对记忆的陷阱更有意识了。为了准确判断见证人或控告方证词的可信度，他们经常借助磁带录音，以避免压力下太过假设性的询问给见证人植入错误的信息。但是，除了需要注意这些外，如何帮助见证人回忆起某些细节？不同的研究表明，通过提问"当时发生了什么"并不总是能得到最丰富和最精确的见证。最好要求见证人重新回忆当时的总体背景，融入感情中，改变视角，例如从罪犯的视角，而非按事发的时间顺序陈述。取证人员有时候会鼓励见证人说出所有在脑海中出现的东西，包括不起眼的细节。

在法庭上，律师经常采用一些提示帮助见证人回忆起某些细节。

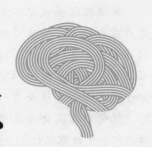

第八节

无遗忘的记忆点

我们记不起来了，是因为我们已经遗忘了吗？遗忘是记忆的反面吗？记忆的痕迹将从我们的大脑中消失吗？是否被其他的、更近的所代替了呢？或者它们总是在那儿，只是我们再也想不起来了？

遗忘和时间

随着时间的流逝，我们的记忆似乎越来越模糊不清，并且因不精确而变得缺乏效率。对遗忘的研究是心理学家一直以来主要关注的领域。

遗忘曲线

心理学家赫尔曼·艾宾浩斯（1850—1909）是实验心理学家和研究记忆的创始人之一。在19世纪80年代，他研究了人们通常以怎样的节奏学习和遗忘。

赫尔曼创造了几千个没有意义的音节来减弱对已获知识的影响。在一个包含14000多个学习场景的实验中，赫尔曼试图记忆400列这样的音节。实验中，他先衡量自己第一次记住这样一列音节时所需的时间，然后第二次记住所需的时间：如果第一次尝试时他需要20次才能记住，那么，一个星期后他只需要10次。他还揭示了记忆迅速跌落的情况：20分钟后只有60%的音节被记住，9个小时后只能记得33%，而1个星期后只能记得25%，最后大约20%的音节在一个月后仍被稳定地记住。赫尔曼发现，如果

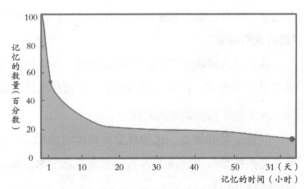

19世纪，德国心理学家赫尔曼·艾宾浩斯通过对经验论关于记忆的区别和本质的研究，发现要记住一系列无联系的音节所需要的曝光量。艾宾浩斯曲线显示（如图）：大部分新信息在1个小时内被遗忘；1个月后，80%被遗忘。遗忘曲线在心情压抑时起伏很大。

身体记忆

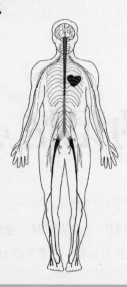

有证据证明记忆不光只储存在大脑里，很有可能会储存在全身各个地方。科学家相信，循环系统中缩氨酸分子通过血管到达全身。另外，记忆有可能会存在于身体组织中（细胞记忆），这能通过接受器官移植（特别是心脏移植）的那些病人拥有和捐献者相仿的性格特点证明。这就引发了一个问题，记忆到底是由什么组成的？

多次学习或者不断重复，记忆得会更好。

永久存储

赫尔曼的这一发现可能使人惊讶，但是需要注意的是他所学的音节是没有意义的，并且经常更新。

1984 年，美国心理学家海瑞·巴瑞克研究了一些学生是以什么样的节奏遗忘所学的西班牙语词汇的——他们从来不使用，并且也不再重新学习。与赫尔曼一样，巴瑞克发现在最初的 3 年里有一个明显的跌落，之后在接下来的 25 年中被测试的人仍然能够记住大约 60% 的词汇。从第 8 个月开始出现的逐渐而缓慢地遗忘可能与年龄有关，然而，在 50 岁之后将近 40% 的词汇仍然被记得！如果只涉及认出词汇及其意思，这一比率还会更高。巴赫克将这一现象解释为"永久存储"。

"舌尖"现象

我们无法想起某人的名字，忘了一个电话号码……然而，它们就在嘴边，只是一时想不起来。当我们尝试找出它们时，先预知它们的发音或者长度，试图逐步地接近它们，同时消除某些摆在它们位置上的障碍。通常，我们拒绝所有的帮助——"等等，先别说，我自己能想起来……"有时候它们会突然出现，有时候则继续"躲藏"，甚至"妨碍我们睡觉"。

我们对这种现象似乎已经习以为常。其实这种现象叫作"舌尖"现象，从 20 世纪 60 年代中期开始，认知心理学家们就对这种头脑堵塞或记忆暂时缺失进行了研究。

一个仍未被弄清楚的现象

随着年龄的增长，这种现象将更经常地出现，并且在一天内可能出现好几次，甚至是那些熟悉的字词或者人名。至今心理学家还未能很好地解释此现象，有时它可能与记忆衰退有关。

总之，当最初的尝试不成功时一定不要固执，最好是把注意力转移到别的话题上去，说不定第二天那个词"自己"就出现了。似乎这种"奇迹般地"出现有时候归因于我们刚听到的一个词的发音与要找的那个词的发音相近，或者是别的线索成功地引

如何避免"舌尖"现象

你应该注意以下情况，以便避免"舌尖"现象的发生。

- 精神不集中或被打扰。
- 兴奋或者抑郁。
- 酗酒或者吸毒。
- 生活缺少变化。

- 焦虑、压力大、性急。
- 疲劳或者生病。
- 缺少日常知识的积累。
- 受时间影响无法进行思考整理。

如果你有上述情况，请你注意以下几个方面。

- 快速记忆你想要记住的事情。
- 放慢节奏，注意休息。
- 在合适的时间去记忆新的东西。

- 用相关的图像或声音帮助记忆。
- 恢复理智，集中精神，排除干扰。

导。例如，最近非常无奈，老是想不起 compound 这个词，于是就在脑海中想象一个疯狂的科学家在做实验，他把两种物质混合到一起，而且想象 composition 这个词的发音来帮助我记忆，自从这么做之后，就再也不会忘了 compound 这个词了。

遗忘理论

记忆不是只有一种形式，同样，遗忘也不是仅有一种类型。心理学家提出不同的遗忘理论来解释记忆的衰退或个别遗忘的现象。

随着时间的推移而抹去的痕迹

随着时间的推移，记忆痕迹可能从我们的大脑中消失。这一理论看似很简单，却引出了很多问题。如何解释一个似乎消失的信息又突然重新出现，马塞尔·普鲁斯特在《追忆似水年华》中描写的情景又是如何发生的……

持续的痕迹，还是一些痕迹取代了另一些

想象一下你刚刚搬家，你家的电话号码随之也改变了。第二天，你遇到一个朋友，他想知道你的电话号码。然而只有以前的电话号码在你的脑子里。几个星期后，你终于记住了新的电话号码，当某个人问你："其实，你以前的电话号码是多少？"几乎可以确定的是，新电话号码已占据了你的意识，而旧的号码从此"脱离"你了。

更新的和与我们有更直接关系的信息将取代那些变得无用的信息，但旧的信息并不因此被系统地"搅碎"，并有可能成为干扰的来源。在一个左边行车的国家，我们会发现在开始几天过马路时自己总是习惯性先向右看车。这种干扰也可以用来解释"舌尖"现象。但这是因为不同记忆线索之间存在冲突，还是编码本身不完善？

不太容易接近的记忆痕迹

很多遗忘的情形都表明，要找的某条信息就存储在大脑的某个地方，但我们却不

记忆力测试

下面你会看到 15 件日常生活用品，仔细看 1 分钟，然后遮住图片，尽力回想你刚才看见的物品。

能到达那里。这可能也是对"舌尖"现象的解释。有时候，一个线索就足以找到所有的记忆，但有时只有通过比较和辨认才能成功回想起来。

巩固不足的记忆痕迹

几乎我们所有人都有过由于没有很好的复习功课，第二天回答不出问题的经历。学习效果不佳会加剧遗忘的危机，原因有多种，如注意力降低、感情太强烈等。

并且不要忘记，学习效果不佳通常会导致所有的遗忘。另一方面，如果我们的记忆是"完美无缺"的，那么我们将不再可能忘记那些无用的和可怕的东西。

我们以何种方式遗忘

当要求一组人记忆一列单词，然后尽可能快地重述出来时，你会发现最前面和最后面的几个单词被记得最好（黑色的曲线）。

但如果 30 秒后要求被测者倒着复述时，只有优先效应起作用（红色的曲线）。这是因为，刚开始时被测者不断在脑海里重复词汇，并成功地把它们储存在长期记忆中。随着词汇的增多，这一程序就会逐渐中断。不过，在倒着复述时，被测者仍能记住最"前面"的那几个词。

由此可见，优先效应与长期记忆相连，而新近效应与短期记忆相连。

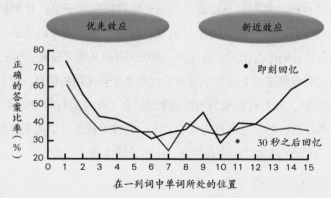

第九节

记忆的 3 个关键阶段

学习、储存、重组是记忆的 3 个基本阶段。第一个阶段确保暂时记住信息，第二个阶段是尽可能长时间地保存信息，第三个阶段是在需要的时候把信息取出来。

记忆的 3 个基本阶段

第一阶段：学习。大脑不像照相机或者录音机那样"工作"。为了记住感觉器官捕捉到的信息，大脑必须通过不同的程序创造持续的痕迹，给信息以更深的意义。因此，大脑需要在信息和被感知的环境之间建立联系。例如，当我们重温假期生活时，如果重新回到事发地点，或者经历的某一事件蕴含着强烈的感情，我们就能更好地回忆起来。反之，强烈的压力感将会阻碍回忆。

第二阶段：储存。信息不是以把东西放在仓库或商店里的方式存储在大脑中，因此信息的记忆需要被"巩固"。我们时刻面临着遗忘的挑战，因此必须要"强化"记忆痕迹，以增加信息被长期保存的机会。反复学习有助于巩固知识，并延长记忆。

第三阶段：重组。当然，记忆的目的是为了以后的再利用。有时候，我们能毫不费力地想起一些事情。而有些时候，话就在嘴边，但是我们需要一个线索才能够回想起来。事实上，存在 3 种方式来"找回"记忆。

自由回忆

这种回忆是最困难的。在日常生活中，常以开放式问题的方式出现，例如"你昨天晚上吃了什么甜品"。而在关于

"似曾相识"现象已经被"双重意识"理论解释，即我们突然感觉到自己正在意识到周边环境唤起了新的感官上的瞬时失真，这种失真感觉像是记忆。

记忆障碍的会诊时，医生或者心理学家会询问被测试者："请告诉我你刚才所学的 4 个词。"

借助线索易化回忆

这种回忆可以依赖于某种辅助条件来减少可能的答案。比如，在上面的第一个问题中加入一条普通的信息，"那是一种主要原料为苹果的甜品"。在第二种情况下，医生和心理学家也给出了线索："它有可能涉及一棵树、一种鸟、一种乐器或是一种水果。"

通过识别易化回忆

在这种情况下，可以在不同的可能性中选择答案。比如，第一个问题会变成"涉及一个苹果夹心蛋糕、黄油面包片还是一盒苹果酱"。在第二种情况下，医生和心理学家将给出提示："在以下 8 个词中找出那 4 个词：鹳、李子、铃鼓、山毛榉、乌鸦、竖琴、桦树、菠萝。"

记忆总是有意识的吗

我们必须意识到"信息"这个词的意义是非常广泛的，它可能涉及图像和声音，比如一场电影；可能涉及经历的感情，比如谈话时的快乐、打高尔夫时一个难掌握的姿势；也可能涉及一种抽象的规则，例如扑克牌的玩法。

自觉和不自觉地记忆

记忆自身能够以自觉或者不自觉地方式进行。例如，上课或者听讲座，我们会有意识地去记住讲解的内容。然而，在日常生活中存在很多的情形，有时候不重要的信息在我们不知道的时候也被记住了。例如，我们并没有特意去尝试，却记住了一个与我们擦肩而过的女孩的裙子的颜色。

行为的自动化

行为本身也可能是潜意识的。我们有意识地去学习各种运动动作，例如骑自行车、游泳、滑冰等，通过不断地重复实践，我们便能以潜意识的方式完成这些运动，就像自动化那样。

我们能够改善记忆力吗

记忆痕迹如果以有效的方式被巩固，将会保持得更持久。大多数记忆策略通常是针对第一和第二阶段的，也就是说学习和储存阶段。有一些记忆策略是非常简单的，你将在下面的文章中找到极好的例子、技巧和建议。另外，必须记住，良好的睡眠有助于将白天学过的东西在记忆中加固。

第十节
临时记忆

大脑不能以直接和即刻的方式储存信息。在构筑永久记忆痕迹之前，需要经过两个临时阶段。首先，大脑在很短的时间内，在感觉记忆中保存来自不同感觉器官的信息。然后，在短期记忆或运作记忆中进行处理，如果必要的话，准备永久地储存。临时记忆的有限性构成了对我们智力功能最主要的约束。

感官记忆

感觉器官把信息传递到特殊的大脑区域，在那里信息被分析，并创造一种在意识中持续很短时间就消失的思维轨迹，听觉平均为 2 — 3 秒，但对于最易诱发的感觉记忆有时会达到 10 秒。

那么，如何解释视觉感官记忆和听觉感官记忆历时的不同？阅读是非常慢的！我们每秒钟只能阅读一个单词。为了理解一段较长的口

感官记忆是记忆由特殊感官引起的信息。当闻到海水的气息时，你的大脑会产生哪种记忆呢？

语，几秒钟并不算长。事实上，我们周围的视觉元素是如此多，以至我们通过眼睛、头或者身体的移动感知时，图像很快就混合在一起了，大脑即刻出现饱和。视觉记忆（也称为图像记忆）创造的记忆痕迹持续时间不超过 1/10 秒，而听觉记忆（或声音记忆）经常面临的是密度不高的感知，它需要的是延长分析的时间。

短期记忆

一个朋友告诉你他的电话号码，你大声重复或者默念了几遍，以便过后能够写入电话本中。然而，一旦朋友再次跟你讲话，并且……哦！电话号码就从你的脑海中消

重复、重组、建立联系以便更好地记忆

为了突破短期记忆的局限，我们发展了一些有效的策略。

以大声说出或者默念的方式重复信息。

打电话时，对方在做自我介绍，你可以不断默念他的姓名直到能够在通讯录上写下来。

当所要记忆的元素超过 5 个时，可以采用重组的方式。

例如，将电话号码分为 2 个一组或 4 个一组，将更容易记住。

58 81 58 42　　　　　　5881 5857

在想要记住的信息与已经知道的信息之间建立联系。

比如，在记忆数字 417893 时可以先找出 1789，法国大革命开始的时间。

失了。

这个例子生动地描述了短期记忆的运作方式，大脑能在短暂的时间内精确地保留一条信息，但是一旦出现新信息或者干扰事件后，先前的记忆就消失了。

转瞬即逝的记忆

正如感觉记忆一样，短期记忆只能在一个很短的时间内保存接收到的信息，平均 20 — 30 秒，如果需要的话可达 90 秒。与广为流传的错误观点相反，短期记忆不是用来记忆在最近的、先前的几个小时或者几天前发生的事情，它只是非常短暂的储存。

短期记忆的有限性

同样，短期记忆只包括一定数量的元素，一般在 5 — 9 个之间。根据个人和年龄的不同，这个数量会有变化。为什么信息在短期记忆中会这么快地消失呢？

脆弱的记忆

短期记忆对所有干扰注意力的东西都非常敏感。轻微的注意力分散，例如一个干扰噪音，有时候都可能影响其功能。另外，压力、劳累过度、焦虑、抑郁以及某些疾病，或者酒精和某些药物（镇静剂、安定药和某些抗抑郁的药）也会影响其效率。

如何测试短期记忆

一个测试短期记忆能力的简单方法是，要求被测试者记住一系列逐渐增长的数字，然后再按照顺序重复出来（参见右框内容）。心理学家用"直接数字跨度"这一术语来定义短期记忆能够记住的数字数量。

但如果要求被测试者倒着复述（间接跨度）呢？其实施将更加困难，并且能够复述出的元素要比直接跨度少一到两个。

短期记忆是一种运作记忆

短期记忆以暂时的方式保存信息并不是一个被动的行为。为了更好地解释这个动态的过程，英国心理学家阿兰·柏德雷用"运作记忆"这一术语代替"短期记忆"，他还设想了一个由3个部分组成的模型。

中央管理者

中央管理者负责筛选感觉信息，并将其传递到语音圈或视觉－空间记事区。还负责控制和分配注意力，并决定完成不同脑力任务的策略。

语音圈

语音圈负责与口语和书面语相关的任务。音素是最小的单位，但我们很难记住那些发音相似的字母或者字词。借助于语音圈，我们能够使信息"焕然一新"地留在脑海中，以便以后的应用。例如，输入一栋大厦的入门密码，之前我们已经将密码写在地址簿上了；或者在看过说明书后，操作家用电器的控制按钮。

视觉—空间记事区

用于解决视觉—空间类的问题，例如按照地图进行驾驶，并确定空间方向；或者描述一间熟悉的房间里的物品的所在位置。这一记事区能使我们在想象一幅画时，比如大卫的《拿破仑圣像》，确定上面的人物和其他要素的位置。

运作记忆的功能

在日常生活中，当我们以暂时的方式记住一条受长度限制的信息时，运作记忆起了关键作用。

编码

为了能够以确定的方式对信息进行处理或者将其储存在长期记忆中，就应该对它们进行编码或者以某一"形式"表述，而不是简单地感觉复制。一串声音以音素为单位被分析，一段口头文字按构词被定义……同样，视觉－空间记事区根据颜色、形态、

测试你对数字的短期记忆

一个接一个地大声读出下面的数字，以每秒一个数字的速度进行。

一旦熟悉了一个序列，你需要按正确的顺序重复出来，然后继续下面的序列。

当无法毫无错误地重复出两个长度相同的序列时，就达到了你短期记忆的极限。

3位数字	3	7	1						
	2	6	9						
4位数字	5	3	7	6					
	9	5	2	6					
5位数字	3	1	4	7	5				
	8	5	3	6	2				
6位数字	1	4	2	7	5	9			
	9	5	1	3	2	7			
7位数字	2	5	1	9	7	4	3		
	7	2	9	5	8	1	4		
8位数字	4	3	7	1	8	2	5	9	
	6	1	4	9	5	2	8	3	
9位数字	5	9	3	4	8	1	7	2	0	6
	7	4	8	1	9	0	3	6	2

多项研究表明，短期记忆的平均极限是7个元素。

运作记忆如何运行

中央管理者

筛选感觉信息，控制和分配注意力，并决定完成脑力任务的策略。

语音圈

负责处理词汇、字母、数字等信息。

视觉—空间记事区

负责处理图像信息。

为了表述短期记忆的运行机制，1974年心理学家阿兰·柏德雷提出了上面这个至今仍在不断优化的模型。

构造、位置等来"破译"视觉对象。

同时再现

比如立即将一串刚听到的电话号码写下来，或重复默念一个刚在记事本里找过的地址，这样被编码的信息过后能较易回忆起来。

修改

运作记忆能对信息进行简单或者复杂的处理。也正是这个功能保证我们能进行精确的运算，大声地拼读出一个单词，倒着复述一组数字或者字母，又或者是记忆一系列以图像形式表述的物体，同时默念它们的称谓。

比较

在记忆里保存多条信息，就能对它们进行比较，或者弄清楚事情发生的顺序。例如日常生活中，在超市购物的时候我们可以比较同种物品的不同价格，或者在电话簿中找出某一号码对应的人名。

第十一节
为了记忆而记忆

一直以来，超常的记忆力都吸引着人们的注意力。这样的例子不少，罗马作家普林尼（公元前 23 年至公元 79 年）在他的《博物志》里曾记载波斯国王居鲁士能记住所有士兵的名字，数学家约翰·冯·诺伊拥有"照片式"记忆能力，2004 年的奥林匹克记忆冠军鲁迪格·加马拥有超乎想象的记忆力。

专业性记忆

通常，出色的记忆力会让人肃然起敬。面对一个学识渊博的行家，我们总是钦佩不已。但不可否认的是，这样的赞赏有时候也带着不相信的惊讶，尤其是当某些东西在我们看来似乎不"值得"记住时。例如，听到一小段音乐就能说出作曲者，根据发动机的噪音就能分辨出不同时期的汽车类型。有一点我们非常清楚，漫长的职业生涯有时候能带来超乎寻常的专业性记忆。

脑力田径运动

日本官员黑地阿齐·托莫友日花了许多休息时间强记数字 π，1987 年他成功地复述出小数点后 40000 位数字，但这个纪录在之后被另一个日本人以 42195 位数字打破。1999 年马来西亚人西姆·伯罕复述出小数点后的 67053 位数，仅出现 15 处错误。

许多数字狂热者之所以醉心于"脑力田径运动"，是仅仅出于兴趣，或是期望在世界纪录中占有一席之地，或是为了赢得一个冠军？在他们身上天生的才能好像并不必要，强有力的积极性就足

神经图像表明，西姆·伯罕除了利用程序记忆外，还利用了情景记忆来实现对几乎无限量的数字和字母的记忆。

脑力田径运动项目

1991 年 10 月 26 日，第一个国际记忆冠军在伦敦诞生。今天，为数众多的年度国家级和国际级记忆竞赛不断地被组织。其中，2003 年在不同项目中保持世界纪录的有英国人、德国人、奥地利人和丹麦人。脑力田径运动项目主要有以下几种：

数字　4 道题，5 分钟内记住 1000 个数字，然后按原顺序在 15 分钟内复述出来。

单词　2 道题，15 分钟内记住 400 个词，然后在 30 分钟内按原顺序重组出来；用 15 分钟学习一首没有韵律的诗歌，然后背诵出来。

卡片游戏（扑克）　2 道题，每道 5 分钟，重组被打乱的出牌顺序。

日期　在 1000 年至 2099 年之间联系一些事件或者名人设置 80 个日期，在 5 分钟内记忆，然后说出每一事件对应的正确日期。

人名和面孔　15 分钟内记住 99 个人的名字和他们的照片，然后在 30 分钟内将人名和照片重组出来。

一个记忆冠军称，记忆日期的世界纪录是 60 个。英国的安迪·贝尔成功地记住了 100 张扑克，并且毫无错误地回答出以下问题："在第 65 个游戏中的第 32 张牌是什么？"

够了。在很大程度上，好的成绩实际上归功于从古代开始就为人们所知的记忆法的巧妙运用，就像地点法。许多著名记忆冠军和众多记忆"奇才"都毫不犹豫地公开自己的作品、成绩或者组织培训班，以满足盲目追求改善记忆力的公众的需求。

维尼阿曼的例子

然而，一些人似乎比另一些人更有记忆天分。所罗门·维尼阿曼·T，通常人们称他为维尼阿曼，是研究"天才记忆"最好的专家之一。1920 年至 1950 年，俄国神经心理学家亚历山大·卢里亚一直跟随着他。在短短几分钟里，维尼阿曼就能记住一长串单词或数字（有时多达 400 个），并且能在几年之后完整地复述出来。除了特殊的天赋外，他还利用了一些记忆策略，比如把每个词同一条臆想的路线结合在一起，第一个词和窗户联系在一起、第二个词和门联系在一起、第三个词和栅栏联系在一起，等等。有时他也会忘记，那是因为他把臆想的形态与颜色搞混了，例如放在白墙前的白色鸡蛋。实际上，维尼阿曼运用了联想，就是说他把每个词的形式或发音都转换成了不可磨灭的"形象"。这个奇人永远保存着对这些词的记忆。为了忘记它们，他必须有意识地努力把它们清除掉，他想象着将这些词列在一块黑板上，然后把它们擦去或者在它们上面盖上一层不透明的薄膜。出色的记忆使他因一个耀眼的职业而闻名，当卢里亚发现他时，他只是一个没多大天分的播报员，之后他凭借自己超常的记忆力成为一个知名艺人。

第十二节
长期记忆

为了使信息不仅停留于短期记忆中，就有必要把信息传递到另一个更持久的系统中。长期记忆具有我们认为几乎无限的能力，它能够在一段时间后重组信息——一次会面、一个数学公式，或是游泳的动作——从几个小时到几天、几年，甚至有时长达几十年。

两种不同的记忆方式

极少有人埋怨说忘了如何爬楼梯、如何从一个椅子上站起来或者如何刷牙。日常生活中对记忆的抱怨大多数是关于无法想起某个人的名字、某个字，或者一件近期发生的事。在个人经历方面，一个具有遗忘障碍的人将面临更大的困难。为了更好地解释这一现象，心理学家安戴尔·图勒温和拉里·斯里赫定义了两种不同的记忆方式。

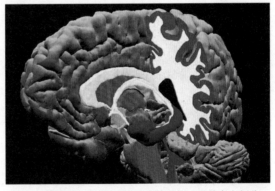

在这张大脑图片中，海马是用紫红色标示出的突出部分。海马是大脑对记忆归类的区域，它决定哪些信息足够重要并需要存入长期记忆中。

陈述性记忆

"你去年去过哪个城市？""谁是现在的农业部部长？""《英雄》的作者叫什么名字？""恺撒是在哪一年死的？"对所有这些问题，我们可以用一个词或者一句话来回答。当然，我们也可以写出答案，在某些情况下还可以画张图或是在一张照片、卡片上指出来。但答案通常都是基于对曾经经历过的或者学过的东西有意识地回忆，并且能够通过口头的方式表述出来。这就是为什么称其为陈述性记忆的原因，也可以用"精确记忆"这一术语。

非陈述性记忆

操纵电视遥控器、使用厨房用具、骑自行车、系鞋带或者仅仅是走路，这些行为都不需要我们有意识地回忆相关的姿势或动作。即使我们可能记得当初学习这些行为时的情景，但更多时候我们只能以非常简单的方式对这些行为进行描述，并且倾向于演示示范。为了解释自由泳时腿的动作，游泳教练更多地会进行动作示范，而不是用长篇大论来解释。出于这个原因，这种记忆形式被称为非陈述性记忆或者隐性记忆。

从生活事件到日常例行公事

1993年4月11日我们去过纽约，《罗密欧与朱丽叶》的作者是莎士比亚，骑自行车的方法……所有这些例子都体现了对行为的记忆，但只有第一个例子是唯一真实发生过的，其他的例子似乎和个人特殊经历无关。并且，即使我们在日常用语中应用"学习骑自行车"这种表述，但当我们涉及"学习"这个词的时候，更多会联想到在学校学到某种知识，而非某种体育活动。那么是否对不同的事物存在不同的记忆呢？

研究人员对某些记忆障碍的研究证实了我们的假设。比如，某些健忘症患者只忘记了个人新近的经历、以前学过的文化知识，或者某些特殊的行为方式。由此，科学家

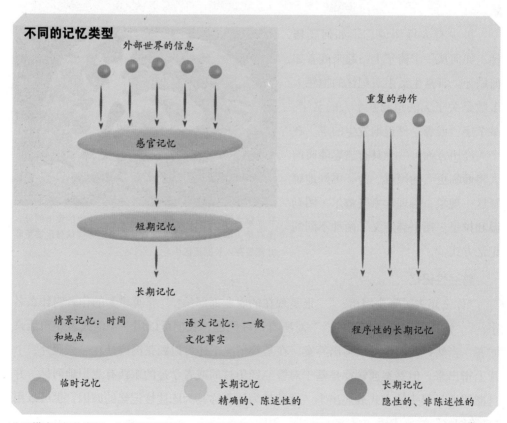

为了描述记忆的类型，心理学家设计了一个空间模型，如同一张房屋地图，每个房间代表一种记忆类型。

将记忆分成3种类型：对发生在特定时间和地点的事件的情景记忆，用来储存一般知识的语义记忆，以及为了完成一些重复性行为或者标准化动作的程序性记忆。

情景记忆

情景记忆对应着我们在一个确定的时间和地点的特殊经历，上个星期我们看过的电影，或者去年夏季我们做过的事。这些经历构成了情景记忆的一大部分。

一个记忆的诞生

当我们记忆这些情景时，不仅记住了事件本身，还记住了当时的环境背景。例如，在我们回

研究表明，工作记忆不会退化，但长期记忆会随着年龄的增长而退化。这种退化通常是缓慢的。有时老年人发现很难记住刚刚发生的事情，但能记住早期发生的事情。

忆与朋友一起吃的晚餐时，我们还记得当时的灯光、声音、气味、味道等。同时，这些要素也在我们的记忆中留下了以后回忆的线索。在回忆时，我们就可以在以往的经

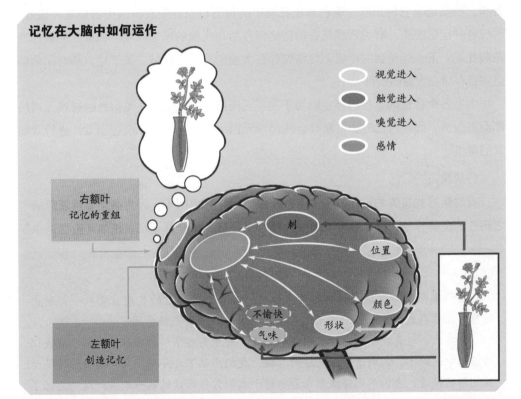

记忆在大脑中如何运作

视觉进入
触觉进入
嗅觉进入
感情

右额叶
记忆的重组

左额叶
创造记忆

刺
位置
颜色
形状
不愉快
气味

事物或场景的不同方面被保存在特定的大脑区域，记忆痕迹之间通过神经元网络相互连接。为了回忆起某一事物或场景，大脑将通过右额叶重新激活相关的神经元网络。

历中定位："星期五晚上，我去大剧院看了一场极好的表演《图兰朵》，陪同的有小贝尔纳、安娜·玛丽、吉尔伯特、丹尼尔和雅克。"当然，对这样一个事件的记忆也保存有情感的因素。正如伏尔泰观察到的那样："所有触动内心的，都刻印在记忆中。"

　　记忆就这样保存着事件的主要方面，然而背景线索并不位于大脑的一个确定区域。因此，记忆的程序一点也不像以前描述的那样：在一个"仓库"里储存着记忆，每一个都有其特定位置，当我们需要的时候就"去那儿找"。

测试你的情景记忆

你做了什么？
◎ 昨天。
◎ 上个周末。
◎ 5 年前的这个时候。
◎ 你在哪里，与谁在一起，你是否重新想起当时的气氛、光线、气味、音乐、遇见的人……借助线索和标志（重要事件、旅游、职业活动等）来帮助你精确地回忆。

从当时的环境背景入手，更容易回忆起发生在过去一个确切的时间和地点的事件(情景记忆)。

事件的不同方面存在于不同的大脑区域

　　我们在记忆时大脑是什么样子的？比如，在 7 月的一个早上我们看见花瓶里插着的玫瑰时。首先，对这个场景的感知需要我们不同的感官共同参与：嗅觉感知玫瑰的香味，视觉记录它的形状、颜色和在花瓶中的位置以及花瓶在房间中的位置。接着，形成各种记忆痕迹。有关玫瑰花香的记忆将存留在大脑的嗅觉区域。如果我们被玫瑰花刺扎了一下，感受到的疼痛记忆将保存在大脑的另一个区域。关于地点和时间的信息则被存储在大脑的前部……

　　大脑各个区域间连接的建立归功于神经元网络，每次记忆一条信息时神经元网络都会被激活。而在回忆时，右额叶会从神经元网络中的不同记忆痕迹出发，进行对场景的重组。

寻找遗失的记忆

　　有时候寻找遗失的记忆过程需要很长的时间并且很困难，因为必须要重新激活与之相连的全部神经元网络。但有时一个线索就足以唤回全部记忆。正如《追忆逝水年

似曾相识

　　当你第一次游览威尼斯的时候，你觉得似乎见过这里的某座教堂；一部新出的影片让你感到熟悉；在对方阐述某个命题时，你觉得已经听过了……

　　事实上，这是我们的记忆在跟我们兜圈，关于某些事件的原始情况早已从我们的意识中逃脱了，只剩下极不完整的片段。我们忘记了几年前，在电视上看过关于威尼斯的报道；我们不记得这部电影取材于我们曾经阅读过的一本书；我们忘记了曾参与过一次类似的讨论，只是其中的只言片语反复在脑海中回响……

华》中所描写的，一小块浸入茶水中的玛德兰娜蛋糕唤醒了故事叙事者在贡布雷的整个童年世界，因为雷欧妮阿姨曾在给他一块相同的蛋糕之前把蛋糕浸入椴花茶中。

另一方面，分散储存使得记忆更稳固——大脑部分区域受损极少会造成一个人的全部记忆消失。但是，随着时间的推移，某些记忆痕迹的功用改变或者消除了，于是回忆变得很困难。

语义记忆

大脑中其他被储存的信息普遍发生在学习的环境背景下，即一般的常识，比如《罗密欧与朱丽叶》的作者是谁，意大利的首都是哪……我们从多种渠道获得这些知识，如果这些知识只具有一般的性质，那么当时的学习背景会逐渐从我们记忆中消失。例如，我们很少能想起第一次听到"莎士比亚"或者"罗马"这些词的地点和时间。

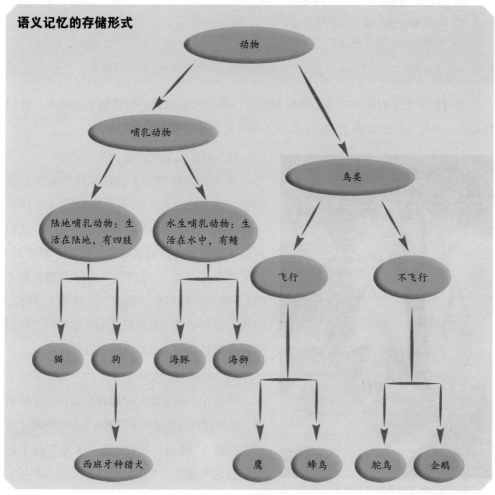

语义记忆的存储形式

在语义记忆中信息是以树形图的形式存储的，每一个类属都存在一个代表性例子，例如海豚是水生哺乳动物的代表。

95

测试你的语义记忆

词汇

拿出一张纸按要求写出词汇，每个题目用 2 分钟或者不限时间，尽可能多地写：

◎ 鱼类。

◎ 鸟类。

◎ 哺乳动物。

◎ 昆虫。

◎ 软体动物和甲壳动物。

知识

文化事实也属于语义记忆的范围，以下是一些例子：

◎ 澳大利亚的首都是?

◎ 滑铁卢战役发生在什么时候?

◎ 阿尔弗烈德·诺贝尔是谁?

◎ 世界七大奇迹是什么?

词汇是语义记忆的组成部分之一，浏览词汇表找出指定类属的词语能够训练注意力。

有时候，关于时间和地点的记忆痕迹可以帮助我们找到一时遗忘了的东西：我们想起在一本什么样的杂志上读过，要找的东西就在某一页的上方。

可以把一张彩色透明纸覆盖在需要阅读的纸面材料上，从而帮助阅读障碍患者进行更加有效的阅读，提高记忆效果。

什么样的信息储存在语义记忆中

语义记忆存储的不仅是某种类型的百科知识，或一般知识性的问题，还储存了个体在一段时间内的生活事实。借助语义记忆，我们可以给物体命名并将其归类（锤子、螺丝刀、锯子属于工具类），或者给某个种类列举例子（属于昆虫的有蚂蚁、瓢虫、蜜蜂等）。同理，当我们需要记忆一系列混乱无序的词时，我们可以先将其分类，这样就能更容易记住了。

对知识的良好组织

事实上，语义记忆中储存的知识相互联系着，按照逻辑与用途的不同形成复杂的网络（参见左页图）。例如当我们想起"大象"这个词时，其他的概念（大象的颜色、形态或者与它相关的历史）也同时处于活跃状态："大象身躯庞大，它是灰色的，有两个大耳朵、一个长

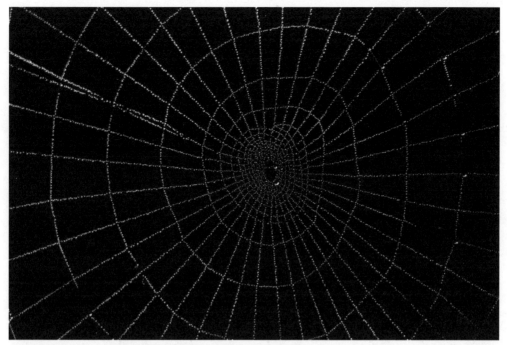

语义记忆好像一张巨大的蜘蛛织网，包含着成千上万的内部联系。

鼻子和两根大牙，重量可达到 6 吨，拥有闻名于世的记忆力。公元前 3 世纪，汉尼拔骑着大象穿越了阿尔卑斯山……"

　　实用性知识的组织形式不尽相同。特别是在日常生活中，当涉及一系列规范性的连续动作时，例如准备早餐、购物、组织聚会等。根据早已建立好的内在逻辑顺序，这些日常规律性的活动一旦开始，接下来的各个步骤便接踵而来，而不需要"图示"或者"脚本"。为了准备早餐，只需要开始第一个动作——在咖啡机里倒入水，这之后就不再需要任何注意力了，接下来的动作会自动执行，我们可以在这段时间去想别的事情。

程序性记忆

　　第三种记忆类型通常在很大程度上脱离意识，如骑自行车、打网球、弹钢琴、进行心算、母语的正确使用，以及玩扑克牌等，这类活动一般都基于潜意识的记忆，所以很难对其进行详细的描述。这类活动的学习过程通常很漫长，需要经过无数次的练习和重复，而一旦掌握就很难忘记。但某些复杂的活动仍需要坚持实践：一个钢琴家如果不经常练习，他的演奏水平就有可能下降；一位高水平运动员如果缺乏常规的训练，他的成绩也将滑坡。

例行公事性的任务

在日常生活中"自动性动作"扮演着重要角色，让我们可以完成复杂的例行事务，

测试你的程序性记忆

阅读镜子里的文字

他们的行为非常神秘。

'上站强精且并，视辞来未从受到意注些这把，童事写撰来出生先克内罗由

尝试尽可能快地读出上面这段文字。

在镜子中的图画

把你的书对着镜子，尽可能快地用笔把镜子中的这两个图画在一张纸上。

借助程序性记忆，我们能毫无困难地进行阅读或者绘画。但当我们不按常规的方式进行时，困难就出现了，例如阅读镜子中的文字。

而大脑却保持空闲去面对无法预知的状况。例如，开车时，我们并不十分注意控制方向盘、油门、指示灯等，直到发生特殊情况——一个孩子试图横穿马路——才需要我们动用所有的注意力并结束"自动驾驶"。

与完成任务有关的程序性记忆通过锻炼技能获得，如驾车。你拥有的技能中哪些要依靠程序型记忆呢？

按照我们的习惯和偏好

潜意识的程序也是我们许多习惯和偏好的根源。我们能够记住一系列同等商品的价格，可以在比较某种商品时作为参考，比如哪家超级市场里的苹果更便宜。当我们不能够直接地应用这些程序时，比如由于货币的改变或者临时居住在外国，我们则显得特别不相信自己的判断。尽管早在 2002 年初就开始推广欧元了，可是许多法国人仍然继续用法郎进行"思考"，特别是对非日常用品，比如房子或者汽车。

典型的适应状况

在吃完一种特殊的食物（例如牡蛎）后，我们生病了，从此只要看一眼这种食物就可能恶心。在俄国生理学家巴甫洛夫的实验中，铃声一响起，那条已把铃声刺激同下一餐的来临结合起来的狗就开始流口水。在人类身上也能发现类似动物的这种典型的适应状况，这类适应状况有时候与由于特殊原因引起的害怕或快乐感有关。例如，如果我们曾被野兔咬伤，即使身处距离事故很远的地方，但是周围的树木或者气味与之相似，我们都可能会心跳加剧。

诱饵效应

我们也会无意识地记住一些信息（比如对话者领带的颜色），在以后某个需要的时刻，这些信息能够帮助我们更快或者更容易地回想起当时的情景，但是这些信息与我们有意识记住的信息具有不同的确定程度（"你的领带好像是红色的"）。

为了描述这一现象，科学家们提出诱饵效应。例如，一个填字游戏的答案是一条定义（比如生产、出售豪华家具），突然我们想到了一个在完全不同的背景下出现过的正确答案（"细木工"）或者类似的答案（"木工"）。有时候，这样的潜意识记忆让我们兜了"一圈"：我们以为自己找到答案了，事实上，答案是通过我们以前读过的一篇文章而得到的，只不过我们早已忘记自己曾经读过那篇文章。

建立联系

研究者在美国田纳西州范德比尔特大学做的一项简单的实验显示，将新信息与现存的知识联系起来时，获取信息将更容易。一组学生被要求听10句简单、无关紧要的类似下面的句子：一个滑稽的人买了一枚戒指；一个秃头男读报纸；一个漂亮的女士在戴耳环。然后，测试学生们刚刚获得的信息，结果，平均40%的答案正确。另一组学生也听了相同的句子，只是增加了更多的细节。例如：一个滑稽的人买了一枚可以喷水的戒指；一个秃头男读报纸寻找帽子降价甩卖的消息；一个漂亮的女士戴上从垃圾桶里捡来的耳环。这组学生进行了同第一组学生同样的测试；令人惊讶的是，虽然他们听的句子更长，但他们准确记住的却相当多——有70%。

研究人员指出当我们能够将大量信息联系起来——也就是说，将新信息与已经知道的东西联系起来，这样新信息就可以被记忆得更好。在这个例子中，秃子与帽子、搞笑戒指与滑稽的人、漂亮的女士与垃圾筒，这些事物建立起了更深、更方便于记忆的联想与视觉形象。

第十三节
专业象棋师和运动员的记忆

大师对新手

1965年，心理学家阿德里安·德赫罗特曾策划了一个著名的实验。让5个大师和5个新手一起观看一系列国际象棋棋局，每个棋局观看5分钟，然后要求他们在一个空棋盘上重新排列出棋局。在第一轮测试中，大师们能够重新摆出90%的棋子，而新手只能摆出40%。然而，当棋子以随机的方式排列在棋盘上时，大师和新手的成绩却是相同的。

大师胜于新手之处，在于他们懂得如何学习、辨认并且记住棋子的摆放，当然前提是棋子遵循一定的模式排列，比如一盘可以下出来的残局。我们猜测，在一个大师的记忆中储存着1万到10万种棋子的摆放模式。由于扫一眼就能组合大量的棋子，凯瑞·卡斯帕罗夫在很短的时间内就可以分析出一个新手的棋局。几年前，科学家设计了一台名为"深蓝"的计算机，它能测算到每步棋的

国际象棋大师卡斯帕罗夫对几千种棋局了如指掌，这种靠多年经验获得的后天性才能使他能够在几秒钟内分析每局棋的每一步。

几千个可能位置，除了开局和结果。一个专业棋手有时候用几秒钟就能迅速确定那些制胜的布局，程序员成功地在"深蓝"上模拟了这部分技能，从而使得电脑战胜了国际象棋大师凯瑞·卡斯帕罗夫。

齐达内会怎么做

面对重现比赛情景的图像，当被要求说出一种让球员更好地控球的动作时，传球、护球还是直接射门，球员和教练给出的答案与外行人不一样。专业人员给出了更恰当

的建议。这是 2003 年 3 个研究者从对一支球队的实验中得出的结论，出现在照片上的比赛状况完全符合专业球员的猜测，而外行人却猜错了。同时，专业球员学习起来也更有效率。当过了一段时间后，再次向他们展示同一张照片时，专业球员更快地给出了答案，这表明他们在第一次时已无意识地记住了。并且对这些职业球员来说，他们的运作记忆被干扰时也同样能够保证效率，因为他们被要求同时完成口头和视觉任务。

齐达内冲出来，突破后防线，在两个后卫中间的空档起脚射门！一个有经验的职业足球运动员不仅有着良好的体力，而且快速分析的能力也是必不可少的。

获得专家式的记忆

其他集体运动的专业运动员跟足球运动员一样，当被要求准确地记住运动的顺序以及在场地上移动的初始位置时，他们总是比新手表现得更好。滑冰运动员和体操运动员——也包括体育记者评论他们的技能——能更轻松地掌握表演姿势，但是，和在象棋案例里一样，他们的优势仅局限在与自己的专业相关的运动形态中。

正如各行业的专家们一样，运动员培养了"获知－行动"的能力，但这种能力基于普通的能力：扎实的基础要以多年的努力为代价。由于定期训练，他们能更好地专注于特殊的领域，并且能更强地在精神层面上"操作"这些能力。尽管如此，这些能力不能移植到他们专长之外的领域：专家的记忆只在自己的专业领域令人惊奇。

运动与记忆的关系

对老年人的成功研究发现，（除了乐观积极的心态和高学历）健身活动与保持健康精神状态密切相关。加利福尼亚大学的科学家欧文找到了一个合理的解释：运动刺激 BDNF 的增多。最近发现 BDNF 是一种能增强神经传输能力的天然物质。

欧文及其他研究者让一只成年老鼠在转轮上运动了一天，发现它大脑中不同区域的 BDNF 提高了。BDNF 中的海马体主要负责记忆处理。BDNF 可以促进幼小白鼠 LTP 的提高或记忆的形成。当研究者饲养缺少 BDNF 基因的老鼠时发现，它们的海马体 LTP 数量明显减少。把 BDNF 基因重新注入老鼠的海马体，它们的不良反应马上消失。国家儿童健康和人类发展研究所的研究员指出，他们的研究对促进幼小动物和儿童的学习记忆能力有建设性意义。罗伯特·伍德·约翰逊医学院的研究员伊拉布·莱克和他的同事们发现 BDNF 对 LTP 的潜在作用，这对研究和克服老年痴呆症造成的记忆混乱很有帮助。

第十四节
感官和记忆

外部世界带给我们的感觉信息构成了我们的记忆，我们的 5 种感官——视觉、听觉、触觉、嗅觉和味觉是记忆的主要入口。但是，通过感官感知而记忆的东西绝不能和相片或者录音磁带相比。感觉信息在大脑深处被分析，然后彼此之间建立联系，在与其他信息比较后，被烙上感情的、形态的（地点）和时间的（日期）印迹。一般来说，这些程序在每个人身上都是一样的，但是每个人的感官能力似乎并不相同。

感官的专业化与缺失

受雇于赌场的能够过目不忘的人、拥有绝妙的耳朵的音乐家、拥有特别敏感的鼻子的香水调剂师等，我们都知道或听说过这种拥有超常视觉、听觉或者嗅觉记忆的人，他们某方面的感觉能力强于一般人，然而能用触觉或味觉创造价值的人就较少见了。一些理发师说，他们一拿起剪刀就知道那是不是自己的私人剪刀。

同时，一种超乎寻常的技能似乎总是与另一种感觉方式的缺失联系在一起。例如，天生失明的人成功地发展了在空间、听觉和触觉记忆方面比视力正常的人更高的技能。但是失去一种感知方式和本身缺乏是不一样的，比如用布莱叶盲文进行触摸式阅读，大脑视觉区无疑也参与了某些语言能力的管理。

接下来，我们将简单介绍视觉、听觉、味觉与记忆的关系。

视觉记忆

英国作家卢迪亚·吉卜林（1865—1936）在他的小说《吉姆》中，详细描写了少年英雄吉姆如何坚持不懈地记忆放在桌子上的物品，然后再找出缺少的东西的过程。经过不断的训练，吉姆获得了一种超常的技能，他能够记住所有看过的细节。

图像记忆

在一个实验中，研究人员向志愿者展示了 2500 多张幻灯片，每 10 秒钟换一张。然后，将每张幻灯片与一张新的幻灯片混合在一起，要求被测试者指出熟悉的那张，即他们之前看过的那张。结果非常令人吃惊：几天后，90% 以上的图片被认出；几个星期后，仍然有很大比例的图片被认出。之后再用 10000 张幻灯片做类似的实验，同样确认了视觉识别不同寻常的效率。

如此熟悉的活动

观看是我们非常熟悉的一项大脑活动，以至我们有时候忘记视觉在记忆过程中扮演着重要角色。信息进入大脑被处理和存储后，就不再依赖语言了。为了解释视觉记忆的运作过程，神经心理学家将视觉记忆（或视觉—空间记忆）同行为记忆进行了比

视觉失认症

假如有一缸泡菜，有些人尽管没有忘记"泡菜"这个词，但是他们无法叫出泡菜的名称。虽然他们无法说出泡菜的称呼，却可以准确地描述泡菜的形状和颜色。如果允许触摸或品尝这些泡菜，他们会立刻说出泡菜的称呼。这种人就是患上了失认症（依靠一种或几种感官无法辨别事物）。失认症是因为大脑损伤或疾病引起的。有一种非常特殊的失认症叫脸部失认症。患有此症的病人能叫出任意他看到的事物的名字，但是，即便他们能认出一张脸，却无法轻易地认出这是谁的脸或那些是否是相似的脸孔。比如一位 52 岁的患有典型脸部失认症的男子可以清楚分辨并说出除了脸部他所看到的一切物体，他也知道脸是什么，但他甚至无法辨识自己妻子或孩子的脸孔。可当他所认识的人说话时，他立刻认出他们，并能轻易地叫出他们的名字。

当你第 1 眼看到上图时，你看见一行是 3 个字母，另一行是 3 个数字。你可能没有注意到 B 不是真正的 B，或者说它与 13 相同。我们所看到的部分是我们所期望的。

对于失认症病人的研究告诉了我们一些有关大脑参与分辨和命名部分的知识。失认症提供的证据表明，分辨并命名物体或脸部，涉及负责不同感知体系的大脑的不同部分。视觉失认症只限于脸部，表明大脑中一个特定的区域参与通过视觉确认脸孔。这对动物和人类的社会进程具有一些进化学意义。利用特征检测器，我们经常能在物体与脸孔特征的基础上确认他们。感知不仅仅是把检测的特征如角度、线条放在一起的机械过程。例如，上图两行字母与数字，看起来非常简单 A，B，C，14，13，15。现在仔细观察一下。注意第一行的 B 与第二行的 13 是一样的。毫无疑问，这个过程不仅只包括你的特征检测能力。否则，你看到的要么是 B，要么是 13。

在一项试验中，用一种可以同时向两只眼睛出示不同场景的幻灯机向来自美国和墨西哥的受试者展示几对图片。每对图片由一幅典型的美国风景和一幅典型的墨西哥风景组成。在这种情况下，受试者仅能看见一幅幻灯片。受试者能看见哪幅图片呢？来自美国的受试者只看见美国的风景，来自墨西哥的受试者只看见墨西哥的风景。这个试验再次证明了经历与期望影响着我们的感知。

眼睛的结构

眼睛是一个圆形的器官，被包裹在坚硬的且有弹性的巩膜中，巩膜从前方看是白色的（见下图）。每个眼球都位于骨头突出的眼窝中并受到复杂的肌肉组织的控制。这些肌肉可以转动眼睛并改变它们的方向。这些肌肉也可以让眼睛保持连续的运动。即使你看一些绝对静止的物体，你的眼睛也在做微小的急速运动。这种运动让形成的图像不会消散。

巩膜在眼睛的最前端，并形成角膜，它像一扇透明的窗户。角膜没有血液，所以角膜移植很少有排斥反应。

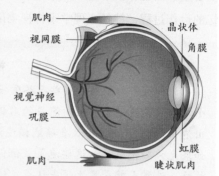

角膜后面是虹膜。它是一个有色的圆状物，在其中心有一个小孔。虹膜赋予眼睛色彩。它中心的小孔称为瞳孔，光线通过瞳孔进入眼睛。瞳孔的大小由虹膜控制，并决定着进入眼睛的光线量。站在屋子的镜子前，你就可以非常容易地证实此点，因为在此处你可以控制光线的密度。当有微弱的光线时，瞳孔就放大；当光线强烈时，瞳孔就缩小。瞳孔的后面是晶状体，它由睫状肌肉包裹着。睫状肌肉控制着晶状体的形状。晶状体的主要功能是聚光，以便在眼睛后部的感光细胞能清楚地成像。晶状体变圆时，你就可以看清近处的物体；当睫状肌肉把晶状体拉长时，你就可以看清更远的物体。

在眼球的后部，是一组感光细胞和辅助神经细胞，称之为视网膜。视网膜有3层，第一层离眼睛前端最远，由杆状细胞和视锥细胞组成。这些细胞感受器把它们接收的信息通过其他细胞层间接地传递给大脑。紧挨着杆状细胞和视锥细胞的是两级细胞层，它有两个主要的分支。一个分支同杆状细胞和视锥细胞相连并受感受器细胞的刺激。另一个分支同直接连接视觉神经的细胞层相连，而连接眼睛与大脑的神经主要是视觉神经。

较。视觉记忆能让我们在头脑里"操纵"抽象的图案或路线，而行为记忆则是依靠语言来理解话语的内容和各种视觉信息。

事实上，重要的是不要混淆了视觉信息与视觉记忆。视觉记忆大多数都是按照双重编码的原则来处理词语、图案、照片或者真实的事物等视觉信息。在大量实验中，神经心理学家揭示了双重编码的优点，这种编码方式能将形象信息（形态、尺寸、布局）与动作信息组合在一起。

自闭症患者的记忆：对细节敏锐的感知

人们有时用"照片式"记忆来引出自闭症患者典型的精确记忆。

自闭症是一种发育缺陷，会阻碍患者与社会的互动、对外界情感的反应和与他人的沟通。但这种严重的功能障碍有时却伴随着非凡的音乐记忆能力或"照片式"记忆能力，后一种记忆能力使患者能用复杂的图像表述出记忆里的少量细节，或者毫无困难地进行大量的计算，就像电影《雨人》中达斯汀·霍夫曼所饰演的人物那样。

为了解释这种自发而非凡的能力，神经心理学家提出"表面的记忆"，这种记忆并非想要脱离图像的整体感觉或整体形态，而是试图结合更重要的细节来创造"心理图像"。面对一幅画时，大多

面孔失认症

面孔失认症是一种极为罕见的病症，会令病患周围的人非常困扰。患者失去了辨认熟悉面孔的能力，虽然他们可以毫无困难地回想起熟悉的人的名字及其相关信息。不过，他们能够通过声音、走路方式、体态，甚至某些面部特征，比如大胡子或者特别的发型，辨认出熟悉的人。

这种奇异的病症是因为大脑右半球损伤而造成的，因为在大脑右半球存储着面部辨认的记忆单位。例如，患者无法再认出自己家畜群中的牛，鸟类学家无法通过视觉辨认出不同的鸟类，然而却能通过声音立即将它们分辨出来。

数人都是在集中注意力于总体形态后，再试图把握其中的细节，而自闭症患者在没有总体视觉的引领下将同等对待所有细节。因此，在处理信息的第一步，自闭症患者表现得更好，而正常人"消耗"的精力是为了获得更整体或更多的感官信息，以此简化记忆。有些研究人员还认为，自闭症患者越是与世隔绝，越是容易出现运作记忆障碍。

记忆面孔

在图像记忆方面我们是天生的行家，但是我们中有些人在某一特定方面表现出更高的能力，如记忆面孔、建筑物、风景等。这种能力有时候是训练的结果，正如吉卜林的小说中描绘的那样，但是好像真的存在一种"天赋"，比如在过目不忘的人身上。

面相学家

在视觉记忆领域，职业面相学家具有令人惊奇的记忆能力。有些人在赌场工作，负责监督和辨认那些违反游戏规则的客人。有些人在足球赛的时候，帮助维护治安，找出具有暴力倾向的流氓。有些人通过面孔就能记住一个人，甚至10年20年以后，可以建立一个5000到10000人的面孔"数据库"！这是怎么做到的呢？其实，他们并不是直接记忆的，而是需要几分钟的超强度注意力才能记住每张脸的特征。

为了保证有效的记忆，过目不忘的人会借助于细节或某些迹象。因此，一张没有什么特征的"普通"面孔将较难被记住。与广为流传的错误观点不同，面相学家的记忆并不类似于相片的即刻收集。

我们越是能从几千张脸中毫无困难地认出熟悉的那张,越是难以用言语对其进行描述。在描述时,我们通常会提取整体特征,眼睛、胡子、眉毛、痣等,在辨认面孔时语言似乎扮演着次要角色。辨认面孔的能力很早就在儿童身上得到发展,研究表明6—9个月大的儿童比成年人更容易记住周围人的面孔。

听觉记忆

"如果钢琴演奏家想演奏《瓦尔基里骑士曲》或者《特里斯坦》前奏曲,威尔杜汉夫人称道,不是因为这些音乐使她不高兴,而是因为它们给她留下的印象太深刻了。'您关心我有偏头痛吗?您知道每次他演奏同样的东西时都一样。我知道等待我的是什么!'"(马塞尔·普鲁斯特,《在斯万家那边》)

情绪——理解音乐的关键

情绪与音乐之间的关系是复杂的。一方面,听一段音乐或进行一次与音乐有关的实践(如唱歌或演奏乐器)会引起一些感觉(比如兴奋或放松),我们根据当时的情绪来阐释这些感觉,并且从此以后我们会把这些感觉与听到的或自己演奏的音乐联系起来。

另一方面,在精神层面,我们大多数人都能够预测一段音乐接下来的部分,"我知道这段之后,铜管将进入交响乐中"或者"节奏将加快,声音将变得更高"。然而,这种才能似乎并不来源于我们受到的音乐教育,而是来自我们从管弦乐中自发得到的"感觉"。

记忆是如何形成的

1. 我们思考、感觉、改变、体验生活。

2. 所有的经历要在大脑中登记。

3. 大脑的结构和过程分析信息的价值、意义和有用程度并将它们排序。

5. 神经细胞通过生物电流和化学反应将信息传递给另外的神经细胞。

6. 这些联系会通过重复、休息和情感得到加强，持续的记忆就形成了。

4. 许多神经细胞被激活。

事实上，一段著名的乐曲产生的"震撼"很大程度依赖于我们的精神活动。神经心理学家观察到，某些患者的听力感知（对一段旋律、节奏、音色等）虽然保持完好，但他们失去了听音乐的快乐感。患者自己解释说，他们"不再能理解"不同乐器之间的音乐关系，并且他们也不能再"预知"一段音乐将如何演进。

不同的倾听方式

每个人的音乐才能都不同，一些人似乎比另一些人更有天分去记住一段旋律或者辨认音色。如何解释这些不同？研究人员从对音乐家的观察中发现，他们是以不同常人的方式听，更确切地说是他们"看"所听到的音符，音符对他们来说就相当于"字"。医学图像通过对大脑刺激的研究证明了这些假设，医学刺激利用的是视觉或语言资料。

即使周围存在干扰噪音，职业的或者业余的音乐家都能成功地在意识中保留旋律，而其他人则做不到。在任何情况下，音乐家们都能毫无困难地进行记忆，除非他们同时听到另一段相似的旋律。

记忆和音乐曲目库

得益于我们储存在语义记忆中的理论知识，当我们听到一段旋律或者一个作品时，就会感到熟悉，甚至能够确认其曲名、作曲家或者演奏者。对于那些长期演奏同一种乐器的人来说，曲目库是随着日积月累的实践构筑的。

演奏小提琴不仅需要听觉记忆，还需要触觉和视觉记忆的参与。

语言和旋律是两种不同的听觉记忆吗

对旋律的记忆是否比对语言的记忆更持久？专注于歌词和旋律之间关系的神经心理学研究表明，对歌曲的记忆实际上与这两个方面紧密结合，尽管对旋律的记忆在时间上更持久。大脑受损的音乐家能够继续从事音乐活动，但从此再也不能理解歌词或话语。因此，语言和旋律可能以独立的方式保存在长期记忆中。

如果一段音乐在记忆中能保存很久，那毫无疑问它依靠了与语言信息相关的编码，特别是情感信息。某种声音（亲属的声音、环境里的声音、旋律）与某种情感（是否快乐）

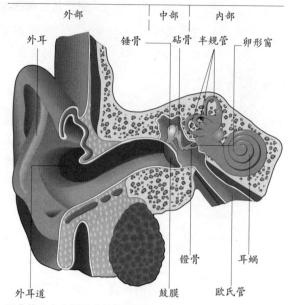

耳朵的3个主要组成部分是外耳、中耳、内耳。在这全部结构中，耳朵是一个包含了管状器官、耳道、容器、液体、细胞膜、骨头、软骨和神经的复杂综合体。

联系在一起，会对巩固记忆大有帮助。另外，这样的声音现象不需要以有意识的方式被感知也能永久地被储存，而"普通的"听觉信息（如要记下的电话号码）需要意识的参与，因为它们依赖运作记忆。

嗅觉记忆

嗅觉是最强的记忆功能，我们能通过一些气味回想起以前的一些事，比如说草莓的味道能让我们想起夏天，一些香味能让我们想起香水或者是妈妈做的饭菜等，大多数人都会对某些气味有特殊的联想。

嗅觉并不能帮助我们建立正确的记忆，也不能帮助我们存储信息，它很难和事实发生联系，只和我们自己的情感有关，它可能帮助人们记忆一些地方，一些让人开心、难过、愤怒的事情。当然，嗅觉记忆也并不是完全没有任何意义，人们可以把一些特殊的气味和一些记忆方式结合在一起，这样对人们的记忆能起到增强的作用。

嗅觉记忆的特征

嗅觉记忆有几个重要的特征：第一是持久性，因为在很多年后我们仍然能够描绘出最初闻到某些气味时的感觉；第二是幸福的基调，因为嗅觉记忆能和各种情景之间相互联系；第三是联觉的特质，因为嗅觉记忆能让各种感觉之间相互连接。

气味可以称得上是记忆的要塞，因为它保持的时间是相当长久的。我们在长大之

化妆品制造者和葡萄酒工艺学家的"鼻子"

在某些职业领域，嗅觉记忆的持久性深深地刻上了职业实践的烙印。例如，众多厨师对菜肴配方的嗅觉记忆无处不在，化妆品制造者和葡萄酒工艺学家都强调自己嗅觉记忆的个性手段。对一些人来说，"鼻子"这一器官能让他们回想起家乡菜的味道，对于另一些人则是儿时读过的书的味道……有些人从远处飘来的桃子的香味，想到家乡的果园；有些人则由旧床单的麝香味，某天会从放在谷仓里的行李箱里发现自己的整个童年。

后看见了某种东西，比如说香水，我们就一定能够回忆出第一次用这种东西时的气味。

嗅觉记忆能够唤醒一些人们曾经垂涎欲滴的生活事件。比如说一些好闻的气味，能让人想起快乐的假期、大自然、和一些人一起吃饭等。有时候一些难闻的气味也能够和幸福快乐的事件联系在一起，比如说粪坑的臭味可能会让人们想起干农活的快乐时光。这是因为嗅觉信息的处理是由多个大脑区域参与的，导致我们闻到的气味最后会和各种信息结合在一起，形成特有的感情记忆，而不是纯粹的嗅觉的记忆。

使我们能闻到气味的器官是鼻子，确切地说是嗅觉上皮细胞，嗅觉上皮细胞上面的纤毛能够对鼻腔中黏液的分子进行反应，形成神经冲动，传递到大脑中的嗅球上，因此人们才能闻到气味。

大家都知道，包括人在内的很多动物鼻孔都是朝下的，这一方面是因为热的物体散发出的气味是向上的，鼻孔朝下就能轻松捕捉到气味；另一方面是因为能够防止天空中落下的物体、如雨水等阻塞鼻腔。

《追忆逝水年华》中写道：每次在贡布雷游览时，"我总不免怀着难以启齿的艳羡，沉溺在花布床罩中间那股甜腻腻的、乏味的、难以消受的、烂水果一般的气味之中"。

气味，记忆的要塞

马塞尔·普鲁斯特的这段文字，总结了嗅觉记忆的许多特征。

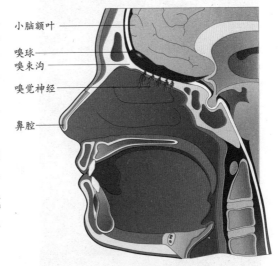

小脑额叶
嗅球
嗅束沟
嗅觉神经
鼻腔

鼻子的侧面图，展示了嗅觉上皮细胞和嗅球。察觉气味依赖于一种类似于头发的细胞扩展物——纤毛，它组成了嗅觉上皮质。参与嗅觉的大脑器官——嗅球位于紧贴嗅觉上皮质的正上方。

感知系统的绝对阈限

这里有一些拥有正常感觉灵敏度的人所无法察觉的刺激。

感知系统所能察觉的最小刺激

视觉　空旷漆黑的夜晚，48千米处蜡烛的火苗。

听觉　在绝对安静的屋子里6米处手表的嘀嗒声。

味觉　一桶7.5升纯净水中加入一茶匙糖。

嗅觉　6间房子内加入一滴香水。

触觉　距离你脸颊2.5厘米的地方，一只扇动翅膀的蜜蜂。

⊙ 持久性：多年后仍能精确地描述出最初的气味感觉；

⊙ 幸福的基调：与情景之间的联系；

⊙ 联觉的特质：能让各种感觉相互联系。

气味是记忆的"要塞"，特别是当记忆痕迹产生于孩童时。我们每个人在成人后，都有突然想起一件极为久远的事的经历，有时候通过一种香水气味、一个房间或者一个在柜子底下找到的毛绒玩具而引发。

幸福的记忆

大多数的嗅觉记忆都是幸福的，唤起曾经"垂涎欲滴"的生活事件。哲学家加斯顿·巴舍拉（1884—1962）曾说，当记忆"呼吸"的时候，所有的气味都是美好的。

品尝酒分3个步骤进行，视觉方面的判断（颜色、稠度等）以及香味和口感，但对其认识多归于嗅觉。

事实上，通过对500多个学生的问卷调查得出的结论是，他们的嗅觉记忆大多数时候是愉快的，无论在所记忆的内容方面，还是在与之相关的情景方面。在儿童身上，常常是重新想起假期、旅游、大自然（大海、山、乡村等）以及家人（父母和祖父母的气味、家庭聚餐、家人的房间等）。

奇怪的是，在一些情况下，也有人把公认为难闻的气味与快乐的经历联系在一起。例如，粪坑的气味让人想起在农场度过的一个假期，氯气让人想起游泳池的游戏。

正如这些联系所展现的，我们在记忆的同时刺激了所有感觉和感情的背景，多个大脑区域参与了嗅觉信息的处理——丘脑、淋巴系统等——烙下了气味的感情价值，聚集了各种感觉信息，因此这些记忆从来都不是纯粹嗅觉的记忆。

嗅觉记忆与其他感觉

嗅觉记忆总是处于其他感觉的中心。例如，在吃饭或喝饮料的时候，如果没有通过鼻后腔的嗅觉信息，就会失去许多其他的感知能力。

同时，其他感觉反过来也会对嗅觉产生影响。例如，医院的气味会引起难以消化的感觉。一个护士这么描述病人的坏死给她留下的印象，"一小块一小块地吞噬着肌体"。另一个护士回忆说，让人难以忍受的气味"注入"了她的衣服和皮肤里。

事实上，似乎很难想象出某种嗅觉记忆，因为它并不以具体的形式同时出现在我们的记忆与身体的某个部位中。但是，嗅觉的特性确实在记忆过程中发挥了很大的功用。

味觉记忆

嗅觉记忆和人的情绪有很大的关系，对于一种气味，我们喜欢就是喜欢，不喜欢就是不喜欢，没有任何道理可言。

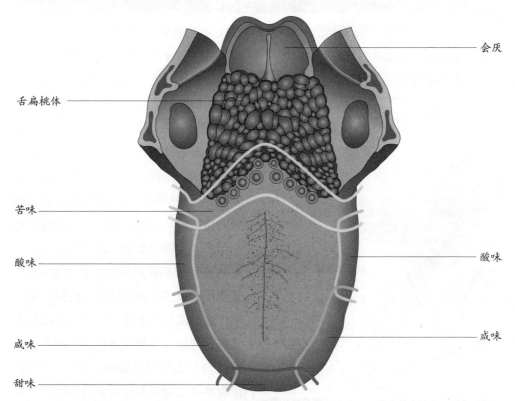

展示舌头不同区域灵敏度的平面图。舌头的不同区域对酸、甜、咸、苦 4 种味道都十分敏感，并且这些区域相互重叠。

　　和嗅觉关系最密切的是味觉，它们一方面能够防止我们自己毒死自己，另一方面则会吸引我们进食。

　　味觉来源于对味道敏感的细胞周围的化学物质，也就是味蕾周围的化学物质。溶解的化学物质通过味蕾上的圆形小孔到达味觉细胞，最终形成味觉。味觉细胞有一定的生命周期，并且死亡后无法再生，因此在现实生活中我们需要用各种调料来弥补味觉细胞的损失。

　　在品尝食物的过程中，虽然我们品尝的主要是食物的味道，但是在其中发挥重要作用的却是嗅觉，嗅觉的反应比味蕾更重要。比如说在我们紧紧捏住自己鼻子的时候，咬一口苹果和咬一口梨并没有差别，我们根本不能分辨出两者味道上的差别。

　　影响味觉的因素除了嗅觉之外还有食物的温度和质地，比如说米饭，吃凉饭和吃热饭的感觉肯定是不一样的。味道的偏好也影响着人们的味觉，比如一个人特别不喜欢某种味道，那么这种味道即使是出现在他最喜欢吃的食物中，他依然不喜欢。有时候经验也能决定味道的好坏，比如说在一些特定的文化当中，某些让人难以下咽的食物就被认为是美味的。

触觉记忆

　　触碰是一种非常重要的感觉。在日常生活中，我们总是习惯用触觉去感受其他的东西，以便我们更接近我们触碰的东西，并且建立起一个真实的感觉。触觉在人们的生活中有重要的作用。它能够让人们了解某些事物，避开某些对我们有伤害的事情等。

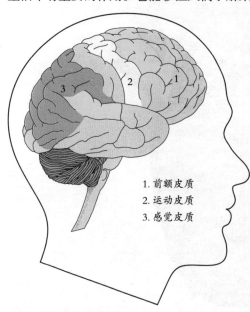

1. 前额皮质
2. 运动皮质
3. 感觉皮质

大脑皮质与情感联系的部分：大部分大脑皮质用于处理来自外部刺激和身体内部的感觉信息。

　　人们感知触觉主要通过自己的皮肤，触觉感知体系也称为皮肤感知，其中包含着各种各样的接收器，我们身体皮肤触碰到的信息就会通过这些接收器告诉我们。这些接收器之所以能对我们触碰到的信息做出反应，是因为它们包含着一千多万个神经细胞，这些细胞中有丰富的神经末梢并且接近人的皮肤表面。接收器最敏感的部位位于人的脸部和手部，这可能是因为这两个部位是我们平常总是裸露在外面的部位，人的大部分触觉信息都是通过脸部和双手传递的。接收器主要对三种感觉最为敏感，分别是压力、温度和疼痛。

记忆力测试

注意观察下面这6个杂技演员，几分钟之后盖上这幅图。

这些就是你刚才看到的6个杂技演员。在右面的方框里填上他们各自对应的编号，从而还原他们6个的相对位置。

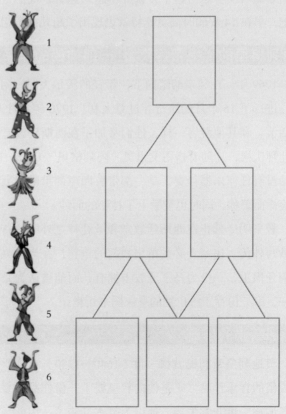

第十五节
莫扎特的传奇记忆力

在意大利小提琴演奏家特利纳萨奇的要求下，莫扎特在 1784 年晚间音乐会的前一天创作了降 B 大调钢琴和小提琴奏鸣曲。但他只写下了小提琴那部分的谱子，以便特利纳萨奇可以在早上准备。在第二天晚上的音乐会上，莫扎特亲自用钢琴在奥地利皇帝面前伴奏。当皇帝要求看钢琴曲谱时，却只有一张白纸……事实上，大多数音乐家、作曲家或者演奏家对这个传说并不感到惊讶，他们自称同样也可以做到。但是，根据传记，早在 14 岁的时候莫扎特就表现出了超凡的记忆力。

阿列格里的《上帝怜我》，一部神秘的作品

1769 年，在父亲的陪同下，年轻的沃尔夫冈·阿马戴乌斯·莫扎特从萨尔茨堡出发，进行了 15 个月的旅行穿过意大利。1770 年 4 月 11 日，他们来到罗马，这时正值复活节。和其他游客一样，他们参加了在西斯廷教堂举行的从星期三到星期五早上的圣礼拜庆祝，伴随着格雷戈里奥·阿列格里（1582—1652）的《上帝怜我》。这部音乐作品没有任何乐器伴奏，是一部带有四声部重唱的五声部合唱歌曲，在欧洲以其优美的旋律而著称，同时也被蒙上了神秘的面纱。

教皇明令禁止在西斯廷教堂和圣礼拜之外唱这首曲子，并严格禁止任何人将此乐谱抄写外传，违令者必受革出教门的重罚！在当时只存在 3 份正式复制本：一份给了葡萄牙国王，一份为马丁尼教士拥有，而他被认为是意大利最伟大的作曲家和教育家之一，第三份存于维也纳的皇家图书馆里。

一部错误的乐谱

奥地利皇帝利奥波德一世（1640—1750）游览罗马时，贵族们向他讲述了那部超凡脱俗的音乐作品，于是他向教皇要了一份作品的复制本。但是，在维也纳的演出使利奥波德一世非常失望，他以为复本弄错了。因此，他向教皇抱怨，要求立即解雇提

供副本的教堂主人。这个不幸的人于是请求听证，并向教皇解释说作品的美源于教皇合唱团的歌唱技术，而这是无法在任何乐谱上标明的。于是，教皇允许他到维也纳为自己辩护，最后教堂主人获得了成功，之后重获职位……

"我们不希望它落到别人手中……"

我们再回到莫扎特。星期三，当年轻的天才听完《上帝怜我》后，回到在罗马的居室里他凭记忆将整部曲子写了下来。圣礼拜五，他再一次回到西斯廷教堂，并把手写本藏在帽子里，以便修改一些错误。4月14日，他的父亲利奥波德给妻子写了一封信："……你经常听说的著名的《上帝怜我》禁止任何演奏家演艺，也极少复制给第三者，否则会被驱除出教会。但是我们已经拥有它了，沃尔夫冈抄录下来了。如果我们的在场对演奏不是必要的，我们将通过这封信寄回萨尔茨堡。但是，演奏对它的影响比作品本身大。另外，由于这涉及罗马的一个秘密，我们不希望它落到别人手中……"

莫扎特和父亲继续在那不勒斯游历，然后又回到罗马——在一次教皇音乐会中，莫扎特被封为金花环骑士——

莫扎特 7 岁的时候就在整个欧洲巡回演出，被人们尊崇为神童。之后，他在意大利进修，并有可能在那里凭记忆写下了阿列格里的《上帝怜我》。

记忆力测试

假设你有一只鸡、一袋粮食和一只猫在河的一岸，你的任务是把所有事物都带到河的对岸，但是船很小，只能容载你和其中的一件事物。同时，不能把鸡和粮食留下，否则鸡会吃掉粮食；也不能把猫和鸡留下，否则猫会把鸡追跑。你怎样用最少的渡河次数，把这三件事物都带到河的对岸呢？

解决方法如下：首先，带一只鸡到河的对岸，放下后返回。接下来，带粮食到河的对岸，同时将那只鸡带回。然后放下鸡，把猫带到河的对岸，和粮食放在一起。最后再回去把鸡带到对岸。

在波伦亚度过了剩下的假期。他曾向《上帝怜我》的一个拥有者马丁尼教士学习过，还结识了英国著名的传记作家和曲谱家查尔斯·伯尼博士。伯尼博士来到法国和意大利，为一本关于这两个国家音乐状况的著作收集资料。1771 年底，伯尼博士回到英国后出版了自己的游记，以及圣礼拜时在西斯廷教堂演奏的音乐作品集，阿列格里的《上帝怜我》也在其中。从此，这个出版物结束了教皇的垄断，因为这之后这部作品被无数次地印刷。

有个问题仍悬而未解

关于伯尼博士是如何获得复本的，存在着许多猜测。是来自梵蒂冈的教堂主人桑塔雷利？还是在看了莫扎特的手记，并与马丁尼拥有的副本做了比较后，出版的删改本？伯尼博士的版本不同于其他已知版本——官方的或者"盗版的"，可是为什么缺少了合唱团成员加上的"装饰音"？是否正如某些假设那样，伯尼博士想保护莫扎特，避免这个天主教国家的年轻公民被驱逐出教会？甚至他是否毁坏了莫扎特的手记？

所有这些假设依然存在，因为莫扎特的手记似乎并没有幸存，而它的不复存在同时又导致了所有关于这个手本真实度的争论落空。因而，问题的关键就在于，是否年轻的天才在 14 岁时就真的拥有如此超乎寻常的记忆力……

莫扎特效应

关于"莫扎特效应"的资料不计其数，这一领域也引起了广泛的争议且用以商业炒作。然而，是否各种音乐都有助于我们集中注意力和记忆呢？

许多人都喜欢边工作边听音乐。公园里跑步的人，孩子们做功课的时候，开会的人们，还有购物的人们每日都聆听着自己的音乐。人们都各自戴着耳机，畅游在自己的世界中。音乐真的对工作有帮助或者能让人心情舒畅吗？

毫无疑问，在聆听音乐的时候你能同时开展你的工作，但让人质疑的是，你是否也能全力地集中自己的注意力。

记忆信息时不要在周围摆放电视。因为你看到电视就不能专注于手头的工作。即使是无趣的表演或电视剧，只要有选择，你就不会选择手头的工作。如果你只是听着电视里的声音，你会禁不住遐想，这样的背景音乐下会是什么画面呢？于是，你就会放下手上的工作，试图很快地瞥一眼。虽然你可能会再回来工作，但是你的注意力就很难再集中了。

第十六节

自传性记忆

对于大多数人而言，"记忆"一词最先能让我们想起的是个人世界，我们自主地保留着对自己实际经历过的事件的记忆。然而，简单观察一下就会发现，这种记忆不仅仅由一系列实际发生过的事件组成。

自主与不自主记忆

当我们回忆过去时（例如很久前与朋友的一次晚餐），经常需要几秒钟的时间才能想起细节。事实上，我们先要经过一般性的回忆进行确认，比如是在生命中的哪个时期发生了这一情景（我们是学生的时候），然后上溯到同一类属的事件（在这个时期与朋友的聚餐）。就这样以精神努力为代价，我们找回当时的片段。这个过程有时非常艰难漫长，需要集中注意力有意识地进行记忆重组。一些记忆可能被扭曲，而承载着深厚感情的（我结婚的那一天）往事就能够快速地被想起。

对许多往事的回忆都是由一些同时出现的特殊迹象引发的：一种气味、一种味道、一段旋律、一个词语，或者一种想法、感情或思想状态（参考下页图解）。在马塞尔·普鲁斯特的小说《追忆逝水年华》中有许多这类的描述：玛德兰娜蛋糕放入一杯茶水中、从佩塞皮埃医生的汽车中观看马丁维尔的钟楼、香榭丽舍大街一个公共洗手间的气味、勺子与餐碟碰撞的声音……作者用了"自主"和"不自主"这两个术语来区分不同的记忆重组方式。

情景记忆和语义记忆之间的差别

为了解释这一现象，神经心理学家提出了情景记忆和语义记忆之间的差别。情景记忆使我们能在脑海里重温某些情景，有时伴随着发生在特定时间和空间里的细节（我在学校的第一节课）。这些记忆再现通常由心理图像引起，但是我们也能找出和当时有关的感情或情绪。

在语义记忆中，关于我们自己的信息（周围人的名字、我们的爱好等）和一般事

自传性记忆

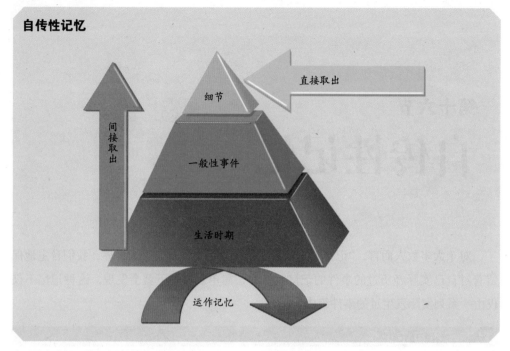

直接取出

间接取出

细节

一般性事件

生活时期

运作记忆

有两种方法可以找回自传性记忆：第一种依靠一个诱发线索（绿色箭头）；第二种依靠重溯生活时段与一般性事件（橙色箭头），并需要利用运作记忆。

件的信息（我们在乡下过的周末、在学校的生活等）是以互补形式存储的。因此，重溯一般性事件其实是为了找回拥有共同特点的特殊事件。不容忽视的是，情景记忆和语义记忆之间存在着相互过渡和转化。

演员的视角与观察者的视角

受情感重大影响的事物带着大量细节被持久地保存在我们的记忆中，这些情感的印记以强烈的再现感为特征，即表现为确切意识状态的再现。在这种情形下，我们倾向于依靠记忆中所保存的和最初事件相同的观点来重现片段。这种"演员的视角"被认为结合了片段记忆，而"观察者的视角"（就像我们看电影那样）则更多地体现出语义记忆。

年龄与自传性记忆

一般来说，情景记忆历时越久，就越难以被忠实地保存，但是也存在许多例外。在 3 — 4 岁前，记忆是罕有的（儿童记忆缺失）。10 — 30 岁之间构筑的记忆能保持得较为生动，40 岁后这些记忆将在回忆中占相当大的比例，心理学家称之为"记忆重生的顶峰"。因此，人生的这个阶段对构筑我们个人的特征是具有重大意义的。衰老对我们重温特殊事件（情景方面）是不利的，但却不影响我们回忆一般性事件或者个人资料（语义方面），比如周围人的名字。

承载着深厚感情的事件通常能被很好地保存，然而，太强烈的感情有时会导致相

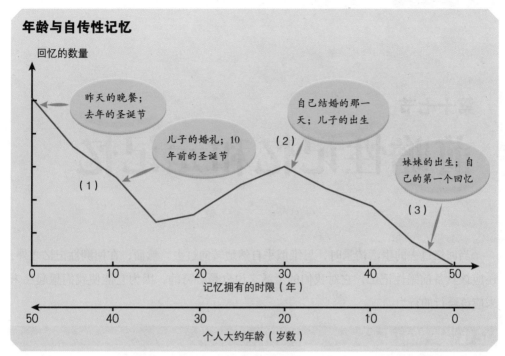

年龄与自传性记忆

回忆的数量

昨天的晚餐；去年的圣诞节

自己结婚的那一天；儿子的出生

（2）

儿子的婚礼；10年前的圣诞节

（1）

妹妹的出生；自己的第一个回忆

（3）

| 0 | 10 | 20 | 30 | 40 | 50 |

记忆拥有的时限（年）

| 50 | 40 | 30 | 20 | 10 | 0 |

个人大约年龄（岁数）

这个曲线展示了一个人在 50 年里，其自传性记忆随时间推移的变化趋势。可以看出，随着时间的推移，记忆的数量在减少（1），在 10 – 30 岁之间编织了最多的记忆（2），而在 3 – 4 岁前个人记忆几乎缺失（3）。

反的效果。例如，抑郁有时候会引起情景记忆的衰退。

近事遗忘症

自传性记忆可能遭遇的主要障碍是近事遗忘症（一种由突然的脑部损伤引起的对既得信息的遗忘），这种病症可能影响识别能力。情景记忆的缺失是这种病症的表现之一，但语义记忆通常不受影响。一些解剖学和临床数据以及功能图像显示，在回忆自传性的情景时，额叶和颞叶右前部的连接处扮演着重要角色。

你的自传性记忆如何

可以通过多种方式来测试自传性记忆受损或者保存的能力，最常用的诊断方式是关于不同生活阶段的问卷调查。除了最近的 12 个月，童年到 17 岁，18 – 30 岁，30 岁以上，最近的 5 年，都被认为是特殊的时期。医生或者心理学家详细地询问被测试者在每个生活阶段发生的特殊事件（例如一次印象深刻的相遇），并且让他们说出具体的时间和地点，然后将结果与其他家庭成员提供的信息做比较。

其他测试方法还有向被测试者展示一系列的词（街道、婴儿、猫等），然后要求他们说出第一次接触这些词的情景，并确定具体时间；又或者评估他们表述一系列情景的能力。测试较少用个人线索（照片或者家庭轶事）来引发回忆，但是得到的结果与其他的测试方法几乎无差别。

第十七节
前瞻性记忆和元记忆

当回忆过去的生活情景时，思维似乎自然地转向过去。然而，在回溯性记忆之外，还应该具备前瞻性记忆，它对我们的生活来说也是必需的，因为它能使我们想起在未来应该履行的行为。

记住将要做的事

"不要忘记带面包回来""要记得去投寄这封信""中午不要忘记吃药"……查看日程簿是用来减轻记忆压力的最广泛方法。为了确保其有效性，前瞻性记忆存储的信息应该表现为：要履行的行为和应该实现的时间，以及应该开始的最佳时间。前瞻性记忆的有效性只有在想起的那一刻才被确定，因此，在记忆时动机和背景是首要的。一旦我们拥有一个填得满满的日程表，就要时不时想着去翻看。

每个人都对不时会忘记做一些事情而感到负疚，而且这还令人非常沮丧。这种类型的记忆的好处是易于改善。只要稍微有点条理，再加上一些简单策略的帮助，就可

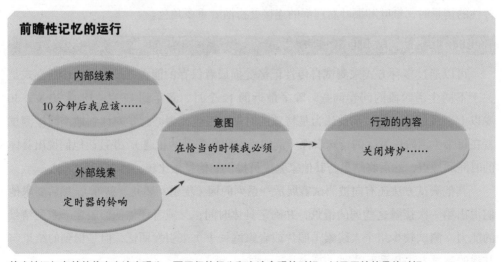

前瞻性记忆存储的信息应该表现为：要履行的行为和应该实现的时间，以及开始的最佳时间。

以提高这方面的记忆。有时，生活似乎被许多小事所占据，"有条理"可以帮助你理清思路，以便处理更为有趣的事情。

为什么我把手巾打了个结

这个象征性的"结"表明线索的重要性与直接关联性。事实上，所有记忆都通过线索被异化了，这些线索或者来自于外部环境，或者是由我们自己创造的（明天我应该……）。如果需要找回的记忆缺乏外部线索，那我们将更多地依赖内部线索。

经过面包店这样的简单事实，可以帮助我们建立有效的外部线索来使自己想起应该买面包。当所要实现的是一系列相互联系的行为中的一部分时，记忆重现通常是比较容易的。例如，当我们已经花了许多时间调制正在烤的面包时，很少会忘记在恰当的时候关闭烤箱。然而，买蛋糕是一个相对孤立的行为，因此我们极有可能忘记。

我们可以利用某些工具或者自己创造一些线索，比如做饭时使用定时器，又比如在手帕上打个结。一定要选择好辅助工具，因为这些工具不仅要具备时间提醒功能，还要让我们知道该做什么。这种情况下，在手帕上打个结表达的内容就不那么详细和明确了。

元记忆

所谓元记忆是指对记忆过程和内容本身的了解和控制。换句话说元记忆是有关记忆的知识。个体对自己的记忆功能、局限性、困难以及所使用的策略等的了解程度就代表了他的元记忆水平。以下是元记忆参与记忆的 3 个阶段。

⊙ 学习：知道怎样学好某条信息。

⊙ 储存：知道自己认识某条信息。

⊙ 重组：知道如何重新找回某条信息。

达利出生于哪一天

可能大部分的人会回答"我不知道"，并且不会在脑海中去寻找答案。是元记忆给了我们一个确定度，去判断是否有机会找到某条信息，或者想起过去和即将发生的事。没有元记忆，我们将总是处在徒劳的寻找中。

当我们评估自己拥有的文化知识时，元记忆就开始工作了。它总是参与我们的决定，包括最实用的那些。在使用新洗衣机前是否应该阅读说明书？在女儿去学校前是否应先在地图上查看下路线？在填写字谜时是否有

一提起达利，我们首先想到的可能是他那奇异的造型，或者是其超现实主义的画作，至于他的出生日期，很少人能答得出来吧。

必要查阅字典？为了理解一篇文章，是否最好从浏览图表开始……

对策略的恰当评估能使我们的记忆更有效率，并且能改善我们获知和回忆的能力。

一种脆弱的记忆

儿童的元记忆很模糊，他们总是被教育不要忘记一切。直到大约 7 岁，他们高估了自己的记忆能力。事实上，随着年龄的增长，他们的记忆力伴随着判断力的增强而加强。而另一方面，从某个年龄段开始，我们越来越难以正确判断自己记忆力的极限。当然这也因人而异。

如果说回溯性记忆把我们带回过去，前瞻性记忆把我们带去未来，那么元记忆则告诉我们目前的记忆能力。

心脏记忆

1988 年，作家保罗·波萨尔在住院期间查不出具体的症状，但是他好像觉得自己的心脏总是在试图提醒他自己的健康情况。由于他的坚持，医生给他做了 CT 扫描，结果发现在他的臀部有一个大肿瘤，而且已经发展成四期淋巴瘤——一种致命的癌症。然而在医院专门进行器官移植的一侧楼里等待接受骨髓移植时，他感到他的心脏在大声地朝他说话："你的周围有许多'好'心人，包括你的妻子和孩子，你会从他们那里得到恢复的力量的。虽然你的诊断很严重，但你没有'得'癌症，而是你的细胞忘记怎么平衡和谐地自我再生了。"

最后通过化疗、骨髓移植及家人的亲情帮助这些综合手段，波萨尔又重新恢复了健康。他的康复以及身边病人康复的故事使他想进一步研究心脏和大脑存在交流这一观点。器官移植接受者以及他们的家庭成了他工作的中心。波萨尔的新书——《心脏密码》（1999 年），是他的个人经历以及对 150 位器官捐赠者和家属采访的结晶。

书中列举出一些细胞记忆创造出来的有趣的证据（虽然有逸事的成分）。波萨尔讲述一个刚接受完心脏移植的小女孩经常梦见被一群男人追赶的场面。通过交谈，警方顺着这条线索捉住了害死捐赠者的那个凶手。一位 52 岁的老人为自己突然对摇滚乐的热衷而感到惊奇，后来他得知原来捐赠器官的是一个十来岁的摇滚迷。一位 41 岁的中年人脑海中经常浮现被许多大功率机器包围的场面，不久他就得知捐赠者是在一场火车与汽车的交通事故中丧生的。一位妇女经常感到自己腰的下半部疼痛，后来她得知原来捐赠者是被子弹击中此部位而死亡的。波萨尔还指出大约有 10% 的接受器官移植的人发生了性取向、食物喜好、爱好以及面部表情的变化，或者在手术后突发一些和健康无关的疾病。当然这些有趣的案例不能证明记忆就是储存在细胞之中，但它会引起对心脏与记忆本质的激烈争论。如果心脏能够思考，细胞能够记忆，那么人的灵魂就是由心脏所承载的一些细胞记忆的集合，所以交流也可以穿过时间和空间的界限，那么不久我们就会认可古代文化的主张——心脏是会记忆的。

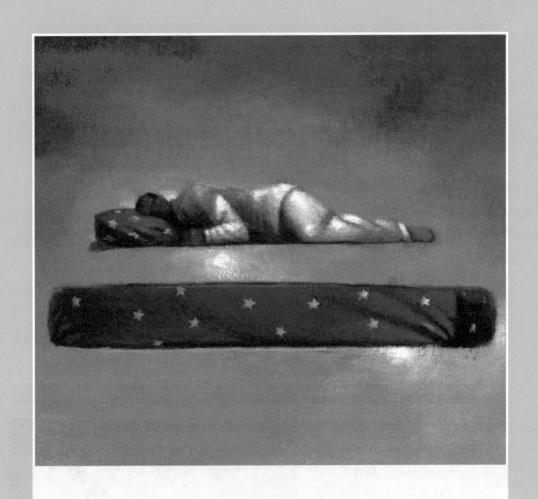

第三章

记忆与生活保健

第一节
寻找记忆和健康间的平衡

健康是个出现相对较晚的概念。不久之前，当我们的身体拒绝按照大脑的指示运作时，当疾病阻碍了生命的正常进程时，我们还不是很担心。如今，健康变成了大多数人关心的问题。在西方社会，人们开始意识到健康与否可能不仅与饮食有关，还和生活环境有关。针对疾病的预防还发生过激烈争论。伴随着思想的转变，还出现了生活环境的变化和信息源的增加。今后，每个人都会要求知情权，满足自己关于健康的好奇心。

没有全能的秘方

一个人"很健康"确切指的是什么？世界卫生组织定义健康为"一个人身体的、精神的和社会的完满状态，不只在于没有疾病或者缺陷"，这意味着对个人整体状态的关注。

从这种笼统的定义中，我们知道，如果在日常生活中遵循一定的规则，就可以保持健康。

从身体到精神，良好的生活保健带来的好处只能通过长期的努力得到，而这并不总是容易实

你是否曾经停下忙碌的工作，考虑过世界卫生组织 1984 年提出的警告？暴露于电磁场和超低频电场会改变人的细胞、生理及行为表现。

践的，每天我们都在寻求有助于平衡的原则。关于记忆，也有一些有用的建议可以帮助你更好地认识大脑的功能和需求，以避免一些暗礁。但是，我们并不因此就鼓吹神方妙法或者轻易地承诺。

我们记得

- 帮助我们生活的信息
- 我们注意什么
- 什么对我们是有意义的
- 我们做什么
- 什么使我们能连接到以前的知识
- 什么是我们利用记忆术或者其他记忆手段进行编码的

我们忘记

- 那些对我们来说不重要的
- 我们没有全身心投入的
- 我们没有练习、复习、使用的
- 那些记忆中很痛苦的事情
- 长时期的压力干扰了大脑的功能
- 我们没有主动激活记忆的暗示

需要优先重视的平衡

为了保持良好的记忆力，健康的心理是必不可少的，压力、过度劳累、焦虑都是需要避开的陷阱。夜晚的睡眠修复有益于记忆的质量和效率，睡眠和做梦在巩固记忆方面扮演着一定的角色。

健康均衡的饮食是机体良好运行的保障，对大脑也不例外，在接下来的几页中将向你展示大脑特殊的新陈代谢需要一些特殊的物质。我们的目的不是建立菜谱配方来增强你的记忆能力，而是建议你以理性的方式饮食，并保持快乐的多元化。

要避免的暗礁

酒精、药品、毒品等，如今已经被明确为记忆的敌人，因为它们的有害成分直接作用于记忆功能。还有一些物质和某些生理因素对记忆也具有潜在的影响，例如动脉高血压、糖尿病、烟草等都有可能促成脑血管意外。不要认为，我们的智力功能不受这些导致心血管系统危险的因素的影响。

酒鬼和饮酒过多的人每天杀死 6 万个脑细胞，比少量饮酒或滴酒不沾的人高出 60 个百分点。

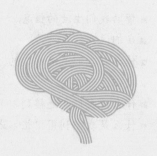

第二节
大脑所需的营养

　　个体在年龄、饮食、健康、营养状况等方面的差异给制定一个大众化的、有益于神经健康的建议带来了麻烦。在开始食用新补品之前一定要咨询有信誉的营养专家或有治疗经验的医生。

　　人体中所有已知的蛋白质都由 20 种氨基酸组成；其中的 12 种可以在体内生成，因此被称为"非必需氨基酸"。另外的 8 种，即必需氨基酸，则要从饮食（或营养补品）中获得。科学家发现，含有某些氨基酸的补品能增进精神警醒、缓解疲劳并提高大脑敏捷度。

氨基酸

　　苯基丙氨酸是一种重要的氨基酸，它为制造儿茶酚胺提供原材料。儿茶酚胺是一系列的神经递质，包括去甲肾上腺素、肾上腺素和多巴胺等。儿茶酚胺对精神警醒和精气神儿有促进作用，在传递神经冲动的过程中作用也很大。苯基丙氨酸能够消除精神抑郁（在 80% 的情况下），提高注意力、学习能力和记忆力，并能控制食欲。它通常含在鸡肉、牛肉、鱼类、蛋类和大豆中，摄取之后身体会产生更多的酪氨酸（对精神警醒有重要作用）、多巴胺（对治疗帕金森症有重要作用）以及去甲肾上腺素和肾上腺素（对学习和记忆有重要作用）。人到 45 岁后体内

水果里面富含提升多巴胺水平的物质，多吃水果有助于保持记忆。

一种抑制去甲肾上腺素的酶会增多，所以随着年龄的增长要特别注意苯基丙氨酸及它的影响。

另一种被称为酪氨酸的氨基酸在医学上具有抗精神抑郁、提高记忆力和加强精神警醒的作用。酪氨酸通常含在鸡肝、干酪、鳄梨、香蕉、酵母、鱼类和肉类中。马萨诸塞州纳提克的美国陆军环境医学研究所于 1988 年宣称酪氨酸既是良好的兴奋剂，也是在压力下促进精神和身体表现的镇静剂，且没有不良反应。身体利用废弃的苯基丙氨酸（另一种氨基酸）就可以制造出酪氨酸，两种酸都产生影响情绪和学习能力的神经递质去甲肾上腺素。大多数的记忆力补品都包含活性的苯基丙氨酸、酪氨酸和谷氨酰胺。

身体内的生化过程产生了一种被称为谷氨酸的非必需氨基酸，它是大脑的燃料并控制着多余的氨物质。但是，关于谷氨酸最有趣的却是它是除葡萄糖外唯一作为大脑燃料的化合物。谷氨酸通常含在所有小麦和大豆中。人们早就知道，要想更好地记忆和学习，需要提高谷氨酸水平，但以前的问题是它无法以补充的形式被大脑吸收。可喜的是，研究人员已经发现谷氨酸的一种——谷氨酰胺能够穿越保护大脑的障碍，起到促进智力的作用。除了对记忆力有好处之外，谷氨酰胺还能加速溃疡的恢复，对酗酒、精神分裂、疲劳和嗜好甜食也有正面作用。

磷脂

磷脂通常存在于脑细胞脂肪中，包括卵磷脂、磷脂酰丝氨酸、磷脂酰基乙醇胺和磷脂酰基肌醇。所有的磷脂都能提升细胞膜的流动性，这对细胞灵敏性、营养加工和信息转移十分必要。卵磷脂和磷脂酰丝氨酸对记忆力的作用通过帮助提高脑内乙酰胆碱数量、刺激大脑新陈代谢和细胞流动实现。

食用胆碱是神经递质的前身——乙酰胆碱，它对学习和记忆很重要。实验表明，胆碱可以提升人的记忆力、思考力、肌肉控制力和连续学习能力。心理专家说：“我们的实验显示，让人摄入胆碱可以提升惊人的 25% 的记忆力和学习能力。”

胆碱通常含在富含卵磷脂的食物中，如蛋黄、三文鱼、小麦、大豆和瘦牛肉。

另外，临床心理学家、马里兰州贝塞达记忆评估学术会议研究员托马斯·科鲁克博士说，补充磷脂酰丝氨酸最多可能逆转 12 年的跟年龄增长有关的脑力衰退。在他的研究中，每天服用 100 — 300 毫克磷脂酰丝氨酸的病人表现出了 15% 的学习能力和记忆力的提高。20 世纪 70 年代的实验支持了科鲁克的发现。除此之外，磷脂酰丝氨酸还对帕金森症、阿尔茨海默病、癫痫和与老年脑力衰退有关的精神抑郁有治疗作用。X光检查和脑电图显示，磷脂酰丝氨酸刺激几乎所有大脑区域的新陈代谢。磷脂酰丝氨酸还可以保持细胞膜的灵活性，以应付因时间而硬化的细胞结构。

第三节
大脑所需的食物

我们知道，有一些食物对记忆是有好处的，而不一定要求助于"库埃法"（一种积极的自我暗示法）或者替代药品的效应。一些简单的规则也可以优化大脑活动，使记忆保持如初。

我们需要做的是，给大脑不断供应能量，以便在记忆的同时保持警觉，并满足生物细胞和亚细胞膜的需求。在细胞中，亚细胞膜负责分离各个特殊区域，细胞核包含着遗传物质，线粒体确保能量的产生，神经末梢传递信息。大脑新陈代谢的特殊性需要某些绝对优先的物质，包括慢糖、维生素、有机物、必不可少的脂肪和脂肪酸等。

提供能量的慢糖

大脑所需能量的紊乱会引起记忆的扭曲，至少会降低我们的警觉性，因为无论白天还是黑夜大脑一直都需要能量，比如碳水化合物（一种特殊的糖）和氧化物。即使休息时，大脑也需要消耗摄入的食物能量和氧气的20%。在儿童体内，这个数据大概高一些，对于婴儿来说甚至可能高达60%。成人的大脑只占其体重的2%，按比例它比其

促进思考的食物

在马萨诸塞理工学院进行的一项研究中，研究人员让40个男人（18—28岁）吃了一顿火鸡（含3盎司蛋白质），然后让他们做一些复杂的脑力工作。另一天，这些人又吃了4盎司的小麦淀粉（几乎是纯粹的碳水化合物），然后在相同条件下再次挑战大脑能力。结果不出营养师们的意料，记录显示与早先的蛋白质餐相比，吃下碳水化合物后大脑表现有显著的下降。其他研究同样证实了这个结果，并且进而发现40岁以上的成年人似乎比年轻人更易受碳水化合物效应的影响。事实上，年龄较大的这组人吃过大量碳水化合物后比同龄的只吃蛋白质的人在注意力集中、记忆和做脑力工作方面困难了两倍。

他器官多消耗 10 倍的能量。因此，大脑的平衡和效率取决于人体所吸收的食物的质量。

从早餐开始

低氧或缺少葡萄糖 3 分钟，将不可挽回地杀死神经细胞，这些物质的减少将妨碍大脑正常地运转。可怕的血糖过低只能用慢糖来预防，这种糖在机体中的分散是缓慢的，但却是有规律和有效的，可以从谷物、面条、大米、豆科植物、土豆等中摄取。

实际上，我们应该听从一些建议，在早餐时吃两块糖、一些果酱和面包。在一整天，如果把长棍面包（30 — 40 厘米长）作为糖类的唯一来源，那么大脑需要不少于 3/4 的面包所含的能量。因此，分散很慢的糖类，尤其是面包里的糖，在每一餐都是必要的。

在睡觉前

甚至在睡觉的时候，大脑需要的能量也毫不减少。在夜间，大脑组织将分类并储存在日间得到的信息。医学影像表明，白天学习期间所调动的大脑区域在夜间将再次被调动。

如果将大脑比做计算机，那么我们可以把这个程序描述为"记忆文档"，或者比做硬盘的"碎片整理"，即通过一个小程序把那些分散"写入"硬盘的数据按类型重组在一起。因此，睡眠不良会让白天的智力努力白费，而轻度睡眠将使其平庸。相反，如果睡眠良好，对已经学过东西的重组将在第二天运用得极为出色。

做梦期间，某些大脑区域会多消耗 20% 的葡萄糖，在做噩梦的时候则更多。这意味着晚餐不应该太少，至少应该包括一些含慢糖的食物。如果晚餐离睡觉的时间很长，一小撮的李子干可以在夜间维持葡萄糖在血液中的稳定含量。

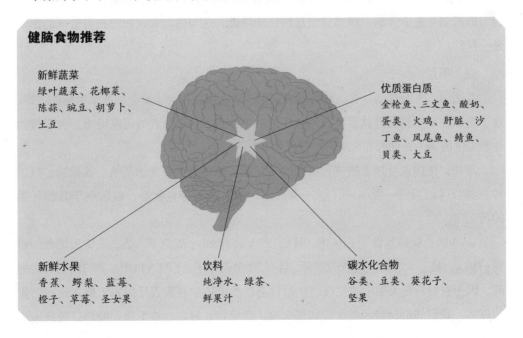

健脑食物推荐

新鲜蔬菜
绿叶蔬菜、花椰菜、陈蒜、豌豆、胡萝卜、土豆

优质蛋白质
金枪鱼、三文鱼、酸奶、蛋类、火鸡、肝脏、沙丁鱼、凤尾鱼、鲭鱼、贝类、大豆

新鲜水果
香蕉、鳄梨、蓝莓、橙子、草莓、圣女果

饮料
纯净水、绿茶、鲜果汁

碳水化合物
谷类、豆类、葵花子、坚果

重要的脂肪是必不可少的

神经元和其他脑细胞（为数更多），以及它们之间良好地运转需要竞争力和适应力强的组织结构。因此，我们不但"需要"脂肪，而且没有它，生命将不能继续。

钙和脂肪对婴儿大脑产生髓磷脂至关重要。牛奶提供了髓鞘形成所需要的所有营养。

大脑需要来源于食物的脂肪

维生素 F 是一种不饱和脂肪酸，包括亚油酸和 α–亚油酸。细胞（包括神经元）膜周围都是由脂肪构造起来的，这些复杂惊人的组织构成了生命传递的中心，确保了细胞间生物电和化学信息的传递。因此，从逻辑上可以说，大脑是神奇的膜的聚集，是富含脂肪的器官，仅次于脂肪组织。

在大脑里脂肪提供的能量并不多，也不起保存能量的作用。然而，它直接参与复杂的组织结构的构造。所有的生命形式都由细胞构成，不同的细胞之间通过生物膜而定义和分类。这些膜是存在于液体间的油膜，以双层脂的形式存在。

α–亚油酸的缺乏

先在动物身上，之后在婴儿身上进行的试验表明，缺乏一种属于 ω–3 族的脂肪酸——α–亚油酸，会破坏细胞膜的组织和功能，造成轻度大脑功能不良，感觉器官不敏感，还会影响某些脑组织，导致快乐感微量减少。随着年龄的增长，视觉和听觉能力的减弱会造成大脑处理感觉信息的性能降低，这与内耳和视网膜损害造成的影响是一样的。

摄入不足

在法国，人们对 α–亚油酸的摄入还未达到法国饮食健康安全处要求指标的一半。这个数据主要根据营养饮食科技所 8 年来对 13000 多名志愿者的研究得出。食用植物油能提供的 α–亚油酸非常有限，仅仅为 9%。

现在，法国人可接受的带有足够的 α–亚油酸食物主要有油菜油、核桃油、核桃和一些特殊的蛋——蛋 ω–3（统一商品名，附有高质绿色标签，以区别于其他种类的蛋）。

ω–3 的长碳链包含了 EPA 和 DHA，EPA 具有 20 个碳原子，是二十碳五烯酸的缩写；DHA，是二十二碳六烯酸的缩写，具有 22 个碳原子。EPA 和 DHA 共同的名称是脑酸，因为它们是在大脑中被发现的，但目前在法国还没有发表任何关于摄入这些物质的评估。我们知道脂肪多的鱼，如三文鱼、金枪鱼、鲱鱼、沙丁鱼、鲭鱼、鳟鱼、火鱼等，一般都富含这些物质，如果这些鱼是快速饲养的，那么喂养鱼的饲料必须引起关注。

其实，养殖鱼类的营养价值完全根据它能提供的脂肪质量来分类。在某种情况下，野生鱼类含有的 ω-3 比同类的养殖鱼高 40 倍。这样的话，养殖鱼类的脂肪就不值得推荐了。

鱼类食品中含有大量的维生素 A。

吃多点还是吃好点

对肉类和奶制品，建议选用优质的（例如使用亚麻谷物得到的产品），而不是吃得多，因为它们同时会形成其他种类的脂肪，特别是饱和脂肪。

最好更多地食用菜籽油和野生肥鱼（或者正确饲养的鱼）。大多数的酸醋调味汁应该与油菜油（或者核桃油）一起烹调，并用密封的瓶子来保护脂肪酸 ω-3 不被氧化。

医生建议一个星期至少吃两次高脂肪的鱼。

需要高质量的蛋白质

大脑是由细胞组成的一个神奇的"机器"。为了正常运转，细胞需要一些特殊的酶和蛋白质的帮助。神经元之间的传递物质其主要成分是氨基酸，因此氨基酸对人体来说是必不可少的。我们一般从食用性蛋白质中摄取所需的氨基酸，其中动物氨基酸的营养价值比较高，可以从肉类和鱼类中获得，蛋类和奶制品含量也较高。

蛋白质的主要来源是肉、蛋、奶，以及豆类食品。

供给神经元的维生素

酶和蛋白质要起作用必须依赖维生素和矿物质。让我们来看看主要的维生素和它们为大脑服务的特殊性能。

所有的维生素中，维生素 B_1 对大脑的作用最大，它使大脑能够利用葡萄糖作为能量来源。扁豆、火腿和动物肝脏富含维生素 B_1，但这些食物中的维生素 B_1 对热、潮湿和酸性环境很敏感，烹调中维生素 B_1 的流失量则由食物本身和烹饪方式决定。

缺乏维生素 B_3 引起的疾病以前被命名为"测试的痛苦"，表明了这种维生素在精神病学中的作用。动物的肝脏和肾脏、火鸡、三文鱼中都含有大量的维生素 B_3，这种维生素在热、潮湿的环境中稳定，且抗氧化。

缺乏维生素 B_1 和维生素 B_3 引起的反应，只有和维生素 B_2 一起应用才能达到合理的平衡，维生素 B_2 确保维生素 B_1 和 B_3 的协调利用。牛奶、蛋类、动物内脏都含有维生素 B_2，但在烹调中也会部分流失。

"磷"化大脑

最早的化学家在分析人类大脑时（特别是在巴黎，研究人员把埋在墓地的尸体转到地下墓穴中时），发现里面含有很多磷。于是，他们简单地推论，大脑思考和记忆都因归功于磷。从此，含磷丰富的食物被广泛推荐用于活化大脑、支持神经元运转和增强记忆。然而，今天我们知道这种磷并不以单独的形式存在于大脑中，通常它包含在特殊的脂肪中，即磷脂。磷脂含有 ω−3，它们直接参与所有细胞膜和神经元的构造与运作。

维生素 B_{12} 的缺乏会引发神经综合征。这种维生素在牡蛎、动物肝脏和肾脏、鲱鱼、蛋黄中能找到。

老年人缺乏维生素 B_9（叶酸）会导致智力活动和认知能力的下降，首先受到影响的是记忆力。因此，适当地食用菠菜、小扁豆、西兰花、蛋类是非常必要的。

维生素 C 大量出现在神经末梢中，它参与正常的神经信息传递，并对记忆非常有益。

维生素 E 在硒的帮助下能防止衰老，特别是脑部衰老。植物油中富含维生素 E，比如菜籽油，以及由向日葵、油葵花（一种含有大量油酸和维生素 E 的向日葵）、菜籽和葡萄籽合成的油。

铁引起的氧化作用

只有在饱含氧的情况下，大脑才能保证记忆功能的正常运转。然而，氧只能由红细胞携带到脑部，为实现这一运作过程需要足量的铁，而铁只能从食物中获取。

黑香肠、肉类、火腿和鱼所富含的铁能够在消化时被人体良好地吸收，而菠菜中的铁几乎是无用的，因为极少生物可利用到其中的铁。许多疲劳症状实际上是缺铁的表现，在法国四分之一的女性由于月经失血而造成成比例地缺铁。

锌参与味觉和嗅觉的感知功能，海鲜中锌的含量非常丰富，比如牡蛎、贻贝和某些鱼。碘的缺失会使人变成"克汀病患者"（呆小病患者），克汀病分为两种，一种是地方性克汀病，这是由于某一地区自然环境中缺乏微量元素碘，影响了人体甲状腺素的合成，从而引起"大粗脖"；另一种是散发性克汀病，主要是由于先天性甲状腺功能发育不全所致。神经系统的正常运行则需要一定量的镁。

第四节
锻炼大脑和身体

我们不能回避这样一个事实——健康的改善会提高整体的身体状况，同时对记忆力和注意力有很大的好处，即，存下新的信息并学习的能力。最起码，如果我们更加熟知不同生活方式因素的影响，就能理解自己为什么会遇到问题并开始对它采取措施。因此，任何人要做的最重要的一件事，就是争取养成更加健康的生活习惯，并在成功时感到满足。

锻炼大脑

有证据证明，思维练习是保持大脑活跃和身体健康的根本。它有助于释放某些对免疫系统功能来说重要的化学物质，因而可以防止大脑的疾病和退化。

我们建议在生命的各个阶段锻炼自己的大脑。如果你的日常工作未能为你提供思维刺激，那么试试做思维游戏或做填字游戏，或者下棋、玩扑克牌。这些活动中有些还是非常增进友谊的，所以，它们还可以帮助你避免屈服于诸如寂寞、紧张，以及沮丧之类的问题。

要使记忆力良好地运作，就要使自己精神抖擞。你不可能在所有的时间都能有效思考。谨记，你的身体和思想是一致的。事实上，你对自己的思维一清二楚。你思维里没有存储的事物是永远都不会存在的，因为一旦你意识到某个事物，它就已经在你

对弈是充满乐趣的有意义的脑力游戏。既是智力的角逐，又是思维的较量。经常下棋，能锻炼思维、保持智力、防止脑细胞的衰老。

133

的思维中扎根了。你要照看好自己的身体，它非常重要。如果你希望自己的思维敏捷，下面的一些提示你一定要牢记在心。

锻炼身体

锻炼有助于保持健康的血糖水平。它还能释放大脑中有助于刺激记忆功能兴奋的有利的化学物质。锻炼还能帮助我们抵抗紧张并保持健康，而所有这些都会带来更好的注意力和记忆。如果你属于喜欢进出健身房或者每周都游几次泳的人，那就没问题。

游泳是一项全面锻炼身体的活动，可以加强心肌功能，增强身体抵抗力，还可以提高学习、工作效率，学会冷静思考，提升记忆力。

然而，如果不是，则可以采用其他方法以保证得到经常性的身体锻炼：

（1）如果路途不远，与其驾车不如走着去。

（2）不要乘电梯，走走楼梯。

（3）上上舞蹈课或者瑜伽课。

（4）如果你是坐办公室的，午饭后出去走走，不要一直坐着不动。

（5）定期和朋友打打网球或慢跑。

你不需要整天待在健身房里，但是你一定要有充足的锻炼使自己的身体和思维运作有效。如果你讨厌剧烈运动，可以趁空气清新时遛遛狗等。为何不向前迈一步，尝试一下长时间的漫步或者游泳呢？不管长时还是短时的锻炼收效都颇大。

记忆力测试

请仔细地观察下面的这些扑克牌，有的可能被压住了一个角，但是你还是能判断出是哪张牌。然后，在另一张纸上写出你都看见了哪些牌？

第五节
健康饮食

人们一直以来都在寻找发掘记忆潜能最好的方法，后来发现这种方法存在于食物当中，做到均衡饮食、摄取足够的营养对记忆非常好。基本上没有一本食谱是专门为了改善记忆力而写的，也不存在所谓的吃了对记忆力好的食物，记忆力就会变好，这是一种长期坚持的过程。一般来说，大脑为了正常有效地运行，需要丰富多样的食物来提供充足的营养。

营养搭配合理

合理的营养是增强记忆的物质基础。记忆是紧张的脑力劳动，需要消耗一些能量和蛋白质，同时记忆的形成也需要一定的物质结构基础。脂类、蛋白质、碳水化合物、矿物质、水和维生素等六中营养成分是大脑的必要营养素。对于大脑而言，这六种营养素是缺一不可的，只有保证了这六种营养素的均衡摄取，才能保证记忆力正常运转。

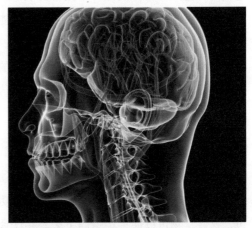

长期地过量饱食，会引发脑血管硬化，导致大脑早衰和智力衰退。

在你吃下食物后，有两种氨基酸会先后到达你的大脑。一种是来自碳水化合物的色氨酸，另外一种是来自蛋白质的酪氨酸。如果吃完饭后，你想让你的大脑依然保持清醒，那么最好是酪氨酸先到达；如果你打算饭后就睡觉，那最好是色氨酸到达。

蛋白质

一日三餐要确保蛋白质、脂肪和碳水化合物均衡、充足的摄取。

要摄取足够的蛋白质，每天至少吃一顿有肉类、鱼类或是蛋类的饭，大脑需要蛋

长联句读

请你给下面一副长联加上标点：

五百里滇池奔来眼底披襟岸帻喜茫茫空阔无边看东骧神骏西翥灵仪北走蜿蜒南翔缟素高人韵士何妨选胜登临趁蟹屿螺洲梳裹就风鬟雾鬓更苹天苇地点缀些翠羽丹霞莫辜负四围香稻万顷晴沙九夏芙蓉三春杨柳

数千年往事注到心头把酒凌虚叹滚滚英雄谁在想汉习楼船唐标铁柱宋挥玉斧元跨革囊伟烈丰功费尽移山心力尽珠帘画栋卷不及暮雨朝云便断碣残碑都付于苍烟落照只赢得几许疏种半江渔火两行秋雁一枕清霜

答案：

五百里滇池，奔来眼底，披襟岸帻，喜茫茫空阔无边。看：东骧神骏，西翥灵仪，北走蜿蜒，南翔缟素。高人韵士，何妨选胜登临，趁蟹屿螺洲，梳裹就风鬟雾鬓；更苹天苇地，点缀些翠羽丹霞。莫辜负：四围香稻，万顷晴沙，九夏芙蓉，三春杨柳。

数千年往事，注到心头，把酒凌虚，叹滚滚英雄谁在？想：汉习楼船，唐标铁柱，宋挥玉斧，元跨革囊。伟烈丰功，费尽移山心力，尽珠帘画栋，卷不及暮雨朝云；便断碣残碑，都付与苍烟落照。只赢得：几许疏种，半江渔火，两行秋雁，一枕清霜。

白质来保持一个良好的状态。

蛋白质不会在我们需要的时候转变为葡萄糖，但它可以通过消化分解为组成神经递质的氨基酸分子，当然，不见得要吃下大量的蛋白质，也不见得蛋白质会让人变得更聪明，可是大脑缺少了蛋白质，它的功能必然会减弱。实验证明，蛋黄有助于增强记忆力，这是因为蛋黄中含有丰富的胆碱，当胆碱与大脑中的乙酸发生反应，生成乙酰胆碱。乙酰胆碱是神经系统中传递信息的化学物质。如果大脑中含有充足的乙酰胆碱，那么就可以改善神经细胞之间的信息传递，从而提高记忆。含有胆碱的食物有山药、茄子、番茄、花生、萝卜。

碳水化合物

适量吃些具有碳水化合物的食物。在饮食中缺乏碳水化合物将导致全身无力，疲乏、血糖含量降低，产生头晕、心悸、脑功能障碍等。例如，吃一些面条、土豆和面包，这些食物可以使神经镇静下来。在饮食中碳水化合物过多的时候，碳水化合物将转化成脂肪贮存于体内，就会使人过于肥胖而导致各类疾病。

维生素C

注意补充维生素C。脑营养学家建议，人在疲劳的状态下，补充维生素C能够增强注意力。具体做法是，每个星期吃两次饱和脂肪含量高的鱼。当然不是说，吃鱼就会使我们有的记忆力变好。最起码吃鱼会为我们的大脑补充营养，对记忆力有一定的好处。

低脂肪

少吃高脂肪的食物。它为脑细胞提供了许多天然原料。一般脂肪的新陈代谢在身体里会经历一个漫长的功能过程，这个过程所需要的时间远远多于其他营养物质。为了完成这个过程，血液会从其他器官流入胃中，这个时候的脑部血流量会减少。这就说明，为什么吃完高脂肪的食物后注意力就会减退、思考能力就会减慢。低脂肪的食物容易消化，也能保持动脉的健康，还可以使头脑更加清醒、注意力更加集中。

除了上述常见的一些营养成分之外，糖和咖啡因对记忆也有影响。

葡萄糖会产生刺激大脑的交流和蛋白质的生产的化学能量。英国科学家让学生在下午的时候喝高葡萄糖，研究了喝完之后的效果，发现学生们的注意力有了很大的提升。不过，有些个案表明，儿童由于高糖饮食引起过度兴奋和学习能力下降。我们的身体也需要血糖来提供能量。如果是低血糖，学习和做事表现都不太好。

人们一直研究咖啡因的影响。一项研究发现，一杯咖啡中所含的咖啡因足够影响对学知识的回忆能力脑。然而另外一项研究发现咖啡因在许多指标上都可以促进大脑的表现。这就是咖啡矛盾的地方，它既可以刺激大脑，同时又可以减少大脑内血液的流动。但咖啡因的确可以使人的精神迅速振奋并持续六小时之多。当然任何事情都要有度。咖啡因会对一些人产生副作用，在饮用咖啡后会出现神经过敏、多汗、头痛、失眠等症状，一定要停止饮用。

我们平时需要均衡摄入各种营养素，特别注意维护体内的酸碱平衡，只有这样才能使我们的大脑处于清醒活跃的状态，最大限度地提高记忆。一般我们吃的主食米和面属于酸性食物，在副食中鸡蛋、紫菜、肉类、虾、啤酒、白糖等都属于酸性食物。碱性食物如蔬菜、水果、豆类、海藻类、咖啡、牛奶、茶等。此外，还应该注意克服偏食、吃得过饱等不良饮食习惯，最终达到改善脑功能、从根本上提高记忆力的目的。

合理的安排好饮食是十分重要的。而均衡膳食的关键在于平衡，这样我们的身体才能得到充足的 营养，从而使记忆得到提高。

第六节

睡得好才能记得好

　　良好的睡眠是保持健康的关键，因为睡眠参与脑组织的重构并使大脑与外界环境分离。每个人对睡眠的需求不同，成人平均每天需要 7 个半小时的睡眠。睡眠正常是生活保健的第一步，最好在固定的时间起床和睡觉，并且早起，在晚间应禁用咖啡、茶和烟。当然，睡眠不只是简单而有益健康地暂时中止体力活动。对于人类，它扮演着极其复杂的角色，梦就是一个鲜明的证据。研究人员做了详细的调查，以明确睡眠在记忆机制中的确切作用。

　　1960 年，关于反相睡眠在记忆中的功能最终见了天日。这种类型的睡眠直接与梦的阶段有关。其介入了遗忘与陌生的过程，对大脑中神经元新环路的发展是必要的，而神经元新环路的产生对巩固记忆是不可或缺的。

学习和睡眠质量

　　从动物和人身上观察到的行为提供了反相睡眠重要性的最初线索。我们让实验中

在不同状态下的大脑

根据不同的大脑电活动（EEG），我们把觉醒和睡眠分为 4 个阶段：

◎ 平静苏醒（当刚睡醒，而眼睛还是闭着的时候）阶段：大脑电活动在 8 — 12 赫兹之间，无眼球运动，肌肉紧张。

◎ 积极觉醒（眼睛睁开）阶段：大脑电活动迅速、电压低，眼球运动和肌肉紧张并存。

◎ 慢相睡眠阶段：大脑电活动逐渐减缓，无眼球运动，肌肉紧张存在，但不广泛。

◎ 反相睡眠阶段：大脑电活动接近于轻度慢相睡眠阶段，眼球活动迅速，身体紧张消除，极少的面部肌肉和手脚肌肉保持紧张，在睡眠的这个阶段最典型的表现为梦。

的小白鼠从事一项新活动，以观察它们睡眠的变化。结果在学习新技能之后，我们发现小白鼠的反相睡眠时间变长了，通常可达36小时或更长。而在其他实验中，是慢相睡眠时间变长。

在人类身上，情况更为复杂，因为在新的学习后，反相睡眠并不总是增加。例如，如果我们给被测者戴上棱镜，几天后他们就能够学会自我调整视觉，而他们的反相睡眠长度并不增加。研究人员也仔细观察了在考试期间学生的睡眠，结果是多样的：有时候反相睡眠增加，但有时候却没有变化。在其他情况下，只是眼球的活动在睡眠期间变得更活跃。

我们可以观察到，记忆的一个关键阶段——学习，会影响睡眠的质量，特别是对反相睡眠的影响。如果这种睡眠消失会怎样？是否会对记忆产生严重影响？

反相睡眠对隐性记忆的影响

我们可以通过在适当的时候将一个人唤醒，或者通过某种抗抑郁药物来消除紧张因素，来避免进入反相睡眠阶段。一个人在几个月甚至几年内被这样实验的话，对记忆将没有任何消极影响。然而，在动物身上，我们却发现免除反相睡眠会导致记忆力减弱。

对某些事物的回忆，尤其是那些储存在显性记忆中的事物，在睡眠的第一阶段之后就变得渐渐清晰，这时慢相睡眠占优势；当回忆与隐性记忆相关的信息时，尤其是睡眠的第二阶段时，反相睡眠占更大比例。因此，反相睡眠可能对隐性记忆，而非对显性记忆有影响。

神经元活动与睡眠

与记忆和睡眠有关的行为观测给出了一些答案，但同时又引出了许多新的问题。研究人员必须一直探寻到神经元内部。神经元的活动支持着记忆和所有的认知功能，它们是可以被观测的，因为它们是以生物电的形式传播信息的。海马脑回是直接与记忆相关的大脑结构，所以也是被研究得最多的。

观测首先在活体动物身上进行，在不同的生活环境里，被观测动物的神经元的电活动会表现出不同的节奏和顺序。通过观测还发现，白天真实的神经

睡眠只是一个简单的暂停吗？实际上，在安静的表面背后，复杂的程序，比如梦，参与巩固着我们的记忆。

克服飞行时差反应

飞行时差反应常常会导致记忆出差错。如果有人坐飞机跨越几个时区旅行，破坏了帮助人们早起晚睡的正常生理节奏，就会出现这种情况。它会让你感到疲惫不堪并迷失方向，而且破坏你的睡眠模式。近期的一些证据甚至证明，经常飞行并反复遭受飞行时差反应可能会对人的大脑功能产生长期的影响。女性的飞行时差反应总体上来说比男性更强烈。如果你不得不飞行，试试以下几点：

只少量地进食并只喝水（而且是大量的）。

做些锻炼并尽量放松休息。

尽量合理地睡上一段时间（不要整晚看电影）。

不要盲目地追求非自然的睡眠帮助。例如，安眠药这类药物通常会对记忆和大脑产生负面的作用。

活动会在夜晚的梦里"重演"。这种现象尤其出现在慢相睡眠阶段，当然在反相睡眠阶段也会出现，这还与长期协同增效作用有关。

保证良好的睡眠

保证良好的睡眠一定要有合理的作息安排，形成习惯。

首先，遵守睡眠时间和规律。良好的睡眠应遵循作息节律，每天按时睡觉，按时起床，保证睡眠的时间。长期形成的睡眠规律，不要随意改变。至于睡眠的时间因人而异，每个人都知道自己睡几个小时就会达到最佳睡眠的程度。

其次，建立起良好的睡眠模式，接下来就要抵制一些诱惑，避免影响正常的睡眠。例如，上网玩游戏、看电视连续剧等。

另外，午休也非常重要。经过一上午紧张的工作和学习，要是在中午休息时间里能睡 10 — 15 分钟，可以消除疲劳、恢复大脑兴奋、振奋精神。需要注意午睡时间不要太长，避免影响夜间的睡眠。

需要特别注意的是，我们要尽量避免在白天睡觉，避免在晚上喝酒和含有咖啡因的饮料。要注意睡前饮食。晚餐不要吃得过饱、过腻，也不要吸烟。这些东西会刺激大脑，让大脑处于兴奋状态，不利于睡眠。但也不能饿着肚子睡觉，这样血液中的养分太低，也会睡不着。

如果半个小时之内还没有睡着，那就起来做一些事情，让自己放松一下，等到感觉疲惫了再上床休息。

第七节
记忆的敌人

相比之下，我们了解更多的是记忆的敌人，却较少知道使记忆正常工作的物质。记忆的敌人包括某些药品（如苯化重氮和抗胆碱类药）和所有毒品，其中我们研究最多的是酒精和北美大麻，实验和临床观察都证实了这些物质对记忆的毒害。

苯化重氮类药物

这个药学类别几乎包括所有的安定剂和大多数的安眠药，其药效最先由麻醉师发现。20世纪60年代，麻醉师们试图发明一种药物，使病人安宁的同时让他们忘记要手术的部位。因此，暂时遗忘曾是一个被追求的效果。

历经几个小时的记忆"空洞"

如果一个还在苯化重氮类药物影响下的人被吵醒，他的行为是完全正常的，但是他却不记得正在发生的事情。尤其是第二天，他会很震惊地发现自己已忘了前一天周围发生的所有事情，甚至是显而易见的事，比如中途换航班、进餐等。

实际上，苯化重氮类药物造成了几个小时的"近事遗忘症"，其持续的时间根据具体药物的不同而不同。以前的记忆完全还在，推理和集中注意力的能力也没有受到影响，因此接受测试的人在服药后还能保证行为正常。但是在药物作用下，近期发生的事被遗忘了，不能再想起来。第二天，只剩下残缺的记忆（几小时的记忆"空洞"），而最近事件的记忆又恢复了正常。

对焦虑者的效用

然而，这种有害的作用（被实验证明的）在日常生活中很少发生。在反复使用药物后，药效将极大地减弱，因为机体会

人们通常服用镇静剂来治疗焦虑症，但是部分研究结果显示，咖啡因会对新学知识的回忆能力产生影响。

逐渐适应这种药物。另外，苯化重氮类药物似乎总是开给焦虑者的处方。焦虑是记忆障碍的根源所在，为了消除记忆障碍，镇静剂的作用显得尤为重要。然而，如果焦虑症或者抑郁症患者长期服用苯化重氮类药物，当他抱怨自己记忆力衰退时，人们总会把这种记忆障碍归咎于此类药物的影响。

抗胆碱的药物

顾名思义，这类药物包含了一些抑制乙酰胆碱功能的分子，而乙酰胆碱是在记忆过程中起重要作用的神经传递者。我们将这类药物分为两种，纯粹抗胆碱性药物（尿道障碍、帕金森病的开方，或者一些辅助性的药物，如安定剂）和伴随具有抗胆碱性的药物（大部分的第一代抗抑郁药物）。

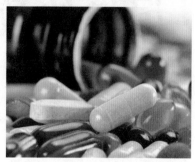

药物对人的记忆力的影响是显而易见的，为治疗其他病症而长期服药的人，记忆力的衰退程度是惊人的。

抗胆碱的药效已经以试验的方式在健康志愿者身上被证实了。药物所包含的分子会造成几小时的"近事遗忘症"，与苯化重氮类药物引发的情况相似，该药会阻碍患者回忆以及集中注意力和运用推理能力。在医学实践中，这种作用尤其会在体弱病人身上产生惊人效果，主要表现在阿尔茨海默病和路易体型失智症的潜伏期。这两种疾病以大脑乙酰胆碱的缺失为特征，并伴随着记忆障碍。在疾病早期症状并不明显，如果使用抗胆碱类药物则会加重病情，甚至让病情变得复杂。这也是为什么在老年人身上应慎用所有抗胆碱类药物的原因。

大麻

关于北美大麻对记忆的影响及其起效成分，研究人员已得到了共识。抽大麻和直接吸食的结果相似，关键是吸食的量更大。在动物身上，无论是小白鼠还是猴子，在所有的测试中记忆能力都被损坏了，其中大部分是空间记忆能力。

在偶尔吸食者身上，大麻的客观效果以及引发的对记忆的干扰与酒精的效果非常相近。当面对精确任务（例如学习一组词）时，记忆能力随着摄入量的增加而减弱。同时，集中注意力的能力也随之下降。在这种毒品影响下的人会有对刺激反应更快的倾向，但是以这种不恰当的方式进行复杂思维时就需要花更多的时间。在经常吸食者身上，精神紊乱现象更加明显，并且不仅触及记忆，还影响到智力的发展。

酒精对记忆的伤害

酒精为什么会影响记忆呢？因为酒精可以影响到大脑中称为谷氨酸的化学物质，谷氨酸这种化学物质会妨碍大脑形成新记忆。尤其酒精会损害人对记忆名字或电话号码这类事物的能力，另外，酒精还会造成诸如昨晚做了什么、发生过什么的记忆空洞。即使是喝一点点酒也会破坏你对小段信息形成记忆的能力。酒精还会降低我们的注意力、判断力，以及已经形成的记忆的再现能力。

一个人喝酒量的多少决定了对记忆力影响的大小。比如说，一晚上喝三瓶酒和三个晚上喝三瓶酒相比，一晚上喝三瓶酒对大脑的影响会大很多。过量的饮酒会增加我们体内的毒素，太多的毒素使我们的身体本身无法及时排出，就会导致饮酒过后剧烈的头痛，毒素还会刺激胃部，引起胃部的疾病。饮用大量的酒还会造成几个小时的记忆缺失，如果是经常性的狂饮酒，有可能会导致记忆力的彻底丧失。

长期饮酒会造成营养不良。在酒精中除了卡路里，根本没有营养成分。一些喝酒的人会出现只喝酒不怎么吃饭的情况，这样下去必然会导致营养降低。尤其是会造成维生素的缺失。维生素的缺失会引起什么样的记忆疾病呢？

例如，缺失维生素 B_1。维生素 B_1 主要包含在动物内脏、谷物中。这种维生素会促进神经细胞和心脏细胞的新陈代谢。当维生素 B_1 缺少时，会造成在记忆循环中起中转作用的乳头状细胞出血坏死，导致严重的认知障碍、幻想症、多变的记忆缺失、完全知觉混乱，这些疾病一般情况下是永久性的。

因此，饮酒的人应该正确补充维生素，避免出现以上病症，加大维生素 B_1 的量是必不可少的。很多人发现，随着年龄的增长，自己身体对酒精的承受能力也逐渐变差。以前能喝两瓶酒，现在酒量越来越小，喝半瓶都不行，还感觉到醉得很快，并且宿醉更厉害。在我们年龄增大，大脑也同我们一起老化的时候，如果还要大量地饮酒，这样对记忆的伤害更大。

酒精对男性和女性的影响。酒精对女性的影响比男性大，由于男性的体内的总含水量高，所以酒精能被稀释或是能更有效地从体内排出去。然而对于女性而言，酒精会以高浓度的形式，长时间储存在女性体内，这样就更容易伤害女性的记忆力。

我们每个人的身体素质不同、性别不同、年龄不同，所以说酒量也不同。在喝酒

记忆和刺激

药店和保健品店是各种提高记忆力的药物和配方的最大供应商。他们所供应的诸多相关的非处方类药品，号称能增强记忆力，甚至能预防这方面的疾病。对此我们应该如何看呢？一个不幸的事实是真正的记忆良药根本就不存在。那些广告宣传的所谓的"灵丹妙药"，成分只不过是一些维生素，其中有维生素 C（据说它能增添活力，促进血液循环）还有矿物质，通常声称是从一些奇异的据说有魔力的植物（例如银杏叶、人参、大豆、木瓜等等）中提取的。不管什么配方，很多这种类型的药被证实都毫无效果。

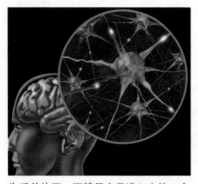

临睡前饮酒，酒精很容易进入大脑，会损害脑细胞，使记忆力减退。

的问题上，一定要了解自己的酒量，这样才能更好地保护自己的大脑和记忆。最好不要在午饭时喝酒，喝了酒会影响下午的表现。如果在必要的场合，需要喝很多酒才能应付，那么在接下来的几天里就不要喝酒了。喝酒可以帮助人得到身体上的放松。在生活中，大多数人喜欢喝上一两口，尤其是人们过完了紧张忙碌的一天，当晚上回到家，休息吃饭的时候，就会打开一瓶酒喝起来，很可能喝的不止一两杯。

喝酒的时候到底喝多少才是适当的量呢？下面推荐喝酒时应该保持的量。

例如，一顿酒的标准或者一个单位指的是：一瓶啤酒、一小杯烈酒、一小杯红酒。男性，每星期不超过 15 个单位，每周最好有两天不饮酒，每天饮酒不要超过两个单位。女性，每星期不超过 10 个单位，每天最多不能超过两个单位，每周有两天的时间要滴酒不沾。怀孕期的女性不要喝酒。

切记不要每天都喝酒，如果你已经在喝酒了，就严格要求自己遵守上面的标准。总之，一定要控制饮酒的量，不要有经常喝多的习惯，经常喝多会对记忆的正常发挥产生消极的影响。

呵护你的记忆力

⊙ 饮食营养均衡；避免食用垃圾食品。

⊙ 参与符合身体条件和生活习惯的体育锻炼。

⊙ 如果没有动力，列一个日常锻炼计划并坚持执行。

⊙ 重新尝试你曾经很喜欢的运动或学习一个新项目。

⊙ 想办法让身边的人生活更充实。

⊙ 把你的经历与他人分享，不要封闭自己。

⊙ 学会欣赏你的所见所闻：专注于一个简单的事情，比如看夕阳西下的美景；感受阳光洒在脸上的温暖；倾听一首心爱的老歌；或者看看你家的园子。

⊙ 考虑参加一个交流学的课程或者重返校园充电。

⊙ 树立新目标：打碎以往的幻想。

⊙ 拥有好心情：点燃浪漫的蜡烛；演奏心爱的乐曲；享受大汗淋漓的泡泡浴；在公园里悠然漫步；或者看一部经典的电影。

⊙ 学习一种让身体放松，注意力集中的新技巧：自我调节、幻想、太极、瑜伽或者深呼吸。

⊙ 观察个人性格对健康和生活的影响：用积极的心态取代消极观念。

第八节

记忆的疾病和障碍

器质遗忘症

器质遗忘症是因与记忆功能相关的大脑区域损坏而导致的记忆丧失。许多疾病都可能导致遗忘症，如脑血管意外、肿瘤、阿尔茨海默病等。在某些情况下，注意力障碍源于记忆的困难，如帕金森病、意识模糊遗忘综合征。

随着年龄的增长，在许多人身上自然地表现出记忆力下降。但是，在某些情况下，记忆障碍与神经或精神疾病有关。

如果与神经有关，这些障碍的出现是由于某种疾病造成了大脑损伤，或者是由于意外影响了记忆的重要区域。

我们用"遗忘症"这一术语定义的这些障碍，主要存在两种类型。

⊙ 近事遗忘症：特征是从疾病突发开始无法记忆新信息。

⊙ 远事遗忘症：即难以找回在疾病突发前已经存储的信息。然而，患者一般能保留他们先前的个人经历，以及基本文化知识（语言、概念等）。

与广为流传的错误观点相反，源自神经的遗忘症更常见的是关于近事的，而非关于远事的。遗忘症患者没有失去程序性记忆能力，他们中大部分能以潜意识的方式记忆信息并影响自己的行为，却不为自己所知。

记忆障碍根据引发疾病的原因或损伤的位置的不同而不同。例如，巴贝兹环路双边损伤将导致严重的和永久的记忆障碍。巴贝兹环路左侧损伤，患者将更多地表现出对于记忆与语言相关的信息的困难；而环路右侧损伤，则更多地阻碍对视觉信息的学习和方向的辨别。

遗忘症可能是暂时的或永久的，也可能逐渐地或突然地出现。一般地，突发性遗忘症出现在脑血管意外、疱疹性脑炎、颅骨创伤后。顾名思义遗忘症突发即突然出现且持续几个小时。渐进性遗忘症暗示着大脑有肿瘤或者其他疾病，如阿尔茨海默病。

以下是一些主要的遗忘症。

科萨科夫综合征

该症于 1888 年，由俄罗斯医生科萨科夫提出。尽管这种病症很罕见，却是综合性遗忘症的一个代表性例子。

该综合征一般突发在慢性酒精中毒或缺乏营养的人身上。患者瞬时间忘记自己生活的一切和周围人对他所说的一切，然而他们却没有失去智力，他们的行为正常，例如知道如何下棋，但是一旦棋局结束，他们将马上忘记自己参与过的游戏和取得的胜利。

这种遗忘症几乎是永久性的，可能是由于缺乏某种人体基本需要的维生素所致——维生素 B_1。这种物质的缺乏会造成大脑中应用于记忆的双乳体结构损坏。

尽管患有严重的遗忘症，患者还是能够以隐秘的、潜意识的方式学习，并且能通过行为表达出来。除了科萨科夫综合征，过度地慢性摄入酒精也会增加损伤大脑某些区域的概率，并且引起酒精中毒导致痴呆。

双海马脑回遗忘综合征

在某种程度上，海马脑回是进入记忆环路的入口，海马脑回的损伤自然会导致严重的遗忘症，最典型的是 H.M. 的例子。1953 年，医生为治疗 H.M. 严重的抗药性癫痫而给他做了手术，之后 H.M. 就患上了遗忘症，因为手术中医生切除了他大脑内的扁桃核结构和海马脑回。手术后，H.M. 的记忆能力不超过几分钟。他的短期记忆（或者运作记忆）是正常的，但是无法把信息转移到长期记忆系统形成持久的记忆痕迹。尽管如此，H.M. 保留了正常的程序性记忆能力，因而他能够读和写。

疱疹性脑炎

疱疹病毒感染会引起颞叶边缘区域和海马脑回严重坏死，从而导致近事遗忘症和某些已获知识的遗失，以及行为障碍。这种遗忘症通常是严重的、永久性的。

被保存的记忆形式：克拉帕莱德的手腕

1911 年间，瑞士医生埃杜阿荷·克拉帕莱德（1873—1940）每天早上都向一位患有科萨科夫综合征的女病人问好，但女病人每次都认为这是他们的第一次见面。一天，克拉帕莱德在手中藏了一根刺，女病人被刺痛手心后马上就忘记了。

一会儿，克拉帕莱德再次走了过来。他伸出手，这次女病人却拒绝跟他握手，并谨慎地把手藏在背后。但她却不能解释自己的这种行为，因为她认为自己是第一次遇见克拉帕莱德医生。女病人显然在潜意识中保存了被刺扎疼的记忆。由此可见，潜意识记忆能够影响遗忘症患者的感情和行为。

脑血管意外

脑出血（因一条小的动脉破裂引起）或脑梗死（因大脑静脉血液循环中断引起）都可能造成脑部某一区域的损毁。如果该区域是在记忆方面发挥作用的，就经常会引起记忆方面的障碍。

心跳停止会中断氧气进入神经元，从而可能导致严重的遗忘症。大脑低氧 3 — 5 分钟就会危及记忆。海马脑回区域是记忆功能中极为重要的结构，也最先受低氧的危害。在最近的 15 — 20 年间，脑血管意外（通常称作脑溢血）明显地减少了，但在发达国家中其仍然是致死的第三大原因。患病率随着年龄增长而急剧上升，75% 的患者都在 65 岁以上。

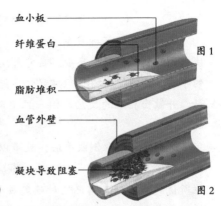

血小板

纤维蛋白

图 1

脂肪堆积

血管外壁

凝块导致阻塞

图 2

如果胆固醇含量过高，致使脂肪堆积（图 1），血液中就可能生成过多的纤维蛋白。纤维蛋白包裹血小板形成的凝块（图 2）有可能会造成脑梗死。

颅骨创伤

猛烈的头部碰撞会导致昏迷，甚至造成大脑损伤而影响记忆。最容易受到损伤的区域是颞叶和额下叶。颅骨创伤造成的遗忘与近事和远事都可能相关，如果患者昏迷的时间很长或属于深度昏迷，遗忘症会更加严重。

患者从来都找不回对创伤的记忆，但由颅骨创伤引发的遗忘症不会趋向恶化，除非是由于心理原因。尽管如此，很多患者都会出现持续记忆方面的困难，这种困难会干扰患者重新从事职业活动。

某些非常轻微的颅骨创伤可能导致暂时的记忆障碍，极为幸运的是其不会留下任何后遗症。

颅骨创伤的主要原因是交通事故，一半的严重颅骨创伤都是由此造成的，特别是年轻人。其他的原因有意外跌倒（特别是不到 15 岁和 65 岁以上的人）、工作或运动意外，以及遭受袭击等。

帕金森病

帕金森病是最常见的神经疾病之一，它通常造成与注意力相关的短期记忆困难。除了普通的遗忘或难以跟随对方的谈话外，这种病症并不以明显的方式影响日常生活中的活动。

由于疾病造成的病变位于大脑中对程序记忆起决定性作用的区域，因此学习某种技艺的能力会相应地受到影响，这就给患者使用新工具造成困难（例如电视遥控器）。20% 的病人——在至少 10 年的病变后——会出现不同于阿尔茨海默病的精神错乱，并

电影《记忆碎片》

在电影《记忆碎片》（2000年克里斯多佛·诺兰执导）中，英雄伦纳德·谢尔比因颅骨创伤引起遗忘症。自意外发生后，他什么也记不住，但是能想起以前发生的事情。伦纳德保留了短期记忆，能在一定的时间内能记住某种状况或者简短的对话，并做出相应的反应。但一旦出现突发事件或干扰信息（关门声），就会影响他的记忆。

这部电影采取倒叙手法，故事以伦纳德患上遗忘症展开，遗忘症使得其他人可以控制他，让他去做一些违法的事。最终，伦纳德"找回"了自己。影片结束时，他所说的话足以表明记忆对确定每个人的身份是多么重要："我必须相信自己的行为仍然有意义，即使我忘记了它们。我必须相信当我闭上眼睛的时候，世界仍然在那儿。我们都需要通过记忆来知道自己是谁。"

伴有不太严重的遗忘症。

这种疾病通常以极为渐进和隐秘的方式出现，常见的征兆表现为在休息的时候颤抖；运动障碍（运动减少或迟缓）；肌肉紧张增加，四肢和躯体硬化，这可能导致摔跤。其他征兆还有书写字体极小、口语表达缺失、面无表情等。

意识模糊遗忘综合征

前面提及的遗忘症与记忆环路的损坏有关。另外，还会出现一些整体功能退化的现象，比如新陈代谢紊乱（血液参数改变，例如钙、葡萄糖、钾、钠的比例改变）或者药物（诸如苯化重氮之类的药物）对短期记忆的影响。短期记忆非常容易受到对事物的注意力的影响，这种疾病患者起初表现为意识越来越模糊和注意力不集中，随着病情的恶化他们的长期记忆也会受到影响。

突发性遗忘症

突发性遗忘症是突然性丧失记忆。这是一种短暂的、暂时的，并且不会造成什么影响的障碍。

突发性遗忘症的表现

西蒙娜63岁了。一天早上，她回到家发现家被盗了。一个小时候后，女儿到家时西蒙娜却问她："为什么门自己敞开着？"女儿提醒她刚才家被盗窃了。几分钟后，西蒙娜又再次问女儿同样的问题。

于是，女儿吃惊地发现西蒙娜无法记住任何回答，她甚至不记得自己有两个孙子。但她能正确地说出自己的名字、出生日期、家庭地址等，并且她对自己的遗忘症没有任何抱怨。

西蒙娜被带到急诊室，在那儿她仍然不断问同一个问题"为什么门自己敞开着"。医生尝试让她记住一些字词，但瞬间她就忘了医生试图让她记住的所有东西。然而，对她的大脑扫描却没有显示出任何异常。

第二天上午，西蒙娜就康复了。她不再停留在"为什么门自己敞开着"的问题上，现在她能想起所有人跟她说过的话，并且又认出了自己的孙子。但是，她还是有 10 个小时的记忆空洞，在这 10 个小时内发生的事情她什么都没有记住。

西蒙娜表现的是一种典型的突发性遗忘症（IA）。这种突然出现的记忆障碍，常令周围的人感到吃惊，但这种病症是暂时性的，并且影响很轻。

谁可能是突发性遗忘症的牺牲者

这种病症通常在 50 岁后突然降临，75% 的病例都发生在 50 — 70 岁。患者表现出一些共同点：焦虑、追求完美或过度疲劳，其中 25% 的病例都是偏头痛患者。

我们发现在 70% 的病例中，有一半的情况与患者的情绪波动有关：争吵、被偷窃、不好的信息、某个人的意外去世。别的因素还有高强度或者非惯例的体力消耗、突然被投入冷水或热水中、长途开车旅行、剧烈疼痛、性关系等，突然的身体或心理状态的改变都可能引起自主神经系统的改变。

对记忆的影响

突发性遗忘症会迅速引起严重的失忆，同时伴随无法记住全新的信息（近事遗忘症）。参与的讨论、活动或发生的事情都会在一到两秒钟之后被忘掉，并且，即便是给患者提供一份多选的问卷，他们也不可能再次回想起这些事。患者经常提出关于时间、

创伤后的暂时遗忘症

你看过《丁丁奔月》吗？向日葵教授从火箭上的一节梯子摔下来后，就出现了暂时遗忘。轻微的颅骨创伤不会让人失去认知能力，但可能造成暂时遗忘症。

运动造成的遗忘症

这一类的遗忘症多发生在年轻人身上，颅骨创伤经常是因为运动造成的（滑雪、足球、橄榄球，等等）。遗忘会持续几个小时，虽然暂时失忆了，但仍能正常地进行体育活动。这种遗忘症常引发一些令人啼笑皆非的情形：某个失忆的篮球运动员认为自己的球队已赢得了胜利；某个网球运动员认不出自己的妻子；某个足球队员忘记了自己现在球队的编码，只记得以前球队的编码……

没有后遗症

幸运的是病情总是向着好的方向发展，而且不会有任何后遗症。一段时间后，患者将恢复记忆能力，并且对遗忘症期间的生活没有任何记忆。这种病症可能是大脑颞叶内层区域受到轻微震荡所致。

地点、实际职务或者近期事件的问题，并且不断重复。他们对自己的失忆毫无意识，然而却表现出对某种焦虑的困惑。他们知道自己的身份，但是会忽略时间，通常他们遗忘的是近期发生的事情，而非很久以前发生的事情。另外，与程序记忆一起保留下来的还有语言和文化知识。患者完全保持警觉，并且能够毫无障碍地从事复杂的活动（开车、各种职业事务等），除非必须记住一条新信息。对他们的神经检查都显示正常，但至今仍没有任何治疗方法可以使其迅速恢复记忆。

突发的终结

症状会逐渐消失，患者有时候觉得"醒来了"，但他们仍然存在着 2 — 12 小时的记忆空洞。对脑血管和脑新陈代谢的测试显示出大脑颞叶或额叶区域存在异常，但这些不正常在几天后便消失了。

这种病症复发的概率极小（不到 5%），并且在 1 — 2 年内不会再突发。令人心安的是我们没有观测到任何后遗症，并且不存在任何增加患脑血管意外或阿尔茨海默病概率的因素。

运用 SPECT 技术对大脑进行的检测显示了在突发性遗忘症患者发病期间，大脑颞叶和额叶区域存在异常。

突发性遗忘症出现的原因是什么

突发性遗忘症出现的确切原因仍然是个谜。它既不涉及脑血管意外，也不是癫痫疾病。根据临床数据以及对大脑图像的观测，研究者认为可能是大脑中靠近海马脑回的区域暂时失去功能。

强烈的情绪波动引起海马脑回区的神经递质谷氨酸的大量释放，在几个小时内阻碍了神经信息的传递，从而暂时中断了对新信息的学习。有时其他神经递质（神经降压素、后叶加压素、内啡肽）也会介入其中，特别是源于剧烈疼痛的突发性遗忘症。

阿尔茨海默病

阿尔茨海默病是慢性的神经疾病，是由精神损伤引起的神经逐渐衰弱。

阿尔茨海默病是一种大脑神经衰弱的疾病，以不可逆转的方式在几年间恶化，导致严重的记忆、语言和行为障碍。在非常罕见的由于遗传原因造成的情况下，这种疾病可能从 35 岁就开始出现。这种疾病的患病率随着年龄的增长而增加，其中大约 1.5% 的情况发生在 65 岁以前，20% 发生在 80 岁以后，尤其是 65 岁以上的患者数量随着年龄的增长而增加。这种疾病确切的患病率（即在一天中病患的绝对数量）总是专家们讨论的话题，我们估计在法国至少有 70 万病人，每年诊断出 13.5 万个新病例。在至少 10 — 12 年间，这种疾病将会加重。

病因是什么

阿尔茨海默病是由于神经元内部和外部的损伤造成的，这些损伤要用显微镜才能观察到。损伤在蛋白质（如淀粉状蛋白质）沉淀周围形成，正常情况下蛋白质是神经元的重要组成元素，但是在这种情况下却变成不溶解的，并且是致病的。今天，随着神经显像仪的发明，科学家们也已在阿尔茨海默病患者中诊断出很多神经末梢退化的人。退化和神经纤维纠结越多的患者，智力及记忆的障碍就越大。

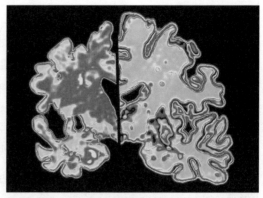

阿尔茨海默病患者的大脑横切面（左）和正常人的大脑横切面（右）的电脑比较图。由于阿尔茨海默病患者的大脑丧失了许多神经细胞，因此它相对要小一些。同时，它的表面也有更深的褶皱。

这是一种遗传病吗

在一些非常罕见的情况下（全世界只有几百个家庭），这种疾病是与一些特殊基因的突变有关的，这些特殊基因位于第 1，14 或 21 号染色体上。在这种情况下，50% 的家庭成员都会出现这样的基因突变，并且患上这种疾病，有的人四十几岁就患病了。

如果有一位直系亲属（父亲、母亲、子女、兄弟或者姐妹）已经患病，那么风险概率会更高一些。但是，这种概率与和年龄增长相关的风险相比是微不足道的。

疾病的征兆

阿尔茨海默病首先是一种记忆疾病。由于最初的损伤出现在主要负责记录新信息的海马脑回中，因此第一个征兆表现为遗忘。这涉及真正的遗忘，不要与和疾病毫无关系的普通注意力困难相混淆。下面的表格列出了一些属于正常现象的例子和需要警觉的例子。

最初，遗忘只是偶尔的，之后逐渐变得频繁。这种恶化可能在几年中逐步加剧，并且长期不被发觉。随着时间的推移，情况恶化，遗忘将伴随着其他困难。患者在从事非习惯性和非经常性的活动时，表现出越来越大的困难，比如为旅行做准备、面对家庭突发事件（漏水、意外、故障）、处理行政文件或较复杂的会计事务（如申报个人所得税）。患者表现得越来越冷漠，对许多事情失去兴趣，甚至放弃以前最喜欢的消遣活动（集邮、缝纫或编织、协会活动、种植、绘画等）。

我们还观察到，患者对社会活动也失去了兴趣。大部分情况下，家庭内部的争吵都是由于一种与以前不一样的易怒的性格造成的。患者变得脾气暴躁，而且忍受不了

从正常到疾病	
正常的现象	应警觉的现象
难以想起不出名的人的名字（某个演员、远亲）	难以想起亲近的人的名字（孙子孙女、朋友）
想不起把一件常用物品放在哪儿了（眼镜、钥匙、遥控器）	不知道日常必需品摆放在哪儿了（衣服、餐具）
难以记住全新的事物（讲座的内容、一次参观或旅行）	忘记重要的家庭事件（家庭聚会、婚礼）
很难进行一项自己不喜欢的活动（填字游戏、打桥牌、参观博物馆）	进行自己喜欢的活动时会遇到困难（在家做家务、室内游戏）

哪怕一丁点的试探，即便这些试探显得很有分寸，很轻柔。

越来越严重的症状

记忆障碍越来越明显，直到影响日常生活的各种活动。患者无法想起或者非常困难才能想起某一天所做的事，甚至是当天发生的事情。遗忘逐渐涉及以前发生的重要事件、掌握的知识或者技艺，如孩子的名字、重要日期、缝纫技术、菜肴配方，等等。起初，患者能够意识到并且抱怨自己的遗忘，之后对这种障碍则变得无意识。他们认为一切正常，然而周围的人却越来越为他们担忧。

处于需要依赖别人的状态

其他的智力缺失也变得更加明显，最常见的是失语症和失用症（运用不能症）。失语症是一种语言缺失，患者难以进行正确的表达，并且不能理解别人对他所说的话。人们常将这种障碍与有意识地降低注意力相混淆（"他不听我们对他说的话"），实际上患者确实在听，但是却无法理解较长的句子，并且不再知道某些词的意思。

失用症是一种动作实现的缺失。当患者不再知道如何做某些事情的时候，比如如何使用简单的家用电器、缝纫工具、餐具或者洗漱及厕所用具，这可能会给日常生活带来麻烦。

疾病的恶化会导致患者失去自主能力，越来越不能自理，他们还可能忘记吃饭、混淆白天和夜晚。

更糟的是，并发症可能随时突然出现：抑郁、焦虑（特别是晚上）、越来越瘦弱、罕有的迫害幻想(某人偷了他的东西、有人进入他家、有人要伤害他、周围的人是骗子)，甚至幻觉。

当所有这些行为障碍交织在一起时，患者不再能够理解周围的世界，不明白为什么人们都躲避他，并且不让他做想做的事。这样，他就会变得越来越易怒、动摇，甚至具有攻击性。

诊断的依据

诊断是由医生通过检测和临床测试，特别是神经心理学的测试（参见上框内文字）做出的。

我们一般通过抽血化验来确定是否存在维生素或者激素的缺失，因为缺乏这些物质可能导致与阿尔茨海默病相似的障碍。

大脑扫描和磁共振图像测试更复杂但更精确，可以确认记忆障碍是否由大脑肿瘤、脑血管意外、颅骨创伤的后遗症引起。

在患有阿尔茨海默病的情况下，如果各项检测都是正常的，或者显示脑容量只是轻微减小，那么更为特殊的情况是海马脑回的体积减小了。

> **神经心理学检测**
>
> 神经心理学测试可能持续 1 — 2 个小时。患者被安排在一间安静的房间里，戴着眼镜或者助听器。检查的第一部分是分析患者遇到的困难、热情度、对日常生活的反应等，也可能通过调查患者周围的人来评估他的病情。检查的第二部分专注于测验患者的语言能力、注意力、动作灵敏度，以及创造性和推理能力，并且将其与相同年龄、性别和社会教育的其他群体成员进行比较。

治疗方法

10 多年间，医生没有发现任何真正有效的药物能对抗这种疾病，1994 年氨基四氢吖啶的出现才使情况有了转变。至今，已经有很多种药物投入了商业化生产。这些药物都是针对轻度期治疗和用于缓和阿尔茨海默病症的。2003 年，出现了针对此病症由不太严重向严重期转化阶段的治疗药物，这些药物能轻微改善或暂时性稳定阿尔茨海默病症。对于不同的患者来说，这些药物所起的作用是不同的，但是我们还不知道产生这种差异的原因。

现今研制的药物并不能使阿尔茨海默病患者痊愈，但是它们对一些症状有不少积极的作用。研究人员将会发现那些越来越有效的药物分子，并且我们有理由相信，这种疾病终究有一天会被攻克的。确实，现在正有不少的研究方法同时进行着。但是，应该明白，一种新药物的成熟需要十几年的时间来证明其有效性和毒性。

如何护理阿尔茨海默病患者

患者应该有一位全科医生跟随着，必要时还需要有一位专科医生，为的是处理并发症和安排医疗及社会救助，并且向患者家属解释患者的情况。

护理一位患有阿尔茨海默病的朋友或者亲属并不是一件简单的事情。这是非常繁重的工作，通常会让人精疲力竭。在疾病的任何一个阶段，患者的自理行为都应该得

到支持和鼓励，即便行动缓慢，即便做得不好，即便没有什么用。希望使患者接受自己遗忘的事实和认识到自己的错误行为并不能起到积极的作用，这种想法反而会造成双方的争吵，给双方都带来痛苦。在患者需要依靠他人的时候，帮助应该是逐渐进行的，要尊重患者本人的意愿。一些来自第三方（护士、生活助理）的帮助比来自患者自己的配偶或者孩子的帮助更容易被接受。与医生的交流是非常重要的，可以使医生了解问题的来由，从而避免一些错误行为，或避免给患者提供镇静药物，那样的药物经常造成病情的恶化。对所进行的活动的说明（时间表、路线图）可以帮助患者获得更大的行动自由，应该时刻注意患者的需要并适应他的行为方式。

你的一个亲近的人突然患了阿尔茨海默病，将是一个难以接受的事实。患者"能力的下降"，他表面上的冷漠会使人萌生一种把他掌握在手中，而非去帮助他的想法。有一点很重要，你应该知道有哪些办法可以帮助你，有哪些资料可以使你对这种疾病有更深入的了解。你也可以向所在地区的医疗服务部门或社会服务部门请求帮助。

在可能的范围之内，你应该接受这种疾病并且照顾好自己。以下是法国阿尔茨海默病协会为你提供的一些比较实用的建议。

尊重的需要

尊重体现在每件细小的事情上：帮助患者穿衣服或者去洗手间；患者在场的时候，你和别人谈论他的方式……

一名医生正在观看一位老年患者做测验，以便检查这位患者所患阿尔茨海默病的发展情况。在年龄超过85岁的老年人中，有超过 1/3 的人受到阿尔茨海默病的困扰。

感情和家庭环境的需要

你再也不能够像以前那样向病人表达感情，他也不能再向别人表达情感，但手的接触、一个微笑都是很好的方式。

患者保持着对令其幸福的事物的依赖，他需要与家人和朋友保持联系。

沟通的需要

必须懂得倾听、交谈，有时候需要利用其他方法来传递信息。以下是一些有用的"技巧"。

⊙ 让他保持注意力。

⊙ 直视他的眼睛。

⊙ 缓慢而清晰地说话。

⊙ 一次只说一条信息。

⊙ 重复重要的信息。

⊙ 说话的同时展示出所说的实物。

随着时间的推移，阿尔茨海默病患者的行为能力会逐渐减退，所需要的帮助也会越来越多。

⊙ 亲切和令人安心。

安全的需要

患者行为能力减退得越严重，他所需要的帮助越多。你应该尽可能多地让他自己去行动，同时要整理好他的房间以保证他的安全。从某一个时刻开始，为了不再让他自己开车，你就应该有所行动了。

重复的需要

激励一个毫无动机的患者需要很多的想象力，想他以前曾经喜欢做的事情，并告诉你自己，重复做这些事情并不使他厌烦。

睡眠

患者通常整晚都难以入睡。因此，必须让他在白天从事体力活动，以便在晚上疲劳入睡。

闲逛散步

患者经常走动并且可能迷路。提醒邻居和小区的商贩，如果看到患者，让他们给你打电话。你也可以给患者带一个身份牌，上面留下你的电话号码和地址。

失禁

患者可能弄脏或者弄湿自己的衣服，借助标语牌经常提醒他去洗手间，尽量避免这些意外的发生。

怀疑

患者可能认为你或其他人试图伤害他。如果他丢了东西，可能怀疑是周围人偷的。告诉他我们明白他的困扰，并向他解释没有人会伤害他或偷他的东西。然后，引导他

去想别的事情。

愤怒的爆发

患者可能对那些在过去并不能影响他的事情发脾气。

⊙ 你要保持冷静并且令他放心。

⊙ 让他安静，并给他创造安静的条件。

⊙ 排除困难或者让他远离棘手的状况。

⊙ 如果你感觉面临危险，就离开现场。

不可或缺的预防措施

这种疾病恶化得越厉害，你所照料的患者就越依赖你。以下是一些你需要考虑的方面。

疾病的司法状况

患者越来越不容易自己决定事情。因此，你应该找个在法律上可以代替他的人。关于物资保护的问题，有3种可行的解决方式。

司法保护：患者保持自己的公民权并管理自己的物资。第三者可以管理他的财产。司法保护也能够调整或要求取消理论上的契约文件。

对无行为能力者的财产管理：患者可以在日常生活中单独采取行动，但必须在财产管理人的参与下支配财产物资。

监护人：监护人在所有日常生活中代表患者。

急救

在电话旁边总是放着急救电话号码。

照顾好你自己

照顾阿尔茨海默病患者需要许多时间、精力和体力。

对病患要采取现实主义态度

疾病状况将会恶化，一旦你接受了这个事实，就会在接下来的等待中变得更现实。

不要高估你的可能性

你所能做的是有限的，因此，对那些在你看来更重要的事情必须做出决定。

接受你所感受到的

你可能在同一天中感到满足、生气、愤怒、罪恶、幸福、悲痛、尴尬、惊吓、苦恼、充满希望或者完全绝望……这些情绪都是正常的。

照顾好自己

不要忽略你的健康。正常饮食和做运动，寻找自我放松的方式，你需要足够的休息。给自己一些时间做其他事情，远离疾病。

第九节
压力与记忆

"压力"这个词已经列入了我们的词汇表，并开始被频繁使用了。可以说生活中压力如影随形、无处不在，我们却很难躲避压力带来的影响。我们经常听到的有现代生活压力、职场压力、社会压力等形形色色的压力。压力有正面和负面之分，要想沉着地应对压力，则必须要认识和了解压力。

压力对人体的影响

在有压力的时候，如果你可以很快地做出适当的反应，它只是你的身体在竭力适应一种新情况时发出的一种信号，这样的压力被称为是积极的压力，也可以说是一种正面的压力。这类压力充满了乐趣，让人感觉到很兴奋。短期压力在某种情况下会产生积极的影响，短期压力会使我们更有效地利用时间，比如，必须在一个小时里背完一篇稿子，那么在这一个小时里，就会给自己施加压力，保证背完稿子。

如果压力使人的新陈代谢减慢，具体表现为人处于疲惫的状态，身体抵抗力会随之下降，易感染疾病。这种现象如果反复出现的话，那么压力对人是有害的，也就是所谓负面的压力。长期压力产生的影响就很消极。在慢性刺激、疼痛或疾病下，比如，家庭矛

压力程度

长期的压力（不幸）或痛苦
记忆受损；记忆的高度选择；因痛苦或长期压力导致肾上腺皮质素的过多分泌；会使海马状突起的神经死亡。

适中压力
大体上有益记忆储存，积极的激素作用。

低程度压力
对记忆力有中度或轻微作用，没有过多的激素作用。

产生压力的社会环境（比如贫困和恶劣的住房条件）已经被证明是导致精神障碍的主要因素。社区心理学（或者一级预防）的目标是在社区范围内通过改善社会生活条件减少居民患精神障碍的风险。

盾、持续的身体或头脑疾病等，这些都可能会严重损害我们的大脑，削弱我们的学习和记忆能力。

事实上，压力是人的身体应对外界变化时所进行的自我调节，是身体适应变化的一种的体现。人可以感觉到自己的身体对压力做出的反应，比如，人感觉到焦虑、疲惫、没有食欲、变得消极、睡眠被打乱、经常做让人提心吊胆的梦，还有就是不能集中注意力。在更严重的压力下，会引起过敏、消化不良、疼痛、皮肤病等，还有可能出现精神恍惚。以上这些都可以归结为是慢性疲劳综合征的表现。一些研究者认为，慢性疲劳综合征是在严重的压力下身体不适加剧，就好像系统瘫痪了一样，再也应付不了任何压力变化。

怯场

当人因时间紧迫而感到压力很大时，就会变得紧张而焦虑。人一旦变得焦虑，注意力和专注力就会受到影响，导致记忆力变差。比如，在压力之下，人们会出现怯场的反应。

怯场，通常是站在台上，面对大公众时出现的反应，但是这样局促不安的生理反应在台下也会出现。例如，在上台之前突然大脑一片空白；在没有准备的情况下，课堂上老师突然向你提问等。

怯场的反应，是人会突然感觉到大脑混乱，心脏跳动加快，血压升高，身体紧张发汗，不能集中注意力，全身都很不舒服。就像是处于危险中，身体会释放大量的压力荷尔蒙到血液中。

怯场还会导致不由自主的身体颤抖、说话结巴、暂时性遗忘等。遗忘的恐惧能够诱发足够的压力，从而导致记忆回路的瘫痪。但这只是暂时性的，你只需要重新开始，就可以重新启动整个记忆系统，你的记忆系统重新开始正常工作，你的怯场也会消失。要克服怯场的现象，还可以了解自己的生理变化，学习减轻紧张害怕的技巧，还有就是要提前做好心理准备。

努力缓解压力

面对压力时，要采取正确的做法。尽量避免产生一些不正确的缓减压力的方法，比如，酗酒、吸烟、暴饮暴食、不参加活动、睡得太多、回避问题等。这些方法不仅不正确，而且长期这样会带来很多危害。

正确的做法是要识别真正的压力源。思考一下是什么导致你的压力。

（1）是自己的生活方式？

（2）是自己所处的环境？

（3）是不是自己要做的事情太多了？

（4）是否有效的管理自己的时间？

（5）是否白天没有办法释放紧张的情绪？

（6）是不是对自己没信心？

针对这些问题用一些方法来缓解压力。

（1）为自己制订一个生活计划，适当地调整自己

许多人会通过吸烟来缓解压力，殊不知吸烟对人的大脑有损害，会使记忆力变差。

的生活方式。每天做一些能够给自己带来快乐或是比较享受的事情。

（2）控制环境。如果交通堵塞的状况让你焦虑，就试着绕道走不会堵车的线路。

（3）要学会说"不"，了解你的职责范围。在工作和生活中，要学会婉转拒绝超出自己责任和能力的事情。

（4）时间管理不善，会造成很大的压力。如果你的时间被工作全都占据，工作还是落后时，那么你就很难保持心情平静。但是，你提前计划并安排好要做的工作，在你可以承受的压力范围内完成，就不会让压力变大。

（5）练瑜伽，使自己的身体放松，或是深呼吸来缓解自己焦躁的情绪。

（6）一定要保持自信。相信自己能做好现在的事，相信自己能行，不断鼓励自己。

第十节

焦虑与抑郁对记忆的影响

焦虑与抑郁并不构成本义上的记忆障碍，但这两种症状会消极地作用于记忆。

焦虑

焦虑在情绪方面近似于恐惧，又与之有所区别，因为焦虑的根源无论是真实存在的还是自我想象的，都被过高估计了。

从不集中注意力……

焦虑的特征表现为内心紧张不安，并伴有生理症状和说不清的恐惧。许多严重焦虑的人都不能将注意力集中在他们身外的任何事情上。他们的头脑中充满了担忧，因此他们不可能将注意力放在外界发生的事情上，并且他们的记忆力衰退会影响到他们的日常生活。

焦虑会不同程度地影响记忆，在转移部分注意力的同时会妨碍学习质量。例如，我们在听别人说话的时候还考虑着其他事情，这样我们就可能无法记下全部谈话内容，并极有可能遗忘一部分。

记忆空洞

焦虑也可能阻碍回忆的进程。最典型的例子是由于紧张我们无法在黑板上写出背诵过的内容，或者面对考试卷大脑一片空白。焦虑还会妨碍我们使用有效的策略寻找所需要的数据资料，这就是记忆空洞。然而所有的信息都没有遗失，因为通常提供一个线索，比如文章的开头，我们就可以全部回想起来。

许多研究人员指出，焦虑症者能以潜意识的方式更快地并优先地处理与自己焦虑的事物相关的词。

在焦虑情绪的状态下，会影响一个人的记忆力。图中的这个年轻人正在思索他刚才听到的话，他需要对这些内容进行理解、回想，才能做出适当的评价。

例如，一个蜘蛛恐惧症者对蜘蛛、爪子、毛这些词更敏感。

焦虑的一些症状

⊙ 神经过敏、忧虑或恐惧。

⊙ 忧虑或有一种不祥的预感。

⊙ 一阵一阵的恐慌。

⊙ 注意力难以集中。

⊙ 失眠。

⊙ 对可能患有生理疾病的恐惧。

⊙ 肚子痛或腹泻。

⊙ 出汗。

⊙ 头昏眼花或头重脚轻。

⊙ 不安或易变。

⊙ 易怒。

抑郁

出现在一个难以承受的事件之后（死亡、解雇等）或者需要适应新情形时的抑郁称为"反应的抑郁"，其他抑郁则与心理疾病有关。

有观点认为，抑郁症患者会表现出语言行为的缺失。例如，他们在记忆一系列中性词汇时特别困难。能力的减弱与抑郁的严重性和任务所要求的努力成正比，抑郁症患者可能表现出对任何事情都不做回答，或者只回答"我不知道"，提供线索、重复学习和自动化任务能改善他们重新找回记忆的进程。

越是悲伤，越能更好地回忆

一方面，我们在抑郁症患者身上发现了一种"状态依赖"的现象：在同种前提下，他们更容易回忆起在抑郁状态下学到的东西。

另一方面，我们发现了一种称为"符合情绪"的现象：如果学习内容的感情色彩（比如一些表示痛苦、悲伤的词）与个体的感情状况相符（在这里指抑郁的情绪），记忆就会更容易。

对抑郁症患者来说，那些痛苦的经历更容易被记住。在测试中，抑郁症患者对那些令人不愉快的词（例如战争、死亡、癌症等）比那些令人愉快的词（例如快乐、和平、太阳等）记忆得更好。

抑郁症患者的记忆功能受到注意和情感的影响较大，患者的记忆力明显减退，具体表现为短时记忆和瞬间记忆的能力下降，自由联想和再认出现困难。

第十一节
情绪以不同方式影响记忆

　　情绪是人们认知事件时产生的主观认知经验的通称，一般是人们的需要能否得到满足的相关的体验，比如欢乐、悲伤、恐惧、愤怒、满意或者不满意等。它是多种感觉、思想和行为综合产生的心理和生理状态，是普遍的和通俗的。情绪常和心情、性格、脾气、目的等因素互相作用，也受到荷尔蒙和神经递质影响。

　　情绪和记忆有着十分密切的关系，它的好坏对人的记忆有很大的影响作用，并且在特定的条件下，情绪的好坏对人们记忆的好坏起决定作用。情绪对记忆效果的影响是很多方面的，可能是直接的，也可能是间接的；可能是积极的，也可能是消极的。

直接影响

　　情绪对记忆的直接影响表现在：在记忆过程中，一些些积极的情绪能直接提高人们的记忆效果和效率。心理学研究表明，人们非常偏好那些愉快的经验，一般能引起人们自己愉快情绪的事物会更容易被记住。这主要表现在两个方面，凡是能够对我们情绪产生强烈影响的事物，我们很容易记住，记得也比较牢固，甚至可能会记忆一生，比如说人们接到大学录取通知书，这就是一件让人愉快的事情，因此就更容易被人记住；凡是我们感兴趣的事物，就能够保存在我们的记忆中，比如说有人对各种车辆非常感兴趣，那么如果你问他有关车辆的知识则他大部分都能回答出来。因此在记忆的过程当中，我们应该认真体验记忆材料当中，那些带有感情色彩或容易激起人们情绪的事物，这能大大地提高我们的记忆效果。

记忆和好奇心

　　无可否认，好奇心是一个坏毛病。但另一方面，在提高我们记忆力的时候它又是一个真正的优点。好奇说明一个人有很广泛的兴趣。这是保持良好记忆力的最好的办法。对比之下，只对一两个特殊领域感兴趣对记忆而言就不是一件好事。

间接影响

情绪对记忆的间接影响表现在：充沛积极的情绪能提高人的体力和精力，促使人们能够为达到记忆的目标而努力。这种情况人们在生活中应该经常遇到。在学习上，人们高兴的时候，会感觉这个世界特别的美好，因此就会觉得应努力学习，为了未来而努力奋斗，这时候人们就会集中精神去努力学习；而当人们不高兴地时候，就感觉干什么都没意思，学习也没什么意思，学那么多的知识到头来都没什么用处，因此也不会去努力学习。

积极影响

情绪对记忆的积极影响：是指在一定的情况下，有些时候情绪能够对人们的记忆活动起促进作用。比如在记忆活动中，当人们看到自己的进步时，就会感觉非常满意，并且充满希望，这种情况就能促进人们记忆效果的提高。因为愉快的情绪能够提高人身体的活力，使人体的各种生理机能全部活跃起来，使人们的精力和体力得到增强，提高人们生活的动力，使大脑达到最佳的状态。大脑的状态越好，大脑的工作效率和人们的记忆功能就越强大，人们的记忆力也就越高。

消极影响

情绪对记忆的消极影响：是指在一定情况下，有些情绪会削弱人们的记忆活动，对记忆起到降低的作用。比如在身体很不舒服的情况下，很难指望人能记住一些复杂的东西，因为人的注意力都集中在自己不舒服的身体上。不愉快的情绪会对人造成很大的刺激，特别是生理上的，这就会影响到大脑的记忆功能。另外，人的一些不正常的情绪可能造成大脑皮层的不正常波动，也会影响人对记忆力的巩固。

总之，情绪对记忆的影响是十分严重的。因此，我们在记忆的时候，一定要排除不良情绪，保持好的情绪，并且不能让情绪产生严重的波动。

紧张的工作或学习之余，可以看看书、听听音乐，将自己的不良情绪释放释放，这样才不会使不良的情绪对记忆力产生消极影响。

第十二节
环境影响记忆

环境对记忆的影响

研究表明，人们在进行记忆活动时，周边环境的好与坏，会对记忆效果产生一定程度的影响。如果周边是一个良好适宜的环境，人们的记忆就很可能会得到加强；相反，如果周边环境非常糟糕，人们的记忆就会减弱，甚至可能完全无法进行正常的记忆活动。那么，外部环境究竟是通过什么样的方式，对人们的记忆产生影响的呢？

第一，外部环境主要通过影响人的情绪而影响记忆力。宽敞明亮的环境能够让人感到心情舒畅，有助于人们记忆；狭窄阴暗的环境则容易让人产生压抑和烦闷的情绪，也可能会使人产生沮丧的心理，这就不利于人们记忆；美丽幽静的环境容易让人心旷神怡，给人一种非常舒适的感觉，有助于人们记忆；喧嚣吵闹的环境容易让人感到内心不安稳、难受、坐立不安，不利于人们记忆。

第二，外部环境通过影响人的大脑而影响记忆力。如果外部环境是空气流通、光线充足，并且相对安静的情况，则有助于人们进行记忆活动。因为空气流通的环境，会让大脑有充足的氧气供应，使大脑长时间保持足够的精力，不容易感到疲劳；光线充足则能使大脑一直处于一个兴奋的状态，这种情况下，大脑对各种信息的编码、储存、提取等处理行为就会加快，信息在大脑中留下的痕迹也会加深，能够有效提高人们的记忆效率；相对安静的环境则能够避免大脑受到一些不必要的刺激的干扰，一些没有用的、不需要我们记忆的信息不会在这个时候突然输入到我们的大脑中。这样的环境，使大脑对信息的反射更容易，因此能够促进人们记忆，并且提高人们的记忆效果。

什么是有利于记忆的环境

一个良好的、有助于人们记忆的环境，主要包含两个方面：一方面是这个环境要让人感觉到舒服、舒适；另一方面，应该是一个尽量不被外界干扰的环境。

实际上这两个方面很好理解。

第一，舒适、舒服的环境有助于记忆。在现实生活中，每个人都喜欢待在舒服、舒适的环境中。比如说坐飞机的时候，飞机上我们都知道，基本上会分为头等舱和经济舱两种不同的乘坐环境。一般来说，头等舱的价格会相对昂贵一些，但是由于机舱位置、服务标准、座椅尺寸和间距等的不同，人们乘坐头等舱时会相对舒服一些，并且头等舱的乘客一般都比较少；而经济舱在价格上会相对便宜一些，但是它的机舱位置、服务标准、座椅尺寸和间距等相对于头等舱也要差一些，同时乘客的人数也比较多，因此人们乘坐经济舱相比于乘坐头等舱在舒适感上面会有所差距，不如头等舱舒服。就是因为头等舱舒服，一般有条件、有实力的人，在坐飞机的时候都会选择坐头等舱。

这样的环境能够让人们的身体和心理都感觉到轻松，做什么事情都不觉得有难度，同时也会感觉到有足够的动力。当然，由于人与人之间的个人爱好、生活环境、生活水平、生活经历等的不同，每个人对于舒服的定义可能是不同的：经常挤火车的人可能感觉飞机的经济舱就非常舒服，一个总是坐飞机的人也可能会感觉火车的软卧也很不舒服。如果一个人坐在飞机的头等舱中感觉不舒服，那它就连火车的硬座都不如；如果一个人感觉坐在火车的硬座上非常舒服，那么硬座就相当于是这个人的头等舱。人们乘坐的究竟算不算头等舱，实际上是根据人们自身的感觉来决定的。俗话说"鞋合不合适只有脚知道"，人们对某些事物的感觉到底舒不舒服也只有自己知道。

第二，一个不被外界各种因素干扰的环境，有助于人们进行记忆活动。一般来说，人们在集中精力做一件事情的时候，如果突然间被某些意外因素所打扰，那么这件事

梦中的记忆

我们大多数人都经历过刚从梦中醒来时对梦中的情景记忆犹新，但又会迅速忘记。如果你想迅速准确地记住一些东西，专家建议你把它们的细节都写出来。银行出纳就被告之用这种方法来对付抢劫的发生。为了减少理解上发生扭曲的可能性，你应该在和别人谈话和干别的事之前把经历都记录下来。（关于扭曲记忆第八章中将详细分析）

当你今晚要睡觉时，把你的记录本和笔放在床头。只要一醒，你就利用几分钟的时间把所梦到的东西记录在本子上，要尽可能详尽地记录，不要忽略任何东西，即使是看起来不那么重要的。帕特里西亚·加菲尔德博士在她的《奇特梦境》（1975年）一书中提到："如果你觉得记不住做梦的内容，不用担心，因为每个人都能学会怎样恢复梦境记忆。"你越努力研究学习，你就越能从中获得更多的东西。

情应该就不能再进行下去了。比如说一个公司的领导正在做一项关于公司的重要计划，这个时候他的电话突然响起来，本来他的计划正做到关键的部分，他并不想停下来，但是电话一直响个不停，于是他接了起来，原来是他的妈妈突然进了医院。放下电话之后他肯定就无法继续做计划了，因为他的妈妈进了医院，他必须要马上过去，所以计划必须停止。还有一种情况可能是他觉得计划比较重要，应该做完再去医院，但是估计他也不可能继续做计划了，因为一边做计划，他的大脑还会不断提醒着他的母亲进了医院这个信息，他根本就不可能安下心来再做计划。所以说，一个意外因素的干扰很可能会导致一件重要的事情无法完成。

我们都知道，记忆是一项复杂的脑力活动，它包括信息的输入、编码、储存、提取等过程，在这个过程中，人的注意力必须高度集中，才能取得最好的效果。一旦这个过程中受到干扰，那么很可能之前所付出的精力全部都被浪费，无法记住自己需要的信息。比如，你刚刚向别人问了一个重要的电话号码，正在大脑中不断重复，企图记住它，这个时候，突然有人叫你，而你回答了，并且和那个人交谈起来。等到交谈结束后，你还能够记得你之前要记忆的电话号码吗？答案肯定是不能。当人们在记忆某种信息的时候，最好的情况是在这个过程中不要有其他新的信息输入到大脑中。一旦有新的信息进入大脑，就会和正在记忆的信息发生冲突，产生抑制或影响，甚至有可能造成需要记忆的信息的丢失。

因此，人们在进行记忆活动的时候，必须保证自己不会受到任何意外因素的干扰，这样才能达到最有效率地记忆信息。当然，对于人们来说，每个人对于干扰的定义是不同的，有的人可能觉得别人很小声地放音乐就会对自己产生干扰，而有的人觉得只有别人碰到了他的身体才会对他产生干扰，因此，必须根据自己的实际情况去，去判断一个环境到底是不是适合自己的，并且不被干扰的记忆环境。

创造有利于记忆的环境

外部环境并不是一成不变的，人们可以根据自己的需要，对其进行一些改变，甚至是创造出一个自己喜欢的环境。在进行记忆活动的时候，如果外部环境不能满足人们的需要，这种情况下，我们应该怎么做呢？

第一，自觉去寻找有利于记忆的环境。人们周围的环境是各种各样的，也是在不断发生着变化的。但是，环境的变化并不是随着我们是否要进行信息的记忆而发生变化，它不是上课，老师说安静就必须安静，外部环境的变化是不以人的意志为转移的。因此，在我们进行记忆的时候，如果外部环境不满足我们记忆所需要的条件，就需要我们自己去寻找合适的环境。比如，喧闹的闹市不适合我们记忆，那我们就可以去图书馆等安静的地方。就像工作一样，这个世界上总会有适合你的工作，只要寻找，也肯定能找到最适合记忆的环境。当然，想要找到一个适合自己的记忆环境，一定要跟着自己的心走，按照自己内心中最真实的想法寻找，不要管别人的想法，只要你觉得环境舒适，哪怕别人都说不好，也不要受到干扰，记忆活动终究是你自己的事情。

改变所在环境中某一物件是行之有效的记忆办法。比如，电台的DJ将当日节目要播放的光盘改变存放位置。

第二，要掌握抗干扰的能力。有些时候我们需要记忆信息，但是却没有一个合适的环境，由于客观原因的某些因素我们又不能换一个环境，这时候我们想要记忆，就必须要掌握抗干扰的能力，学会闹中取静。很多时候，当我们静下心来做一件事情的时候，外部环境的因素其实并不能影响到我们，这样的经历肯定很多人都有，就像我们在看电视看得非常入迷的时候，外面不论怎么吵闹，都不会影响到我们。其实记忆也是一样，只要我们能静下心来去记忆信息，什么样的环境都没办法影响到我们。当然，在一个不适宜的环境中记忆是对人们意志力的一种考验，只要坚持不分心，坚持不受到任何干扰，进行记忆是完全没有任何问题的。

第三，要学会自己去创造最有利于记忆的环境。我们每个人都有能够利用特定环境的刺激，引起特定反应的条件反射的规律，创造出一种环境，使大脑一接受这种信息就自动进行记忆活动。也就是说，每个人都有最适合自己的记忆环境，这种环境通常都需要我们自己去创造。比如说我们正在看书，但是书桌上的一盆花却严重影响着我们，这时候我们就可以把这盆花转移到一个我们看不到的地方去，这样我们就不会再受到干扰，这就是自己创造环境。当然，如果你觉得天气很热会影响你的记忆，那么你就可以在进行记忆活动之前把空调打开，保证不会受到炎热天气的影响；如果你认为饥饿会对你的记忆产生干扰，那么你就可以在进行记忆活动之前吃一些东西，保证自己在记忆活动中不受到干扰。另外，关闭电脑、关闭门窗、关闭手机等，都能够尽量避免人们受到意外因素的干扰。人们也只有找到这样没有干扰的环境，才能让自己的记忆活动变得有效率。实际上，有利于记忆的环境的创造是很简单的，只要让自己的记忆环境变得安静，并且处在一个光线充足的环境中，让娱乐物品远离人们最容易看到的地方，这样的环境就可以。

第十三节
影响记忆的其他因素

除了以上几节讲述的影响记忆力的因素外，还有下列因素也会对记忆产生影响。

诱导因素

诱导因素会对记忆产生影响。诱导就是劝诱、教导、引导，指的是用语言或者动作等行为引导人们做出某种行为或者说出某些事件。比如老师问学生一个问题，学生回答不出来，老师就会通过各种提示来引导学生说出正确的答案，这就是诱导的一种。

诱导对记忆的影响主要发生在某些事件的目击者身上，特别是一些重大、紧张的事件的目击者，像是车祸等。这类事件通常会对人们产生一些严重的刺激，使人们的情绪紧张，导致人们虽然目击了整个事件，却由于情绪的紧张，而不能对事件发生时的某些因素记忆清楚，这就需要目击者在他人的诱导之下回忆起整个事件。诱导经常是用一种疑问的方式进行，比如说在法庭上，律师们对某些事件向目击者和证人发出的问题就是在诱导证人。

诱导能够使人回忆起某些事件，但是这种回忆有时候并不一定是真实的，这主要在于诱导方式的不同。有这样一个实验，实验者给被测者放映了一段关于交通事故的短片，在看过短片之后，要求被测者描述自己观察到的场景，然后回答一些与短片中交通事故有关的问题。其中一个问题是关于汽车碰撞在一起的时候的速度的，但是对不同的被测者所询问的方式不同，有的是问"汽车在相接触时的速度是多少"、有的是问"汽车在相碰时的速度是

我们所接受的第一个感观刺激是在子宫里。对于新生儿所进行的研究表明，我们"记得"这些感觉，或者至少在出生后不久就被引导而去识别它们。

多少"、有的是问"汽车在相撞时的速度是多少",结果一个词语的不同导致了被测者的回忆出现了不同。如果是用较弱的词,得到的是一个较低的数字,可能是 50 千米每小时;如果是一个比较强烈的词,得到的就是一个比较高的数字,可能是 60 千米每小时;如果是一个非常猛烈的词,得到的就是一个非常高的数字,可能是 80 千米每小时。实验结果证明,用不同方式对人进行引导时,不同的人回忆出的情况是不同的。

错误的信息

错误的信息对记忆有影响。有时候,因为人对自己看到的事件记忆并不清晰,很可能会被一些错误的信息所误导,从而产生错误的回忆。就像在法庭上,律师为了得到有利于自己代理人的证词,经常会用一些错误的信息对证人发问,一旦证人出现情绪紧张等情况,就很有可能会上律师的当,从而给出错误的证词。在一个实验中,心理学家给被测者看了一段交通事故,并且让被测者记住自己所看的画面,然后给被测者出具一份关于这个交通事故的报告。在报告中,心理学家把事故中的一些信息用另外一些错误的信息进行了替换,比如说把让行的指示牌换成了禁止行驶的指示牌。但是,等被测者看完报告后,心理学家问被测者交通事故中到底是让行的指示牌还是禁

我的记忆和……我的父母

记忆不是基因库的一部分,也不是可以由父母传给孩子的遗传财产的一部分,同时也不是阿尔茨海默病的一部分。如果亲戚得了一种影响记忆力的疾病,许多 50 岁以上的人非常关心,并向专门的医师咨询相关的问题。其实,这种记忆上的混乱不会被上一代传给下一代。

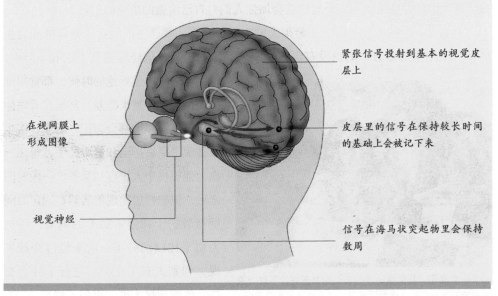

在视网膜上形成图像

视觉神经

紧张信号投射到基本的视觉皮层上

皮层里的信号在保持较长时间的基础上会被记下来

信号在海马状突起物里会保持数周

止行驶的指示牌时，有一部分人会非常肯定地说是禁止行驶的指示牌，这部分被测者就是受到了错误信息的影响，产生了错误的回忆。

权威的肯定效应

权威或者专家的肯定效应对记忆有影响。在现实生活中，我们肯定遇到过这样的事情，当你做一件事情的时候，有人会规定你不能做某些行为，否则就会出现严重的问题。但是就算你没有做出违反规定的行为，如果出现了做出那些行为才会产生的问题，别人还是会说你没有按照他的规定去做。这时候你肯定会否认，但是在那个人坚定的说法下，你可能就慢慢会觉得自己就是因为没按照规定做，所以才出现问题。这就是权威肯定对记忆的影响。有一个实验充分说明了这个问题，在实验中，被测者要在实验者的监督下在电脑中输入一段话。事先被测者已经被告知不能触碰电脑键盘上的 CTRL 键，否则电脑就会死机。在实验中，被测者并没有碰 CTRL 键，但是电脑却突然死机了，于是实验者就指责被测者触碰了 CTRL 键。刚开始被测者会否认，但是实验者却坚持说自己看到被测者触碰 CTRL 键了。随后实验者制作了一分被测者触碰了 CTRL 键的坦白书要求被测者签字，结果很多被测者都签字了，并且有一些被测者还找一些理由来证明自己触碰了 CTRL 键。但是事实上，被测者根本就没有碰到 CTRL 键，他们只是被实验者所肯定的情况误导了。

人们的社会交往

社会交往同样影响人的记忆。现实生活是人们记忆力的重要来源，在生活中，一件相当重要的事情就是进行社会交往。在社会交往中，人们有很多机会去和别人谈论自己现实生活中的某些事情，这样就会加强人们对自己所做的事情的记忆力。

有这样一个例子。有一个年龄很大的人，他患有一些严重的病症，并且他独自生活在一个陌生的地方，周围没有亲人和朋友。因为孤独，他经常感到不安和不舒服。

相关研究表明，社交活动多的人记忆力更好，平时与家人朋友联系密切的人年老后出现记忆力减退的概率更低。

他的邻居每次见到他的时候，都觉得他的记忆力变得越来越差，甚至像看医生这样重要的事情都会忘记。后来，医生给他配了家庭护士和健康助手，每周三次为他提供个人护理和服务。一段时间之后，他的邻居发现他居然在固定时间期待着护士和健康助手的到来，记忆力似乎比以前好了。后来经过交谈发现，和别人有了接触，进行了社会交往，他的记忆力确实得到了提高。

第四章

评估你的记忆能力

第一节

记忆力好不好的标准是什么

衡量一个人记忆力是否良好，有一定的标准。这个标准就构成了记忆的品质，记忆品质良好的记忆应该具备质与量的保证。记忆的品质主要分为记忆的敏捷性、正确性、持久性和准备性。只有同时具备这四个品质的记忆，才是良好的记忆。

记忆的敏捷性

记忆的敏捷性是指一个人在识记材料时的速度，敏捷性主要表现在较短的时间内记住较多的东西。不同的人的记忆敏捷性存在很大的个体差异，记忆东西的时候，有的人可以做到过目不忘，有的人则需要很长时间才能记住。另外，记忆的敏捷性还和人的暂时神经联系形成的速度有关：暂时联系形成得快，记忆就敏捷；暂时联系形成得慢，记忆就迟钝。当然，衡量记忆的好坏不能仅仅凭敏捷性这一个品质，必须把敏捷性与其他的品质结合起来分析才有意义。

记忆的正确性

记忆的正确性是指对记忆的内容从识记、保持、提取到再现都准确无误，记忆的这一品质与暂时神经联系形成的正确程度有关。暂时神经联系越正确，记忆的准确性就越大。暂时神经联系越不正确，记忆的准确性就越差。如果一个人的记忆没有以正确性为前提，那么他在学习上所做的一切努力都将没有意义。为了保证记忆的正确性，必须在第一次记忆的时候，就要保证记忆的正确性。否则，以后就要花费很多时间去纠正这个错误。记忆的正确性是记忆最重要的品质，如果没有这一品质，其他品质就没有存在的意义。

记忆的持久性

记忆的持久性是指记忆内容保持时间的长短。能够把知识经验长期地保留在头脑中，甚至终生不忘，这就是记忆持久性最好的表现。记忆的这一品质，与大脑的暂时神经联系的牢固性有关。暂时神经联系形成得越牢固，记忆就会越长久。暂时神经联系形成得越不牢固，记忆就会越短暂。记忆的持久性一般要会从瞬时记忆开始到短期记忆再到长期记忆的发展过程。

例如，背一首诗，念了几遍以后，大致可以背下来，这是知识的瞬时记忆。当慢慢地背下来以后，知道这首诗里面讲的是什么内容，并把每一句

有的人记得很快，保持的时间也相对比较长。而有的人保持的时间却比较短。在学习中，有了记忆的持久性，才会形成牢固地知识，才不至于出现信息提取困难。

的意思都分析明白，使记忆进一步加深，这就形成了短期记忆，这时已经具备了持久性。之后，反复巩固复习，在闲暇时候想起来就会背一遍，长此以往，就算过很长时间，也会记得这首诗，这样就形成了真正的持久性。

在记忆的持久性方面，每个人都不尽相同，有的人能把识记的东西长久地保持在头脑中，有的人则会很快地把识记的东西忘掉。有的人记得很快，保持的时间也相对比较长。有的人记得快，可是保持的时间短。在学习中，有了记忆的持久性，才会形成牢固地知识，记忆的持久性是记忆良好的一个重要的条件。

记忆的准备性

记忆的准备性是指能够根据自己的需要，对保持内容从记忆中迅速提取、灵活、准确应用的特征。记忆的这一品质，与大脑皮层神经过程的灵活性有关，由兴奋转入抑制或由抑制转入兴奋都比较容易、比较灵活，记忆的准备性的水平就高；反之，记忆的准备性的水平就低。在准备性方面，有的人能得心应手，随时提取知识加以应用。有的人虽然有丰富的知识，但是不能根据需要去随意提取应用，这就是缺乏记忆准备性的表现。

有了记忆的准备性，才会有智慧的灵活性，才能有随机应变的本领和能力。记忆的这一品质是上述三种品质的综合体现，而上述三种品质只有与记忆的准备性结合起来评价才有价值。因此，记忆的这四种品质是相互依存、缺一不可的关系。一个人记忆力的好坏，不能只看记忆的其中一个品质，必须要综合这四个品质去综合评价、综合考察。

如果想提高记忆，就要对自己的记忆品质做一个科学的检查，这样就知道自己的记忆处于一个什么样的水平，方便自己寻找合适的记忆方法。不要太担心测试的结果，大多数人在一开始测试的时候分数都很低，掌握一定的记忆方法后就能得到近乎完美的高分。

第二节
测测你自己的记忆力

测量记忆的方法有很多种，以下只列举出四种最基本、最常用的方法，即回忆法、再认法、节省法和重建法。

回忆法

回忆法又称再现法，就是曾经识记过的某种材料，经过一段时间，让被试把所识记过的材料复述出来或以书面的形式写出来。然后把回忆结果与原材料进行比较，就可以推测出保持量的大小。如，考试时的问答题和填空题，就是用回忆法来测量对知识的保持量。此法还可以测量短时记忆。如，一个人说完一个电话号码，立刻就由另一个去复述，这就可以测出短时记忆的保持量。保持量的计算方法是以正确回忆的项目的百分数为指标来计算的，算式如下：

$$保持量 = \frac{正确回忆的测量项目}{原来识记的测量项目} \times 100\%$$

例如，我们一次记住了 60 个英语单词，一个星期后能正确回忆出 30 个，那么代入公式：

$$保持量 = \frac{30}{60} \times 100\% = 50\%$$

这样就知道记住的单词量为 50%。

在具体运用上，回忆法可分为自由回忆和线索回忆两种。前者是对被试所要回忆的材料不给任何提示，只要求被试把识记过的材料说出来或写出来，后者是向被试提示一部分识记过的材料，然后被试以此为凭据，回忆出其余的材料。

再认法

再认法就是把识记过的材料和没有识记过的材料混在一起，要求被试把识记过的材料和没有识记过的材料区分开。一般情况下没有识记过的新项目和识记过的旧项目数量相等，然后向被试一一呈现，由被试报告每个项目是否识记过。计算公式为：

$$保持量 = \frac{认对数 - 认错数}{呈现材料的总数} \times 100\%$$

例如，一共有 60 道题，答对了 45 道题，那么代入公式：

$$保持量 = \frac{45-15}{60} \times 100\% = 50\%$$

这样得出正确保持量为 50%。

再认法和回忆法的保持量不同，再认法的保持量优于回忆法的保持量。这是由于完成水平的不同。这种不同主要表现在推测率的不同、依据信息的不同和操作过程的不同。

例如，让你回忆《水浒传》中一百单八将中绰号为"病关索"的姓名，恐怕你回答不出来。这样，在回忆测验中你的记忆成绩为 0。但是，对于这一信息的再认测验，情况便不同了。例如，给出下列选择题:《水浒传》一百单八将中绰号为病关索的姓名是：A. 杨雄；B. 杨虎。这里，推测的正确率至少是 50%。显然再认比回忆要容易。这就是推测率的不同。

依据的信息不同，要实现回忆，必须或多或少记住有关刺激的"整体"信息。

例如，要记住"病关索杨雄"，只了解他是《水浒传》一百单八将之一还不够，还必须了解杨雄的为人，他在梁山泊中的作用，他的绰号的来历、意思等，即掌握整体信息。而再认则不同，只要有能够辨别目标刺激（即以前学过的待再认的刺激）和干扰刺激的信息就可以了。例如，上例中只要知道《水浒传》一百单八将中没有一个叫杨虎的，那就可以确定"病关索"一定是"杨雄"了。

回忆和再认的操作过程不同。回忆某个信息时必须在识记中进行搜索，然后再对信息加以确认。再认某个信息则不同，目标信息是直接呈现给被试，不用在记忆中搜索。因此，再认的成绩就优于回忆的成绩。

再认法与回忆不同，再认法是将已学过的项目与未学过的项目随机混合并呈现给被试，让被试指出哪些是已经学习的，哪些是没学习的。

节省法

节省法又叫再学法，是要求被试在学习一种材料之后，经过一段时间再以同样的程序重新学习这一材料，以达到原先学习的程度为准。被试把原来熟记的材料不能准确无误地回忆出来时，就要重新学习原来识记过的材料。用原先学习所需要的时间（或次数），减去重新学习时所需要的时间（或次数），两者的差数就是重新学习时节省的数量，这个指标就是节省法测得的记忆保持量。其计算公式是：

$$保持量 = \frac{初学的次数或时间 - 再学的次数或时间}{初学的次数和时间} \times 100\%$$

例如，背乘法口诀，第一次背了 10 次就记住了，过了半个月，忘记了一部分。第二次重新背诵，这回可能只需要 6 次就达到以前的水平，比以前少背 4 次。代入公式：

$$保持量 = \frac{10-6}{10} \times 100\% = 40\%$$

即保持量为 40%，重学比初学节省了 40%。

重建法

重建法就是要求被试再现学习过的刺激次序。具体做法是，给被试按一定顺序呈现排列的若干刺激，呈现后把这些刺激打乱，放到被试面前并让其按原来次序重新建立起来。该方法除了适用于记忆文字材料外，还适用于记忆形状、颜色或其他非文字材料。

由于记忆不是以全或无的形式存在的，我们对某人或某事的记忆可能已不清楚了，但也没有完全遗忘，因而就需要用一些方法来测量记忆的保持量。

记忆容量的发展随年龄增长而增加

中国著名心理学家、教育学家沈德立等人曾研究了幼儿不同感觉通道的记忆容量。其中，有关视觉通道记忆容量的研究，采用再认法测量幼儿对情节图片和抽象图片的再认保持量，图片是用速示器（每张图片的呈现时间为 3 秒）依次呈现的。

测试结果发现，不同年龄组幼儿对图片再认的保持量有显著的差异。幼儿园小班孩子的记忆保持量为 7.47，中班孩子的记忆保持量为 11.38，大班孩子的记忆保持量为 13.57。

有关听觉通道记忆容量的研究，分别采用再认法和再现法测查幼儿对播放的词汇的保持量。结果表明，不论是再认法还是再现法，其保持量都随幼儿年龄的增长而递增。小班、中班、大班孩子的再认保持量依次是 8.92、11.80 和 13.38，再现保持量依次是 3.45、4.06 和 5.29。

第三节

你对待生活的大体方式

进行自我评估

本问卷由 20 个问题组成。请仔细阅读每个问题及其选项，然后选出最适合的答案。

⊙你认为自己是一个有条理性的人吗？

1. 完全不是　　　2. 有一定的条理　　　3. 非常有条理

⊙在你参加一个会议时，下列哪个答案最能说明你的状态？

1. 发现自己思绪漂移出去，想着其他事情

2. 只要主题有趣，就能很好地摄入信息

3. 总是能随时集中精神并记得住

⊙你乱放钥匙吗？

1. 经常会　　　2. 有时会　　　3. 从不

⊙你有时间安排表吗？

1. 没有　　　2. 试过，但发现难以随时更新　　　3. 有

⊙你是否每星期不止一次感到有些晕晕乎乎？

1. 是的　　　2. 有时　　　3. 没有

⊙你是否发现一直有太多的事情要做？

1. 是的，我不太擅长于熟练掌握事情

2. 我有时不得不加班加点以跟上进度

3. 不会，我基本上能掌控局势

⊙你是否感到难以记住密码？

1. 是的，我很难记住这些东西

2. 我偶尔会在想它们时碰上些问题——因为我对不同的东西设的密码不同

3. 不会，我用的密码不仅熟悉而且易记

⊙你是否有过走进一个房间却忘了为什么走进去的时候?

1.经常　　　　　2.有时　　　　　3.从未有过

⊙你是否吃大量的新鲜蔬菜和水果?

1.不　　　　　　2.尽量　　　　　3.是的

⊙你能记得给人们发生日贺卡吗?

1.不能,我记不住日子,所以不知道什么时候该送

2.只记得同我关系密切的人

3.是的,我有生日的清单

⊙你是否容易分心?

1.是的,我发现难以让自己长时间地把注意力集中在某件事情上

2.有时

3.从不

⊙你认为新信息好记吗?

1.不　　　　　　2.如果听得仔细的话　　　3.是的

⊙你是否让你的思维保持活跃?

1.并不完全如此　　　2.尽量　　　3.是的

⊙你是否乱涂乱画?

1.经常　　　　　2.有时　　　　　3.从不

⊙你的家庭开支是否有条理?

1.没有

你的日常生活习惯决定了记忆力的好坏。另外,有目的、有计划地发掘自己的记忆潜力,才能彻底改善和增强记忆力。

2. 有一定的条理

3. 是的，我先会以一定的次序将它们排列，所以总能按时开支

⊙你多久做一次身体锻炼？

1. 从不，我讨厌做身体锻炼　　　　2. 有时　　　　　3. 至少一周两次

⊙你丢过东西吗？

1. 经常　　　　　2. 有时　　　　　3. 从未

⊙当有人给你介绍新朋友时，你是否能记住他 / 她的名字？

1. 几乎不能　　　　2. 有时能　　　　3. 每次都能

⊙你有没有做过白日梦？

1. 经常　　　　　2. 有时　　　　　3. 几乎从未

⊙你是否经常会为某些事情紧张？

1. 经常　　　　　2. 有时　　　　　3. 几乎从未

把你所选答案的序号加起来（序号即代表得分），看看你属于哪一类记忆个性。

得分

20 — 30 分：最佳化程度差

你也许精神不太集中，感到自己的记忆力不是很好。你可能条理性较差。你似乎不太积极利用记忆策略或如列清单之类的帮助记忆的工具。你的生活方式可能也不是特别健康。

如果你属于这种个性类型，就要多下功夫学习提高注意力以及使用记忆策略，从而提高自己的日常记忆功能。专心致志是摄入信息并将其存储起来的基础。记忆策略或记忆帮助工具能帮助你更好地存储记忆信息。你可能还需要考虑改善你的生活习惯，因为健康对你的记忆力会产生很大的影响。

31 — 45 分：最佳化程度中

你的生活也许安排得还可以，但还可以有更好的记忆力。你也许相当有条理，但还有提升的空间。你试过以一种健康的生活方式生活，但并不十分成功——因为你感到自己太忙了。

你应变得更有条理，学会更有效地利用记忆策略，并学习新的策略，会极大地改善你的记忆和注意力。生活方式的改进也应该成为你总体提升计划的一部分。

46 — 60 分：最佳化程度好

你的记忆力可能已经不错并能有效地利用记忆策略。你可能也正努力以一种健康的生活方式生活。因此，紧张程度相对较低。

提升的空间仍然存在——如果你对记忆是如何运作的了解得更多并学习了新的策略，你就可以进一步强化自己的记忆。

第四节
评估你的临时记忆

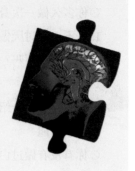

第1部分：评估你的数字记忆能力

叫一个朋友读出如下次序的数字，你的任务是以同样的次序复述这些数字。试试看你做得怎么样。

18　13　71　43　7　58　2　9　6　5　4　16　25　34　95　19　20

得分

少于5个：差；5－9个：中等；多于9个：好。

第2部分：评估语言记忆的能力

看一下下列词汇并试着记住它们——不要把这些词汇写下来。你有1分钟的时间。

木偶　火车　上衣　毯子　汽车　足球　椅子　裤子　桌子

摩托车　谜语　沙发　帽子　玻璃球　直升机　袜子

现在把这些词语遮住，然后尽可能多地把这些词语写出来。

得分

少于5个：差；5－9个：中等；多于9个：好。

你注意到这些词有什么特殊规律了吗？如果没有，再看一次。如果你看得仔细，你将会发现这些词可以被分成5个主要类别（玩具、交通工具、家具、服装）。增强记忆最简捷的方法之一是将有关项目按类别组合。这能降低记忆的负荷，从而使记忆更加容易。

第3部分：记故事

阅读以下段落。不要记笔记，但在手边准备好纸和笔以备后用。

罗先生正走在去一家超市的路上，他要买早餐、一瓶啤酒、两斤鸡蛋，以及一些甜品。当他沿着人行道往回走时，看见一位女士被一块石头绊了一下，摔倒在地，撞到了头。他赶紧跑过去看她是否需要帮助，并看到她头上的伤口正在流血。他奔向附近最近的房子，敲开了门，告诉开门的女子发生了什么事情，并请她打电话叫人帮忙。15分钟后，来了一辆救护车，把受伤的女士送进了医院。

现在，把这个段落盖起来，然后根据记忆尽可能地（尽可能按照原来的词句）写出这个故事。

得分

你能回忆起多少条信息？

少于 15：差；16 — 25：中等；超过 25：好。

大多数人肯定能记住故事

记忆力测试

仔细观察下面的图片 2 分钟，然后遮住图片，回答下面的问题。

1. 餐厅的桌布是什么颜色的？
2. 餐桌上放的是什么花？
3. 你从图片中看见了几朵花？
4. 图片中显示的是几个人就餐的座位？
5. 餐桌上放了筷子没有？
6. 椅子是什么颜色的？

梗概，而且可能还能记住一些细节，然而要一字不差地写出这样一个故事则是一件很困难的事情。

我们大多数人在阅读书报时往往只记住大概意思而不是逐字逐句地通篇记忆。这是因为，虽然词句是重要的，但我们的记忆幅度是有限的；所以词句就成了故事的"路径"，因而我们记住的只是大概的意思。重要的是，词句所传递的是内容而不是词句本身。人类的记忆也更善于记住值得记忆的片段或那些同我们个人有牵连的东西。

第 4 部分：识别记忆

看一下下面的这些词汇并记下哪些在前面的练习中出现过。不要翻回去看，你能认出哪些词语自己在前面看见过吗？

木偶　足球　垃圾箱　熨斗　汽车　帽子　轻型摩托车　火车

摩托车　房子　上衣　直升机　毯子　沙发　谜语　窗户

得分

翻回去对照一下，并计算你的得分。

认出少于 9 个：差；9 个：中等；10 个以上：好。

第五节
评估你的长期记忆

第 1 部分：经历性记忆

这一类型的记忆往往有不同的种类。

试试看回答以下问题：

1. 你的祖母叫什么名字？

2. 你出生的地方是哪？

3. 你第一个喜爱的玩具是什么？

4. 你小时候最喜欢吃什么？

5. 你小学时的绰号叫什么？

6. 你的祖父是怎样维持生计的？

7. 形容你祖父的外貌。

8. 想一件你 5 岁前收到的礼物。

9. 想象一下你成长的房子，第一扇门是什么颜色？

10. 你小时候的邻居是谁？

11. 你能回忆起上小学第一天的情景吗？你穿什么衣服？

12. 你的第一位老师是谁？

13. 你小时候做的最顽皮的一件事是什么？

14. 你最早的记忆是什么？

15. 你 11 岁时的同桌是谁？

16. 哪位老师你非常不喜欢？

17. 你能否记起在学校用心学过的文章？

18. 第一个让你心动的人是谁？

19. 你第一个约会的人是谁？

20. 第一个伤你心的人是谁?

21. 11 岁时，谁是你最好的朋友?

22. 你记忆最深的第一个假期是什么?

23. 你记忆中最早的节日是什么?

24. 描绘一件你喜欢的玩具。

25. 你什么时候学的自行车?

26. 谁教会你游泳的?

27. 你第一个真正的朋友是谁?

28. 你童年最喜欢的游戏是什么?

29. 你 5 岁时最喜爱的电视节目是什么?

30. 你的第一个纪录是什么?

31. 你在小学时最喜爱的体育运动是什么?

32. 你对较早之前的往事有没有一个深刻的记忆?

33. 有没有一种特殊的气味能使你生动地想起往事?

34. 你的第一只宠物叫什么名字?

35. 你给喜爱的玩具起了多少名字?

36. 你能不能详细地记起 11 岁前的考试片断?

37. 你 5 岁前最喜爱的歌曲是什么?

38. 你 11 岁之前是否有自己的朋友圈? 列举两位朋友。

39. 你能否记得小时候幸运避免的一些事情?

40. 你童年时生的最严重的一场病是什么?

41. 你一生中最美好的回忆是什么?

42. 你有没有童年的挚友，阔别已久后再次见面?

43. 你是否记得高中学的一些数学公式?

44. 相对于最近发生的事，你是否更容易记得往事?

45. 你能否记得当你闻讯北京申奥成功时，你身处何地?

组织你的思考

接受身体言语信息或提供逻辑框架会使记忆变得容易，如果你想记住所有南美洲本土哺乳动物，举例来说，依颜色、栖息地、大小、名称字母开头或食物链为次序，提供及时参考点组织信息能使大脑更易管理信息。

得分

30项以下＝差；30项＝中等；超过30项＝好。

大多数人在这个测试中都完成得很好，基本上能回答30多道题。一旦你开始回答这些问题，你就会促使自己回想更多的往事。这种回忆的感觉会持续很久。也许它还能促使你拿出一些旧照片或纪念品怀念，给老朋友打电话，或者找寻失去联系的朋友。一旦你的永久记忆受到激发，它将发挥巨大的功能。你会惊叹于你能回忆的所有细枝末节。

你可能会发现以上有些事情比其他的更容易记得。如果当时有重要事件发生或该事件对你有着不同寻常的意义，那么记起自己当时在哪儿或在干什么就容易得多。这是因为，我们没有必要记住我们生活中的每一个时刻。我们的记忆会自动地对信息进行筛选，于是我们就会忘记我们所没有必要知道的东西。

第2部分：语义性记忆

你的常识怎么样？语义性记忆是我们自己对事实的个人记忆。试试看回答以下问题，并看一下你的知识怎么样。

1. 葡萄牙的首都是哪里？

2. 《仲夏夜之梦》的作者是谁？

3. 青霉素是谁发明的？

4. "大陆漂移说"是谁提出的？

5. 离太阳最近的第五颗行星是哪一颗？

6. 曼德拉是在哪一年被释放的？

7. 俄国革命在哪一年？

8. 一支足球队有多少名运动员？

9. 圭亚那位于哪个洲？

10. 在身体的哪个部位可以找到角膜？

11. 到达北极圈的第一位探险者是谁？

12. 《物种起源》的作者是谁？

13. 与南美洲接壤的是哪两个大洋？

14. 比利时的首都是哪里？

15. 静海在什么地方？

16. 第一次世界大战的起讫日期是什么？

17. 卷入水门事件丑闻的美国总统是哪一位？

18. 拿破仑最后被放逐到什么地方？

19. 色彩的三原色是什么颜色？

20.《热情似火》的女主角是谁?

得分

少于 10 个:差;11 - 15 个:中等;16 - 20 个:好。

答案

1. 里斯本　　　2. 莎士比亚　　3. 弗莱明　　4. 魏格纳　　5. 木星

6.1990 年　　　7. 1917 年　　　8. 11 名　　　9. 南美洲　　10. 眼睛

11. 罗伯特·爱得温·派瑞　　　12. 达尔文　　13. 太平洋和大西洋

14. 布鲁塞尔　　15. 月球　　16. 1914 年至 1918 年　　17. 尼克松

18. 圣赫勒拿岛　　19. 红、黄、蓝　　　20. 玛莉莲·梦露

我们的语义性知识会随着许多不同的因素而变化,例如你来自何方、你的年龄、兴趣,以及其他。要扩展你在已经有所了解的方面的语义性知识是比较容易的,因为这些知识更有意义。

记忆的剖析

■ 当大脑在突触之间建立连接的时候,记忆就形成了。

■ 传递信息的过程,从细胞体开始,从电到化学物质到电。

■ 记忆可能是在 DNA 的姊妹分子——信使 RNA 中被编码的。

■ 当信息通过突触时,mRNA 传递信息需要改变连接。

■ 结果,突触的强度发生改变,提高了未来神经细胞活动的可能性。

■ 记忆是在神经网络中,一定的突触活动模式的逐渐增加的可能性。

■ 记忆的形成需要很多神经细胞的参与。

■ 一起活动的神经细胞被绑在一起。

■ 复杂的记忆是建立在神经网络中许多基本要素的相互联系基础之上的。

■ 记忆不局限在大脑中某一特定区域。

■ 外在的记忆更可塑,内在的记忆更稳定。

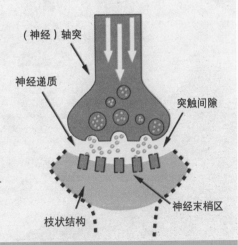

1. 当刺激从细胞体到达轴突。

2. 向突触间隙释放大脑的化学物质。

3. 另一个细胞表面的接收体被刺激和改变,编码完成。

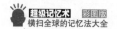
第六节

评估你的前瞻性记忆

我们大多数人过着繁忙的生活。以下哪件事情你会经常忘记？

⊙付账（或者是否已经付过账了）

1. 经常　　2. 有时　　　3. 从不

⊙计划好的约会时间

1. 经常　　2. 有时　　　3. 从不

生活的繁忙会使我们忘记许多事情，对于在书中突然出现的一张明信片，很多人要回想一下才能将与其相关的事情找回。也许，一件该及时回复的事情被记忆不佳的你搁浅了。

⊙收看感兴趣的电视节目

1. 经常　　　　2. 有时　　　　3. 从不

⊙下一周的计划

1. 经常　　　　2. 有时　　　　3. 从不

⊙出去旅行前取消所订的报纸或杂志

1. 经常　　　　2. 有时　　　　3. 从不

⊙出行前从自动柜员机中取钱

1. 经常　　　　2. 有时　　　　3. 从不

⊙晚上睡觉前调好闹钟

1. 经常　　　　2. 有时　　　　3. 从不

⊙吃药

1. 经常　　　　2. 有时　　　　3. 从不

⊙给好朋友送生日卡

1. 经常　　　　2. 有时　　　　3. 从不

⊙回电话

1. 经常　　　　2. 有时　　　　3. 从不

得分

把你所选答案的序号加起来。

10—15：差；16—15：中等；26—30：好。

每个人都对不时会忘记做一些事情而感到内疚，而且这还令人非常沮丧。这种类型的记忆的好处是易于改善。只要稍微有点条理，再加上一些简单策略的帮助，就可以提高这方面的记忆。有时，生活似乎为许多小事所占据，有条理可以帮助清理你的思路，以便处理更为有趣的事情。

吸纳常规放松技巧

据来自斯坦福大学医学院研究人员报道，在获悉新事情前有意识地放松全身肌肉或许是最有效提高记忆的途径之一。看来松弛肌肉能减少一个人在获悉事情时常产生的焦虑。一组由 39 名男女志愿者（62—83 岁）参加由这些研究人员指导的提高记忆进程。志愿者们被分成两组。一组队员被教授指导如何放松主要肌肉组织，而另一组只在进行一个 3 小时记忆训练课程前被简单告知如何改变提高对年龄增长的态度。这次试验的结果表明进行肌肉放松技巧指导的一组在对新事情（名字、面貌）的记忆上效率高出 25%。

第七节
诠释你的强势和弱势

思维功能与记忆

由于记忆的复杂性和多面性，因此，重要的是要去了解其他有关的思维功能与记忆之间的关系，以及它们为什么对记忆如此重要。虽然注意力集中是记忆的一个基本部分，但计划、组织，以及有效的学习这些过程也是记忆的基本部分。通过这些技能帮助你提高记忆，然而，首先你必须保证你对自己的能力有了彻底的了解。

你的总体表现如何呢？

将下面这张表格填一下就一目了然了。

测试类型	差	中	好
总体表现			
数字记忆			
语言记忆			
形象 / 立体记忆			
视觉识别记忆			
记故事			
识别记忆			
经历性记忆			
语义性记忆			
前瞻性记忆			

对自己的记忆有个明确的认识

看一下你在各个不同练习中的得分情况，就会清晰地看出自己在哪些方面最强、哪些方面最弱。你的某些方面比其他方面强是很自然的，这是因为我们的记忆都有不同的强势和弱势。你可以做许多练习来进行改善，变得更有条理并使用不同的策略对你就有帮助。即使你在每个方面都得了高分，你的记忆仍然有可以提高的地方。

这种能力可以让我们识别是否知道或记得某事，因为我们知道自己的记忆中有这些信息。它还被称为后记忆。它帮助我们监控我们对信息的了解与否——记忆功能中让我们知道自己了解某事的哪个方面。完成以上的各项记忆测试将帮助你发现自己的强势和弱势，因而知道要集中注意哪些方面。你一旦开始对自己的强势和弱势有了足够的了解，就会知道它们如何可以在不同的情况下帮助影响和提高你的记忆。

记忆力测试

下面是一些动物，用2分钟的时间迅速记住它们，然后在纸上写下你所记下的名称，看你能够记住多少。

第八节
你适合哪种记忆方法

每个人都有自己偏好的记忆方法

我们有 3 种记忆方法——看、听和做。在这 3 种方法中，每个人都有自己偏好的一种，第二种就作为辅助方法，第三种方法使用起来可能会比较不舒服。一些人很幸运，他们能够同时对三种方法得心应手，也有一些人没那么幸运，他们不能使用其中一种或两种方法（比如，盲人就不能使用视觉这一方法）。

通过测试找到适合你的记忆方法

下面的测试就将告诉你，你比较适合哪种记忆方法。

⊙在课堂上，你可以用很多方法来学习。你偏好哪一种?

1. 听老师讲

2. 从黑板上抄录笔记

3. 基于课堂上学到的知识，自己做一些练习

⊙看完电影之后，你对去看电影中的哪些事记得最清楚?

1. 电影中的对话

2. 电影的动作、情节

3. 你自己做的一些事：坐车到电影院、买票和食品

⊙你怎样学习修理漏气的自行车车胎?

1. 找一个朋友，让他描述如何修理车胎

2. 买成套的修理工具，自己阅读修理说明书

3. 自己摸索着怎么修理

⊙如果你想记住美国历届总统的名字，那么，你会:

1. 将名字都找个相关的事物来记

2. 看肖像记名字

3. 找一些关于他们的图片，然后贴上标签，放入相册

⊙如果你喜欢一首流行歌曲，你最喜欢干下面哪件事？

1. 学习歌词

2. 经常看歌曲录像

3. 试着模仿歌曲的舞蹈

⊙你从思维的角度看待东西的能力如何？

1. 很差　　　　2. 很好　　　　3. 相当好

⊙用手操作的练习，你做得如何？

1. 一般　　　　2. 很好　　　　3. 很差

⊙如果别人给你读了一则故事，你会：

1. 能够很详细地记录下来（一些片断还可以逐字记下）

2. 在脑中形成故事的一些片断

3. 很快就会忘记

⊙在你小的时候，你最喜欢做下面哪件事？

1. 阅读

2. 绘图和油画

3. 按形状分类游戏

⊙如果你搬到一个新的地方，你怎样去熟悉周围的交通路线？

1. 询问当地的人弄清方向

2. 买一张地图

3. 慢慢闲逛一直到你熟悉道路的分布

⊙下面你最擅长记住的是：

1. 别人告诉你的话

2. 看东西的方式

3. 自己做的事

⊙下面的哪个你能最形象地记住？

1. 在学校学到的诗歌

2. 母校的样子

3. 学习游泳的感觉

⊙当你做园艺的时候，你会：

1. 知道所有花草的名字

2. 记得植物的样子，但是会忘记它们的名字

3. 专注于浇水和修剪

⊙日常生活中，你会：

1. 每天都看报

2. 确保每天都看电视新闻

3. 不是每天阅读新闻，因为你有更实际的东西需要做

⊙想象一下，下面的哪项会让你觉得最悲痛？

1. 受损的听力

2. 受损的视力

3. 受损的行动能力

答案

听力偏好者

如果你的答案"1"占大多数，那么，你偏好听力这一记忆方法。你喜欢听声音，特别是语言，你能很容易接收它们所传达的信息。相比其他的一些学习方法，你更倾向于记住或理解用耳朵听到的信息。

视觉偏好者

如果你的答案"2"占大多数，那么，你偏好视觉这一记忆方法。你对视觉感观能力最强，通过视觉能够抓住很多信息。相对于其他的方法，你用视觉的方法能更好地理解以及记住信息。

实践偏好者

如果你的答案"3"占大多数，那么，你偏好实践这一记忆方法。你能从实践中学到最多，你戴起手套做5分钟的实践演练胜过你坐在教室里花几个小时来听讲。你会发现，你不仅仅在一个类型的题目中有很好的答案。其实，很少人只局限在一种记忆方法上。当然，你可以结合三种记忆方法，因为这样能大大提高记忆效率。如果你发现你很不习惯使用一种记忆方法（比如视觉），可能是你还没找出不能使用这一方法的问题所在。你应该做个视力检查或配一副眼镜，你会发现世界焕然一新。

吃得少而精，饮用足够的水

选择低脂肪、低卡路里的食物。科学家对刚吃过饭的人做脑力技巧测试，摄入量超过1000卡路里的人比300卡路里的人在出错率上要高出40%。低脂肪、高蛋白的食品有鸡肉（无皮）、鱼类、贝类、瘦牛肉。低脂肪蔬菜蛋白来源包括炸豆类；低脂制品包括低脂乳酪、无脂奶等。我们的心智与饮食有太多的联系，不用再过于强调营养及其对大脑功能作用的重要性。饮用足量的水有助于消化和呼吸，且能增加血液含氧量，保持细胞健康。

第五章

记忆基础训练，让记忆更高效

第一节
改变命运的记忆术

记忆无时无刻不在与人们的生活、学习发生着紧密的联系。没有记忆人就无法生存。

历史上，从希腊社会以来，就有一些不可思议的记忆技巧流传下来，这些技巧的使用者能以顺序、倒序或者任意顺序记住数百数千件事物，他们能表演特殊的记忆技巧，能够完整地记住某一个领域的全部知识等等。

后来有人称这种特殊的记忆规则为"记忆术"。随着社会的发展，人们逐渐意识到这些方法能使大脑更快、更容易记住一些事物，并且能使记忆得保持得更长久。

实际上，这些方法对改进大脑的记忆非常明显，也是大脑本来就具有的能力。

有关研究表明，只要训练得当，每个正常人都有很高的记忆力，人的大脑记忆的潜力是很大的，可以容纳下5亿本书那么多的信息——这是一个很难装满的知识库。但是由于种种原因，人的记忆力没有得到充分的发挥，可以说，每个人可以挖掘的记忆潜力都是非常巨大的。

思维导图帮助你高效记忆

思维导图，最早就是一种记忆技巧。

人脑对图像的加工记忆能力大约是文字的1000倍。让你更有效地把信息放进你的大脑，或是把信息从你的大脑中取出来，一幅思维导图是最简单的方法——这就是作为一种思维工具的思维导图所要做的工作。

在拓展大脑潜力方面，记忆术同样离不开想象和联想，并以想象和联想为基础，以便产生新的可记忆图像。

我们平时所谈到的创造性思维也是以想象和联想为基础。两者比较起来，记忆术是将两个事物联系起来从而重新创造出第三个图像，最终只是达到简单地要记住某个东西的目的。

思维导图记忆术一个特别有用的应用是寻找"丢失"的记忆，比如你突然想不起了一个人的名字，忘记了把某个东西放到哪去了等等。

思维导图帮助你找回"记忆"

在这种情况下，对于这个"丢失"的记忆，我们可以采用思维的联想力量，这时，我们可以让思维导图的中心空着，如果这个"丢失"的中心是一个人名字的话，围绕在它周围的一些主要分支可能就是像性别、年龄、爱好、特长、外貌、声音、学校或职业以及与对方见面的时间和地点等等。

通过细致的罗列，我们会极大地提高大脑从记忆仓库里辨认出这个中心的可能性，从而轻易地确认这个对象。

据此，编者画了一幅简单的思维导图：

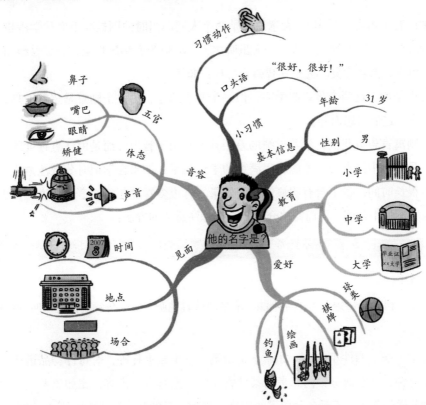

受此启发，你也可以回想自己曾经忘记的人和事，借助思维导图记忆术把他们一一"找"回来。

如果平时，我们尝试把思维导图记忆术应用到更广的范围的话，那么就会有效地解决更多的问题。

思维导图记忆术需要不断地练习，让它潜移默化你的生活、学习和工作，才会发生更大的效用，甚至彻底改变你的人生。

第二节

记忆的前提：注意力训练

中国有个寓言《学弈》，大意说的是两个人同向当时的围棋高手奕秋学围棋，"其一人专心致志，听奕秋之为听；一人虽听之，一心以为有鸿鹄将至，思拔弓缴而射之。虽与之俱学，弗若知矣。为是其智弗若与日：非然也"。

意思是说，这两个虽一起学习，但一个专心致志，另一个则总是想着射鸟，结果二人的棋术进展可想而知。

这则寓言告诉我们，学习成绩的差距并不是由于智力，而是由注意程度的差距造成的。只有集中注意力，才能获得满意的学记效果；如果在学记时分散注意力，即使是花费很长时间，也不会有明显的学记效果。有很多青少年不知道这个道理，也常常因注意力不集中苦恼，下面简单介绍几种训练注意力的方法：

提高注意力的训练

训练 1：

把收音机的音量逐渐关小到刚能听清楚时认真地听，听 3 分钟后回忆所听到的内容。

训练 2：

在桌上摆三四件小物品，如瓶子、铅笔、书本、水杯等，对每件物品进行追踪思考各两分钟，即在两分钟内思考与某件物品的一系列有关内容，比如思考瓶子时，想到各种各样的瓶子，想到各种瓶子的用途，想到瓶子的制造，造玻璃的矿石来源等。

这时，控制自己不想别的物品，两分钟后，立即把注意力转移到第二件物品上。开始时，较难做到两分钟后的迅速转移，但如果每天练习 10 多分钟，两周后情况就大有好转了。

训练 3：

盯住一张画，然后闭上眼睛，回忆画面内容，尽量做到完整，例如画中的人物、衣着、桌椅及各种摆设。回忆后睁开眼睛再看一下原画，如不完整，再重新回忆一遍。

这个训练既可培养注意力集中的能力，也可提高更广范围的想象能力。

或者，在地图上寻找一个不太熟悉的城镇，在图上找出各个标记数字与其对应的建筑物，也能提高观察时集中注意力的能力。

训练4：

准备一张白纸，用7分钟时间，写完1—300这一系列数字。测验前先练习一下，感到书写流利、很有把握后再开始，注意掌握时间，越接近结束速度会越慢，稍微放慢就会写不完。一般写到199时每个数不到1秒钟，后面的数字书写每个要超过1秒钟，另外换行书写也需花时间。

你的注意力如何？这幅图展现的是站在坟墓前的拿破仑，你能找到拿破仑吗？

测验要求：能看清所写的字，不至于过分潦草；写错了不许改，也不许做标记，接着写下去；到规定时间，如写不完必须停笔。

结果评定：第一次差错出现在100以前为注意力较差；出现在101—180间为注意力一般；出现在181—240间是注意力较好的；超过240出差错或完全对是注意力优秀。总的差错在7个以上为较差；错4—7个为一般；错2—3个为较好；只错一个为优秀。如果差错在100以前就出现了，但总的差错只有一两次，这种注意力仍是属于较好的。要是到180后才出错，但错得较多，说明这个人易于集中注意力，但很难维持下去。在规定时间内写不完则说明反应速度慢。

将测验情况记录，留与以后的测验作比较。

训练5：

假设你在读一本书、看一本杂志或一张报纸，你对它并不感兴趣，突然发现自己想到了大约10年前在墨西哥看的一场斗牛，你是怎样想到那里去的呢？看一下那本书你或许会发现你所读的最后一句话写的是遇难船发出了失事信号，集中分析一下思路，你可能会回忆出下面的过程：遇难船使你想起了英法大战中的船只，有的人得救了，其他的人沉没了。你想到了死去的4位著名牧师，他们把自己的救生圈留给了水手。有一枚邮票纪念他们，由此你想到了其他的一些复印邮票硬币和5分镍币上的野牛，野牛又使你想到了公牛以及墨西哥的斗牛。这种集中注意力的练习实际上随时随地都可以进行。

经常在噪音或其他干扰环境中学习的人，要特别注意稳定情绪，不必一遇到不顺心的干扰就大动肝火。情绪不像动作，一旦激发起来便不易平静，结果对注意力的危害比出现的干扰现象更大。要暗示自己保持平静，这就是最好的集中注意力训练。

训练6：

从300开始倒数，每次递减3位数。如300、297、294，倒数至0，测定所需时间。

要求读出声，读错的就原数重读，如"294"错读为"293"时，要重读"294"。

测验前先想想其规律。例如，每数10次就会出现一个"0"（270、240、210……），个位数出现的周期性变化。

结果评定：2分钟内读完为优秀，2.5分钟内读完为较好，3分钟内读完为一般，超过3分钟为较差。这一测验只宜自己与自己比较，把每次测验所需时间对比就行了。

训练7：

这个练习又称为"头脑抽屉"训练，是练习集中注意力的一种重要方法。请自己选择3个思考题，这3个题的主要内容必须是没有联系的。题目选定后，对每个题思考3分钟。在思考某一题时，一定要集中精力，思想上不能开小差，尤其不能想其他两个问题。一个题思考3分钟后，立即转入对下一个题的思考。

集中注意力的训练形式可以多种多样，随处都可因地制宜进行训练。

图中女生上课注意力不集中。她也许想到了与朋友在一起的情景，如上周末与朋友外出、第二天的曲棍球比赛等除了目前任务之外的任何事情。我们加工当前信息的能力是有限的，因为对许多其他事情的思考对我们同等重要。

第三节

记忆的魔法：想象力训练

一个人的想象力与记忆力之间具有很大的关联性，甚至在有些时候，回忆就是想象，或者说想象就是回忆。如果一个人具有十分活跃的想象力，他就很难不具备强大的记忆力，良好的记忆力往往与强大的想象力联系在一起。

因此，要训练我们的记忆力，可以从训练我们的想象力着手。

提高想象力的训练

训练1：

向学前班的孩子学习，培养你的想象力，如问自己一个问题：花儿为什么会开？

你猜小朋友们会怎么回答呢？

第一个孩子说："她睡醒了，想看看太阳。"

第二个孩子说："她伸伸懒腰，就把花骨朵顶开了。"

第三个孩子说："她想和小朋友比比，看谁穿得更漂亮。"

第四个孩子说："她想看看，小朋友会不会把她摘走。"

这时，一个孩子问老师一句："老师，您说呢？"

这时候，如果你是老师该怎么回答才能不让孩子失望呢？

如果你是个孩子，你又认为答案会是什么呢？

其实，只要你不回答："因为春天来了。"那你的想象力就得到了锻炼。

你也可以随便拿出一张画，问自己："这是什么？"

一块砖。

别的呢？一扇窗。

别的呢？事实上，从侧面看，这是字母 n。或者，另一个字母，如 F。

仔细看这幅图，你能找到一张女人的脸和一个萨克斯演奏家吗？

别的呢？一个侧面看到的数字。

别的呢？任何一个从上端看的三维数字，包括 2，3，5，6，7，8，9，0。

别的呢？任何一个装在盒子里的物体。

别的呢？一个特殊尺寸的空白屏幕（垂直方向）。

别的呢……

每个事物都可能成为其他所有的事物，高度创造性的大脑是没有逾越不了的障碍的。自由联想是天才最好的朋友。天才的感知力就是在每个事物中看到其他所有的事物！这就是为什么天才能看到普通人看不到的实质。

训练 2：

从剧本或诗歌中读一段或几段，最好是那些富有想象的段落，例如下文：

茂丘西奥，她是精灵们的媒婆，

她的身体只有郡吏手指上一颗玛瑙那么大。

几匹蚂蚁大小的细马替她拖着车子，

越过酣睡的人们的鼻梁……

有时奔驰过廷臣的鼻子，

就会在梦里寻找好差事。

他就会梦见杀敌人的头，

进攻、埋伏，锐利的剑锋，淋漓的痛饮……

忽然被耳边的鼓声惊醒，

咒骂了几句，

又翻了个身睡去。

把书放到一边，尽量想象出你所读的内容，这不是重复和记忆。如果 10 行或 12 行太多了，就取三四行，你实际的任务是使之形象化，闭上眼睛你必须看到精灵们的媒婆，你必须想象出她的样子只有一颗玛瑙那么大，你必须看到廷臣在睡觉，精灵们在他的鼻子上奔驰，你必须想出士兵的样

这是《罗密欧与朱丽叶》的剧照。朱丽叶假死，但罗密欧不知情自杀了，朱丽叶醒来后发现罗密欧死了，痛不欲生，最后也自杀了。

记忆力测试

阅读下面的短文，尽可能地记住细节。

在一个春光明媚的早晨，有一只漂亮的鸟儿，站在摆动的树枝上放声歌唱，树林里到处回荡着它甜美的歌声。一只田鼠正在树底下的草皮里掘洞，它把鼻子从草皮底下伸出来，看着树上的鸟儿。

请凭借记忆，画出上面短文所描绘的场景。

子并看到他杀敌人的头。你要听到他的祷词，祷词的内容由你设想。

你是否已经读过了《罗密欧与朱丽叶》这本书的前一部分或几行文字？现在把书放在一边，想出你自己的下文来。当然，做这个练习时你不能先知道故事的结尾。你要假设自己是作者，创造出自己的下文来，你要想象出人物的形象，让他们做些事情，并想象出他们做事时的形态样子，直至你心目中的形象和亲眼所见一样清楚为止。

训练3：

用3分钟时间，将下面15组词用想象的方法联在一起进行记忆。

老鹰——机场　轮胎——香肠　长江——武汉

闹钟——书包　扫帚——玻璃　黄河——牡丹

汽车——大树　白菜——鸡蛋　月亮——猴子

火车——高山　鸡毛——钢笔　轮船——馒头

马车——毛驴　楼梯——花盆　太阳——番茄

通过以上三个方面的训练，可以提高我们的想象力，以至于有效提高我们的记忆力。

第四节

记忆的基石：观察力训练

　　记忆就像一台存款机要先有存款才能取款。记忆也先要完成记忆的输入过程，之后你才能将这部分信息或印象重现出来。

　　这样就有一个存入多少、存什么的问题，也就是你记忆的哪方面的内容以及真正记忆了多少或是印象有多深，这就有赖于观察力了！

　　进行观察力训练，是提高观察力的有效方法。下面介绍几种行之有效的训练方法：

提高观察力的训练

训练1：

选一种静止物，比如一幢楼房、一个池塘或一棵树，对它进行观察。按照观察步

这幅图片中分布着15个海洋生物，它们通过伪装来隐藏自己。你能把它们全部找出来吗？在自然界中，某些动物通过模拟其他生物的形态来躲避天敌。

答案：

骤，对观察物的形、声、色、味进行说明或描述。这种观察可以进行多次，直到自己能抓住主要观察物的特征为止。

训练 2：

选一个目标，像电话、收音机、简单机械等，仔细把它看几分钟，然后等上大约一个钟头，不看原物画一张图。把你的图与原物进行比较，注意画错了的地方，最后不看原物再画一张图，把画错了的地方更正过来。

训练 3：

画一张中国地图，标出你所在的那个省的省界，和所在的省会，标完之后，把你标的与地图进行比较，注意有哪些地方搞错了，不过地图在眼前时不要去修正，把错处及如何修正都记在脑子里，然后丢开地图再画一张。错误越多就越需要重复做这个练习。

在这幅图像中，你可能看到一个少女，或者是一个老妇人，却很少可能同时看到两个人，但是通过不断演练，你就可以做到。这种发生在两个图像之间的转换活动发生在视觉皮质。

在你有把握画出整个中国之后就画整个亚洲，然后画南美洲、欧洲以及其他的洲。要画得多详细由你自己决定。

训练 4：

以运动的机器、变化的云或物理、化学实验为观察对象，按照观察步骤进行观察。这种观察特别强调知识的准备，要能说明运动变化着的形、声、色、味的特点及其变化原因。

训练 5：

随便在书里或杂志里找一幅图，看它几分钟，尽可能多观察一些细节，然后凭记忆把它画出来。如果有人帮助，你可以不必画图，只要回答你朋友提出的有关图片细节的问题就可以了。问题可能会是这样的：有多少人？他们是什么样子？穿什么衣服？衣服是什么颜色？有多少房子？图片里有钟吗？几点了？等等。

训练 6：

把练习扩展到一间房子。开始是你熟悉的房间，然后是你只看过几次的房间，最后是你只看过一次的房间，不过每次都要描述细节。不要满足于知道在西北角有一个书架，还要回忆一下书架有多少层，每层估计有多少书，是哪种书，等等。

第五节

右脑的记忆力
是左脑的 100 万倍

关于记忆，也许有不少人误以为"死记硬背"同"记忆"是同一个道理，其实它们有着本质的区别。死记硬背是考试前夜那种临阵磨枪，实际只使用了大脑的左半部，而记忆才是动员右脑积极参与的合理方法。

右脑的记忆能力有多强

在提高记忆力方面，最好的一种方法是扩展大脑的记忆容量，即扩展大脑存储信息的空间。有关研究也表明，在大脑容纳信息量和记忆能力方面，右脑是左脑的 100 万倍。

首先，右脑是图像的脑，它拥有卓越的形象能力和灵敏的听觉，人脑的大部分记忆，也是以模糊的图像存入右脑中的。

其次，按照大脑的分工，左脑追求记忆和理解，而右脑只要把知识信息大量地、机械地装到脑子里就可以了。右脑具有左脑所没有的快速大量记忆机能和快速自动处理机能，后一种机能使右脑能够超快速地处理所获得的信息。

这是因为，人脑接受信息的方式一般有两种，即语言和图画。经过比较发现，用图画来记忆信息时，远远超过语言。如果记忆同一事物时，能在语言的基础上加上图或画这种手段，信息容量就会比只用语言时要增加很多，而且右脑本来就具有绘画认识能力、图形认识能力和形

用 1 分钟观察图中的物体，并努力记住它们。现在合上书，尽可能多地写下你能回忆起的物体名称。这个练习可以测验你的短期记忆能力。然后分别在 1 小时之后、1 天之后和 1 周之后检查有多少物体储存在你的长期记忆中。

象思维能力。

如果将记忆内容描绘成图形或者绘画，而不是单纯的语言，就能通过最大限度动员右脑的这些功能，发挥出高于左脑的一百万倍的能量。

另外创造"心灵的图像"对于记忆很重要。

那么，如何才能操作这方面的记忆功能，并运用到日常生活中呢？现在开始描述图像法中一些特殊的规则，来帮助你获得记忆的存盘。

图像要尽量清晰和具体

右脑所拥有的创造图像的力量，可以让我们"想象"出图像以加强记忆的存盘，而图像记忆正是运用了右脑的这一功能。研究已经发现并证实，如果在感官记忆中加入其他联想的元素，可以加强回忆的功能，加速整个记忆系统的运作。

所以，图像联想的第一个规则就是要创造具体而清晰的图像。具体、清晰的图像是什么意思呢？比方我们来想象一个少年，你的"少年图像"是一个模糊的人形，还是有血有肉、呼之欲出的真人呢？如果这个少年图像没有清楚的轮廓，没有足够的细节，那就像将金库密码写在沙滩上，海浪一来就不见踪影了。

下面，让我们来做几个"心灵的图像"的创作练习。

创造"苹果图像"。在创作之前，你先想想苹果的品种，然后想到苹果是红色、绿色或者黄色，再想一下这颗苹果的味道是偏甜还是偏酸。

创造一幅"百合花图像"。我们不要只满足于想象出一幅百合花的平面图片，而要练习立体地去想象这朵百合花，是白色还是粉色；是含苞待放还是娇艳盛开。

创造一幅"羊肉图像"。看到这个词你想到了什么样的羊肉呢？是烤全羊，是血淋淋的肉片，还是放在盘子里半生不熟的羊排？

创作一幅"出租车图像"。你想象一下出租车是崭新的德国奔驰，老旧的捷达，还是一阵黑烟（出租车已经开走了）？车牌是什么呢？出租车上有人吗？乘客是学生还是白领？

这些注重细节的图像都能强化记忆库的存盘，大家可以在平时多做这样的练习来加强对记忆的管理。

要学会抽象概念借用法

如果提到光，光应该是什么样的图像呢？这时候我们需要发挥联想的功能，并且借用适当的图像来达成目的。光可以是阳光、月光，也可以是由手电筒、日光灯、灯塔等反射出来的……美味的饮料可以是现榨的新鲜果蔬汁、也可以是香醇可口的卡布奇诺、还可以是酸酸甜甜的优酪乳……法律可以借用警察、法官、监狱、法槌等。

时常做做"白日梦"

当我们的身体和精神在放松的时候，更有利于右脑对图像的创造，因为只有身心放松时，右脑才有能量创造特殊的图像。当我们无聊或空闲的时候，不妨多做做白日梦，当我们在全身放松的状态下时所做的白日梦，都是有图像的，那是我们用想象来创造的很清晰的图像。因此应该相信自己有这个能力，不要给自己设限。

通过感官强化图像

即我们熟知的五种重要的感官——视觉、听觉、触觉、嗅觉、味觉。

另外，夸张或幽默也是我们加强记忆的好方法。如果我们想到猫，可以想到名贵的波斯猫，想到它玩耍的样子。如果再给这只可爱的猫咪加点夸张或幽默的色彩呢？比如，可以把猫想象成日本卡通片中的机器猫，或者把猫想象成黑猫警长，猫会跟人讲话，猫会跳舞等。这些夸张或者幽默的元素都会让记忆变得生动逼真！

记忆力测试

孩子们趁假日到海滩玩耍。来到这里，当然要进行沙滩浴啦！不过，这些孩子晒太阳晒得太久了 仔细观察每个小孩身上的图案，看看你是否能迅速把每个人与垫子上的两件物品分别匹配。请在下面的对应处填上物品的名称。

1＿＿＿＿＿＿ 2＿＿＿＿＿＿
3＿＿＿＿＿＿ 4＿＿＿＿＿＿
5＿＿＿＿＿＿ 6＿＿＿＿＿＿

总之，图像具有非常强的记忆协助功能，右脑的图像思维能力是惊人的，调动右脑思维的积极性是科学思维的关键所在。

当然，目前发挥右脑记忆功能的最好工具便是思维导图，因为它集合了图像、绘画、语言文字等众多功能于一身，具有不可替代的优势。

被称作天才的爱因斯坦也感慨地说："当我思考问题时，不是用语言进行思考，而是用活动的跳跃的形象进行思考。当这种思考完成之后，我要花很大力气把它们转化成语言。"

国际著名右脑开发专家七田真教授曾说过："左脑记忆是一种'劣质记忆'，不管记住什么很快就忘记了，右脑记忆则让人惊叹，它有'过目不忘'的本事。左脑与右脑的记忆力简直就是1∶100万，可惜的是一般人只会用左脑记忆！"

我们也可以这样认为，很多所谓的天才，往往更善于锻炼自己的左右脑，而不是单独左脑或者右脑；每个人都应有意识地开发右脑形象思维和创新思维能力，提高记忆力。

第六节

思维导图里的词汇记忆法

思维导图更有利于我们对词汇的理解和记忆。

不论是汉语词汇还是外语词汇，我们都需要大量地使用它们。但我们很多人面临的一个普遍问题是，怎样才能更好更快地记住更多的词汇。

对词汇本身来说，它具有很大的力量，甚至可以称作魔力。法国军事家拿破仑曾说："我们用词语来统治人民。"

在这里，我们以英语词汇为例，帮助学习者利用思维导图更高效快捷地学习。

思维导图帮助我们学习生词

我们在英语词汇学习中，往往会遇到大量的多义词和同音异义词。尽管我们会记住单词的某一个意思，可是当同样的单词出现在另一个语言场合中时，对我们来说就很有可能又会成为一个新的单词。

面对多义词学习，我们可以借助思维导图，试着画出一个相对清晰的图来，以帮助我们更方便地学习。例如，"buy"（购买）这个单词，可以作为及物动词和不及物动词来使用，还可以作为名词来使用。

所以，将其当作不同的词性使用时，它就具有不同的意思和搭配用法。而据此，我们可以画出"buy"的思维导图，帮助我们归纳出其在字典中所获信息的方式，进而用一种更加灵活的方式来学习单词。

如果我们把"buy"的学习和用法用思维导图的形式表示出来，不仅可以节省我们学习单词的时间，提高学习的效率，更会大大促进学习的能动性，提高学习兴趣。

思维导图与词缀词根

词缀法是派生新英语单词的最有效的方法，词缀法就是在英语词根的基础上添加词缀的方法。比如"-er"可表示"人"，这类词可以生成的新单词，比如，driver

图中人们正在召开商务会议。关于人们怎样加工语言和现代技术对语言理解的影响是什么都有很多不同的心理学理论。我们能够理解语言的一个重要方面是因为我们以前拥有有关语言运行方式和正在谈论话题的知识。

司机，teacher 教师，labourer 劳动者，runner 跑步者，skier 滑雪者，swimmer 游泳者，passenger 旅客，traveller 旅游者，learner 学习者／初学者，lover 爱好者，worker 工人等等，所以，要扩大英语的词汇量，就必须掌握英语常用词缀及词根的意思。

思维导图可以借助相同的词缀和词根进行分类，用分支的形式表示出来，并进行发散、扩展，从而帮助我们记忆更多的词汇。

思维导图和语义场帮助我们学习词汇

语义场也是一种分类方法，研究发现，英语词汇并不是一系列独立的个体，而是都有着各自所归属的领域或范围的，他们因共同拥有某种共同的特征而被组建成一个语义场。

我们根据词汇之间的关系可以把单词之间的关系划分为反义词、同义词和上下义词。上义词通常是表示类别的词，含义广泛，包含两个或更多有具体含义的下义词。下义词除了具有上义词的类别属性外，还包含其他具体的意义。如：chicken — rooster，hen，chick；animal — sheep，chicken，dog，horse。这些关系同样可以用思维导图表现出来，从而使学习者能更加清楚地掌握它们。

思维导图还可以帮助我们辨析同义词和近义词

在英语单词学习中，词汇量的大小会直接影响学习者听说读写等其他能力的培养与提高。尽管如此，已被广泛使用的可以高效快速地记忆单词词汇的方法并不是很多。本节提出利用思维导图记忆单词的方法，希望对学习词汇者能有所帮助。毫无疑问，一个人对积极词汇量掌握的多少，有着至关重要的作用。然而，学习积极词汇的难点就在于它们之中有很多词不仅形近，而且在用法上也很相似，很容易使学习者混淆。

如果我们考虑用思维导图的方式，可以进行详细的比较，在思维导图上画出这些单词的思维导图，不仅可以提高学生的记忆能力，对其组织能力及创造能力也有很大的帮助。可以说，词汇的学习有很大的技巧，也有可以凭借的工具，其中最有效的记忆工具便是思维导图。

第七节

不想遗忘，就重复记忆

很多学生都会有这样的烦恼，已经记住了的外语单词，语文课文，数理化的定理、公式等，隔了一段时间后，就会遗忘很多。怎么办呢？解决这个问题的主要方法就是要及时复习。德国哲学家狄慈根说，重复是学习之母。

及时复习才能记得更好

复习是指通过大脑的机械反应使人能够回想起自己一点也不感兴趣的、没有产生任何联想的内容。艾宾浩斯的遗忘规律曲线告诉我们：记忆无意义的内容时，一开始的 20 分钟内，遗忘 42%；1 天后，遗忘 66%；2 天后，遗忘 73%；6 天后，遗忘 75%；31 天后，遗忘 79%。古希腊哲学家亚里士多德曾说："时间是主要的破坏者。"

我们的记忆随着时间的推移逐渐消失，最简单的挽救方法就是重习，或叫作重复。我国著名科学家茅以升在 83 岁高龄时仍能熟记圆周率小数点以后 100 位的准确数值，有人问过他，记忆如此之好的秘诀是什么，茅先生只回答了七个字"重复、重复再重复"。可见，天才并不是天赋异禀，正如孟子所说："人皆可以为尧舜。"佛家有云："一阐提人亦可成佛。"只要勤学苦练，也是可以成为了不起的人的。

重复记忆也要讲究方法

虽然重复能有效增进记忆，但重复也应当讲究方法。

一般，要在重复第三遍之前停顿一下，这是因为凡在脑子中停留时间超过 20 秒钟的东西才能从瞬间记忆转化为短时记忆，从而得到巩固并保持较长的时间。当然，这时的信息仍需要通过复习来加强。

复习的时间应有科学性

那么，每次间隔多久复习一次是最科学的呢？

一般来讲，间隔时间应在不使信息遗忘的范围内尽可能长些。例如，在你学习某一材料后一周内的复习应为 5 次。而这 5 次不要平均地排在 5 天中。信息遗忘率最大的时候是：早期信息在记忆中保持的时间越长，被遗忘的危险就越小。所以在复习时的初期间隔要小一点，然后逐渐延长。

我们可以比较一下集合法和间隔法记忆的效果。

如要记住一篇文章的要点，你又应怎样记呢？

你可以先用"集合法"，即把它读几遍直至能背下来，记住你所耗费的时间。在完成了用"集合法"记忆之后，我们看看用"间隔法"的情况。这回换成另一段文章的要点：看一遍之后目光从题上移开约 10 秒钟，再看第二遍，并试着回想它。

如果你不能准确地回忆起来，就再将目光移开几秒钟，然后再读第三遍。这样继续着，直至可以无误地回忆起这几个词，然后写出所用时间。

两种记忆方法相比较，第一种的记忆方式虽然比第二种方法快些，但其记忆效果可能并不如第二种方法。许多实验也都显示出间隔记忆要比集合记忆有更多的优点。

心理学家根据阅读的次数，研究了记忆一篇课文的速度：如果连续将一篇课文看 6 遍和每隔 5 分钟看一遍课文，连看 6 遍，两者相比较，后者记住的内容要多得多。

心理学家为了找到能产生最好效果的间隔时间，做过许多的实验，已证明理想的阅读间隔时间是 10 分钟至 16 小时不等，根据记忆的内容而定。10 分钟以内，非一遍记忆效果并不太好，超过 16 小时，一部分内容已被忘却。

间隔学习中的停顿时间应能让科学的东西刚好记下。这样，在回忆印象的帮助下你可以在成功记忆的台阶上再向前迈进一步。当你需要通过浏览的方式进行记忆时，如要记一些姓名、数字、单词等，采用间隔记忆的效果就不错。假设你要记住 18 个单词，你就应看一下这些单词。在之后的几分钟里自己也要每隔半分钟左右就默念一次

记忆力测试

阅读下面的短文，并准确记住其内容。

安娜小时候，父母经常因她获得的成绩鼓励她。后来，她不再依赖父母的奖励，而是不断地自己奖励。大学毕业后，安娜所在的单位资不抵债，宣布破产了。有很长的一段时间，她因为胆小，怕面试时用人单位对自己说"NO"而待在家里。有一天，安娜对自己说，如果今天我去两家公司应聘，回家时就给自己买下那条心仪已久的长裙。她做到了，记得当时她是用向母亲借的钱来完成对自己的承诺的。一星期后，她居然同时收到那两家单位的用人通知。

请回答下面的问题。

1. 文中提到的女孩叫什么？　　　　　　2. 她开始所在的单位因什么破产？
_____　　　_____

3. 她失业后立即去别家面试了吗？　　　4. 她以什么为目标鼓励自己的？
_____　　　_____

为了考试还是为了生活

通常在考试的前一天晚上学生们都临阵磨枪，但是这种强制性和高密度的学习效果却非常有限。

以下是两种学习状态的比较：

临阵磨枪	长期学习
在短时间内学习	有充足的时间分阶段学习
极少重复	大量地重复
重复的时间间隔很短	重复的时间间隔适当
刺激物的过度使用，咖啡、香烟、维生素 C 等	饮食均衡
在意识上缺乏准备，因而产生压力	由于准备良好，信心十足
疲劳和缺乏睡眠	睡眠充足，精力充沛

这些单词。

这样，你会发现记这些单词并不太困难。第二天再看一遍，这时你对这些单词可以说就完全记住了。

在复习时你可以采用限时复习训练方法

这种复习方法要求在一定时间内规定自己回忆一定量材料的内容。例如，一分钟内回答出一个历史问题等。这种训练分三个步骤：

第一步，整理好材料内容，尽量归结为几点，使回忆时有序可循。整理后计算回忆大致所需的时间；

第二步，按规定时间以默诵或朗诵的方式回忆；

第三步，用更短的时间，以只在大脑中思维的方式回忆。

在训练时要注意两点

首先，开始时不宜把时间卡得太紧，但也不可太松。太紧则多次不能按时完成回忆任务，就会产生畏难的情绪，失去信心；太松则达不到训练的目的。训练的同时还必须迫使自己注意力集中，若注意力分散了将会直接影响反应速度，要不断暗示自己。

其次，当训练中出现不能在额定时间内完成任务时，不要紧张，更不要在烦恼的情况下赌气反复练下去，那样会越练越糟。应适当地休息一会儿，想一些美好的事，使自己心情好了再练。

总之，学习要勤于复习，勤于复习，记忆和理解的效果才会更好，遗忘的速度也会变慢。

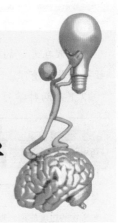

第八节

思维是记忆的向导

思考是一种思维过程，也是一切智力活动的基础，是动脑筋及深刻理解的过程。而积极思考是记忆的前提，深刻理解是记忆的最佳手段。

在识记的时候，思维会帮助所记忆的信息快速地安顿在"记忆仓库"中的相应位置，与原有的知识结构进行有机结合。在回忆的时候，思维又会帮助我们从"记忆仓库"中查找，以尽快地回想起来。思维对记忆的向导作用主要表现在以下几点：

概念与记忆

概念是客观事物的一般属性或本质属性的反映，它是人类思维的主要形式，也是思维活动的结果。概念是用词来标志的。人的词语记忆就是以概念为主的记忆，学习就要掌握科学的概念。概念具有代表性，这样就使人的记忆可以有系统性。如"花"的概念包括了各种花，我们在记忆菊花、茶花、牡丹花等的材料时，就可以归入花的要领中一并记住。从这个角度讲，概念可以使人举一反三，灵活记忆。

理解与记忆

理解属于思维活动的范围，它既是思维活动的过程，是思维活动的方法，又是思维活动的结果。同时，理解还是有效记忆的方法。理解了的事物会扎扎实实地记在大脑里。

原型   "老"涂鸦   "新"涂鸦

霍马和他的同事基于不同的原型设计了不同类别的涂鸦。被试者学会了怎样将"老"涂鸦和正确的原型类别联系起来。之后，他们又将被试者以前没见过的"新"涂鸦出示给被试者看。被试者只是很好地对"老"涂鸦进行了分类。这是因为"老"涂鸦已经融入到了被试者的心理词典中，而"新"涂鸦还没融入。

思维方法与记忆

　　思维的方法很多，这些方法都与记忆有关，有些本身就是记忆的方法。思维的逻辑方法有科学抽象、比较与分类、分析与综合、归纳与演绎及数学方法等；思维的非逻辑方法有潜意识、直觉、灵感、想象和形象思维等。多种思维方法的运用使我们容易记住大量的信息并获得系统的知识。

　　此外，思维的程序也与记忆有关。思维的程序表现为发现问题、试作回答、提出假设和进行验证。

　　那么，我们该怎样来积极地进行思维活动呢?

多思

　　多思指思维的频率。复杂的事物，思考无法一次完成。古人说："三思而后行"，我们完全可以针对学习记忆来个"三思而后行，三思而后记。"反复思考，一次比一次想得深，一次有一次的新见解，不停止于一次思考，不满足于一时之功，在多次重复思考中参透知识，把道理弄明白，事无不记。

苦思

　　苦思是指思维的精神状态。思考，往往是一种艰苦的脑力劳动，要有执着、顽强的精神。《中庸》中说，学习时要慎重地思考，不能因思考得不到结果就停止。这表明古人有非深思透顶达到预期目标不可的意志和决心。据说，黑格尔就有这种苦思冥想的精神。有一次，他为思考一个问题，竟站在雨里一个昼夜。苦思的要求就是不做思想的怠惰者，经常运转自己的思维机器，并能战胜思维过程中所遇到的艰难困苦。

精思

　　精思指思维的质量。思考的时候，

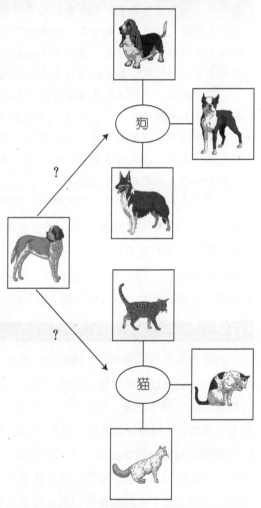

与特征联系网络理论不同的另一个理论认为，心理词典包含一系列实例。根据这一观点，人脑要想识别某一物体，就必须翻查所有的储存实例。

拥有完美记忆的人

人们经常渴望拥有一个完美的记忆，但无法忘记也有其明显的弊端。下面的研究就表明了这一点。心理学家亚历山大·鲁利亚在《记忆大师的心灵》（1968年）一书中报道了这个案例。在20世纪20年代，Shereshevskii（简称为S）是一名记者，他的编辑注意到S非常善于记住指令。不管S收到的简报有多复杂，他无须做笔记就能逐字逐句地复述出来。S认为这很自然，但是他的编辑劝说他去鲁利亚那测试一下。鲁利亚设计了一套更加复杂的记忆任务，包括超过100位的数字序列、毫无意义的音节组合、未知语言的诗歌、复杂的数字和复杂的科学公式。S能正确地复述出这些记忆任务，并能倒背如流。他甚至还能在几年后回忆起这些信息。

他的秘诀看上去是双重的。他不费多大力气就能创造出大量的视觉形象，他还有联觉（联觉意味着某种刺激会记起不同寻常的感官体验）的能力。一种特别的声音会唤起特定的嗅觉，或者某一个单词可能唤起一种特别的颜色。甚至是，对于其他人来说枯燥无趣的信息，在S看来都是可以产生出生动鲜活的感官体验，不仅是在视觉方面，听觉、触觉和嗅觉上也是如此。

不幸的是，他的才能意味着S是按事实的原样子记住每件事。对于S来说，新的信息（如无聊的流言）引起了一系列不可控制的使人分心的联系。最后，S甚至连日常会话都难以把握，更不要说作为一名记者来工作了。他被迫成为一名专业的研究记忆术者，在舞台上表演他的特技。然而，他变得越来越不快乐，因为他的记忆被越来越多的无效信息搅乱了。

只粗略地想一下，或大概地考量一番，是不行的。朱熹很讲究"精思"，他说："……精思，使其意皆若出于吾之心。"换一种说法，精思就是要融会贯通，使书的道理如同我讲出去的道理一般。思不精怎么办？朱熹说："义不精，细思可精。"细思，就是细致周密、全面地思考，克服想不到、想不细、想不深的毛病，以便在思维中多出精品。

巧思

巧思指思维的科学态度。我们提倡的思考，既不是漫无边际的胡思乱想，也不是钻牛角尖，它是以思维科学和思维逻辑作为指南的一种思考。即科学的思考，我们不仅要肯思考，勤于思考，而且要善于思考，在思考时要恰到好处地运用分析与综合、抽象与概括、比较与分类等思维方式，使自己的思考不绕远路，卓越而有成效。

要发展自己的记忆能力，提高自己的记忆速度，就必须相应地去发展思维能力，只有经过积极思考去认识事物，才能快速地记住事物，把知识变成对自己真正有用的东西。掌握知识、巩固知识的过程，也就是积极思考的过程，我们必须努力完善自己的思维能力，这无疑也是在发展自己的记忆力，加快自己的记忆速度。

第六章

培养记忆习惯，提升记忆力

第一节

从简单的窍门到记忆策略

记忆术的悠久历史体现了记忆力的重要性，这一重要性已被我们认识到。然而，这些方法至今仍有效吗？简单的窍门和神经心理学发展的策略之间是否存在区别？

"记忆不是肌肉！"

有些人想知道是否存在对记忆的训练，对这样的问题，专家们经常给出这样的回答：我们能够从中得到什么？

对于我们中的大多数人而言，遗忘或者记忆"空洞"只以点状方式突然降临。自然的衰老会导致我们记忆力的下降，随着生命的演进，我们发现遗忘变得更频繁，而学习进度变得更缓慢，并且必须投入更多的努力。是否可以减缓记忆力衰退的进程，一直保持良好的记忆力？

记忆是一个复杂的行为

记忆力不只是一种记录的能力，更是一种能够过滤的能力，因此我们会有所遗忘。记忆过程通常是复杂的，在进行信息处理时会调动不同的记忆形式，各种记忆形式之间的协作会随着不同的行为而不断改变。诚然，由于不断重复同一件事情，我们总能做得一次比一次好，但是这种方式并不完全适用于别的方面。一个深受周围人喜爱的法文歌曲业余爱好者能够轻易引述诗句，却总是忘记亲朋好友的生日。一位拼字大师不管遇到什么样的字谜，都能以极快的速度解答出来，却会因为每星期至少三次想不起某个名人的名字而发愁。一个网球迷能记住所有大型世界巡回赛的日期，却从来都记不住法国大革命爆发的时间……

事实上，关于自己的事我们往往记得比较好，而其他方面就需要费点劲了。经常玩拼字游戏或者背诵诗歌并不能让我们更容易记住把车停哪儿了，或饭后吃药。对于这类情况，记忆术或许能提供一定的帮助。

健康的生活方式和对某一活动强烈的动机都有助于记忆"保持好的状态"，但务必要保证从各种活动中获得乐趣。至于是游戏性的活动，还是更实用的，这并不太重要。

对多种情况适用的法则

如果不停地重复，我们将极少可能忘记某人的名字、一次约会或者放钥匙的地方，但这是个繁重且令人生厌的方法。幸运的是，存在几条简单且绝对实用的法则可以加速学习过程，使记忆变得更容易。它们不仅适用于日常生活中大量简单的记忆任务，如果配合合理的方法，还可用来学习和记忆复杂的知识。

这些法则都是广为人知的，我们几乎无时无刻不在应用，通常是以自觉的或潜意识的方式，尤其在我们的专业技术领域。

为了防止记忆衰退和避免健忘，只要目的明确，并付出必要的努力将这些法则付诸实践，那就足够了。面对一项全新的或者复杂的活动（比如以前从没接触过的会计），在没有找到最合适的方法前需要经过更多的摸索。

记忆术提供的策略

记忆术提供的策略虽然有些局限，但在某些方面还是非常有效的，其中大部分策略都被教育界借鉴过，而这并非偶然。

在学校的运用

当必须以正确的顺序复述一段诗文、一个关键句子，或者一个提纲中具有抽象特征的信息时，就极需求助记忆术了。在考试时翻书或询问他人都是被禁止的，再加上巨大的心理压力，很可能引起记忆"空洞"，这时也需要运用记忆术。

在日常生活中的运用

记忆术在学业之外领域的应用就更加局限了。因为，我们能够记住的信息不能太多和太复杂，而且节奏也不能太快。

但是，日常生活中存在这么几种情况，记忆术还是可以发挥作用的。例如，密码（银行卡的、通行证的、电子寄存柜的）和信息口令可能被设置成一系列不存在任何逻辑关系或特殊意义的数据，而且，我们也不能把它们写下来，否则有暴露的危险。这种情况下，应该

马路步行记忆游戏

你自己试试，就当作是做游戏。下面来介绍记忆术给你的家人。4岁的小孩就能学会和使用这些简单的技巧。游戏是这样的：一个人先从眼前驶过的汽车中选一个车牌号，并用记忆法将其记住。其他人也同时记住这个号码。其中一个人描述这串数字的编码，接下来一个人重复前一个人所描述的东西。每个人都得复述，直到轮到第一个人说完整串数字为止。这个游戏是测验长期记忆的。你能依然想起你几个小时或几天前所形成的联想吗？如果还能，那你就能有效地记忆数字。

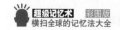

放松你的记忆

是否真有必要记住所有亲人的电话号码和住址？是否有更好的方法，而不用在脑海里塞满购物单或者整个星期的约会？

诚然，我们会因一个事实而满足，那就是没有记号、没有备忘录、没有计算器，我们照样可以生活。

皮埃尔·达克曾说过"记号是打开我们记忆的钥匙"，在可能之处放松我们的记忆，腾出空间去放置更重要的和更快乐的事情。

在第一时间找出适用的策略简化对数据的记忆，那么以后（比如在一段时间没使用之后）回想起来就会比较容易。

记忆术也能帮助我们在极短的时间内记住少量的信息，例如当我们手头没有纸或笔，不能立即写下来的电话号码和地址，一些物品在地下室或者车房存放的确切位置。在记忆元素之间建立联系比简单机械地重复更有效。

记忆术的长处与短处

心理成像或双关语都可以作为技巧用来记忆不常见的专有名词，或对应名字与面孔。在脑海中创造一个与词汇的发音或意义相关的图像，同样有助于记忆外语词汇。

一切皆有可能

最优秀的记忆术在理论上适用于每个人。积极与恒心就足以使你能够正确回想起游戏中所有卡片的顺序，或记住整本拉鲁斯小字典。然而，想要更灵活地运用记忆技巧就需要进行训练，并对记忆术抱有兴趣。令人惊奇的是，即使是擅长记忆术的行家里手，在面对一些不太特别的材料时（尤其是教学方面）也似乎更乐意用其他的记忆方法。

然而，记忆术是最好的方式吗

事实上，记忆术存在一些在我们看来"不太聪明的"程序，因为记忆术的运用似乎依赖一个符合信息本身的逻辑。例如，为了记忆哺乳动物的生物学分类，我们可以死记硬背或者利用记忆术。但是，我们也可以先写下来，在理解分类所依据的标准后，再进行记忆。这种方法看起来似乎更好，而前一种方法则给人留下"差学生"的印象，因为没有很好地理解课程而不得不在考试前一天死记硬背。然而，这两种方法的基本原则非常相像，都是将新信息与已掌握的信息联系起来。但是，前一种方法是任意地创造联系，就像地点记忆法所做的那样，相互建立联系的信息之间可以毫不相干；而第二种方法则需要利用既得的知识去建立更有逻辑性的联系。

量体裁衣的策略

"策略"一词最初的意思为"将领的艺术"，即规划与领导战争的行动。依此类推，我们可以定义记忆的策略为计划与引导学习、储存和重组信息的艺术。

20 世纪 70 年代后期的大量调查研究表明：能够辅助我们完成各种学习任务的记忆术在学校中被使用得最多。由于不同的记忆术策略适合于不同种类材料的记忆恢复，我们不能"以不变应万变"。而是必须要决定哪种策略更适合你，哪种策略对于你正在进行的学习任务会最有效果。

适用于具体的情况

我们所使用的策略越是恰当，记忆将越有效率，即越持久和完整。为了记住一小时后应该给朋友打个电话，最好是在电话机旁边放一张便签，而不是在手绢上打个结，后一种方式的不便之处在于无法清晰地指明必须要做的事情。为了不在一个陌生的城市迷路，我们会试图在脑海里构建一张地图，但是步行、开车或坐公共汽车所默记的地图并不相同。

适用于自己

好的策略应该适用于自己，应该考虑到自己已知的信息，将已掌握的知识转移到一个新的领域，或者正相反，防止两个不同领域互相干涉。例如，法国人在学习英语时会碰到许多两种语言共有的词汇，这就需要特别注意"假朋友"，因为有些词的书写完全一样或者相近，但意思却完全不同。

再者，好的策略还需符合自己的个性。一个健谈的人可能更偏爱通过对话学习外语，即使最初会犯许多错误；一个喜欢阅读的人则可能通过阅读原版小说学习外语；而一个比较内向的人更倾向于在正规的教学培训和埋头专研语法书或者练习教材后，再实践自己的知识。因此，每个人都有自己的学习"风格"和动机。

以上两点，前一点与个体精神活动的特殊性有关，后一点则与个体的兴趣和意图有关，可见并不存在发展记忆策略的笼统的"秘诀"，但是一切都遵循几条主要原则。

在脑海中列个清单

在纸上列个欲购货单。现在闭上眼睛想象当地商店的布局结构。回头看看货单，必要的话细看每一项，然后想象它在商店的位置。现在快速将一项与另一项相联系。在头脑中回想你买东西的经历——在商店里你从哪儿开始买，你怎样通过专区，在每处你需要什么。仅仅利用这种记忆方法你会更加自信。为保险起见，带上货单确保在核对前你记住每一样货品。最后你唯一需要的货单就是你头脑中的那个。

第二节

记忆策略的主要原则

长期记忆几乎拥有无限储存信息的能力。但是，在需要的时候对信息进行重组则依赖于我们"处理"信息的方式——这些方式不仅可以巩固记忆痕迹，还能易化对信息的重组。

现在我们知道，通过感觉器官所察觉到的一切，都由视觉记忆、听觉记忆、嗅觉记忆和味觉记忆快速过渡中转到长期记忆中。这种临时记忆只能够在极短的时间内（一般为 20 — 30 秒，最多 90 秒）记住有限的信息量（平均 7 个），并且这种记忆极易受一些因素影响，比如干扰噪音。除了注意力的因素外，情感也在记忆过程中扮演着重要的角色。

为了能够以有限的方法处理多样的信息，记忆系统不仅需要对信息进行筛选，还要以有利于存储和重组的方式组织信息。

组织信息

没有什么比学习"没头没尾"的东西更难的了。当我们每次遇到不协调的信息时，都会先尝试把握其意思或者逻辑，再与已知信息建立联系。一旦联系建立了，记忆也就变得简单多了。

重新组合信息

为记住一系列的东西，最常见的方法就是改变原来的排列顺序建立总体连贯性。在准备采购单时，尝试根据商场或柜台的位置重新组织物品，以避免不必要的往返和遗漏。

还有一个方法就是减少东西的数量，通过重新分组形成更简单的组合结构。例如在记忆法国国内电话号码时，最好是分 5 对数字进行记忆，而不是记忆 10 个孤立的数字。如果你是一个电影爱好者，想清楚地记住"詹姆士·邦德"的所有影片，可以根据扮演 007 的演员来将影片分类，从而简化记忆任务。

测试组织良好的优越性

在无序中……

记忆下面这些词，然后合上书。几分钟后，在一张纸上尽可能多地写下你记住的词。然后，进入下一个测试。

- 直升机
- 小艇
- 飞机
- 汽车
- 轻舟
- 大车
- 自行车
- 热气球
- 货轮
- 独木舟
- 悬挂式滑翔机
- 摩托车

……或者，尽可能合理地组织

记忆下面表格中的词，然后合上书。几分钟后，在一张纸上尽可能多地写下你记住的词。

乐器					
弦乐器		管乐器		打击乐器	
拉弦乐器	拨弦乐器	木质	铜质	手击	棍击
小提琴	吉他	长笛	小号	康佳鼓	鼓
大提琴	竖琴	单簧管	萨克斯风	响板	定音鼓

许多实验表明，分类法能够将新信息与已知信息联系起来，在回忆的时候提供宝贵的线索。

与已掌握的知识联系起来

在语义记忆中存在着一个复杂的联系网，使我们能很快处理所有新信息。比如，我们能直接辨认出一条新信息，很可能是因为先前有过什么征兆，或者我们将它与别的信息进行了比较。再比如，在树林里散步时，我们能认出路边的蘑菇，这是因为之前我们学过如何辨认蘑菇，就算不知道它的具体名称，但至少知道它是个蘑菇，是属于蘑菇家族的，可能与牛肝菌有那么点关系。

分类、做笔记与事先计划

对信息进行分类是记忆过程中应遵循的一条原则。在信息之间建立等级联系，或将它们集中到同一类别的知识条目中，是保证成功重组信息的最有效方法之一。知识有条不紊的特征使得由特殊到普通再到另一种特殊的转化变得轻松，而一个杂乱无章的目录哪怕再简单也必须从头开始进行一次心理浏览，才能找到需要的东西。

上课或开会时最好做些笔记，随后如果能将其整理一下或做个提纲那就更好了。同样，参考提纲或资料表有助于更好地理解课堂内容，这些内容提要可以给我们提供一些线索，能增加完整回想课堂内容的机会。

在实际生活中，比起一大堆便签之类的提醒记号，或者备忘录中无序的约会列表，

合理的日程安排能够提高时间利用效率，为自己赢得时间。即使是为假期做准备，日程表也是必不可少的，它能帮助我们有步骤地处理很多方面的事情（住宿、饮食、交通），避免节外生枝。

概括来说，"规划"是为了对信息进行加固、集中、联系、分类、组织、概括，信息不停地被重复和"处理"，可以巩固记忆痕迹从而方便回想。因此，所有好的记忆策略都取决于对信息的规划。

联想：建立联系

联想是将你想要记住的东西和你已知的东西之间形成智力联系的过程。尽管许多联想是自动产生的，但是联想的意识创造是将新信息编译的一个极好方法。将一事物与另一事物联系起来，便于我们记忆。在游览古希腊雅典卫城时我们会聊起在巴黎的趣闻逸事，在帕特农神庙前我们会惊呼"传说玛德琳娜的教堂……"。大多数时候，我们会不经意地做出这样的联想或比较。当我们乍一眼看到什么东西时会想起另一些事物，这些事物之间没有联系，和我们掌握的知识也无关。因此，在记忆时需要有主动激发联想的行为。还有一些客观存在的情况也会激发联想，比如词语的发音或字体等。

与其死记硬背，不如用某种方法将分散的信息联系起来，寻找口头的或可视的逻辑性，或者发挥我们的想象力。

构建心理图像

在进行复杂的计算时，比如 4 乘以 18，你是把中间过渡部分（4 乘以 10 等于 40）写在纸上呢，还是在头脑里想象？不确定如何拼写一个单词时，你会想象一下可能的几种写法，然后再决定哪个写法看上去更为熟悉吗？假如有人要你倒着说出一个词，你会先尝试在脑海里浮现出这个词的正常顺序吗？如果答案是肯定的，那么你已经运用了心理成像法，这是最有效的记忆法之一。心理成像能使我们记住较为复杂的信息，也适用于非常多变的状况。

视觉重现

心理图像是对具体视觉感知进行想象后的综合图像。如果有人要你想象一只狗，出现在你脑海中的图像可能涉及多种形态：带有狗的基本特征的图像，你自己养的狗的图像，然后增加或删除一些细节，并添上你想象出来的颜色和动作（比如奔跑）等等。你可以将自己想象的狗的模样画下来，拿它同真实的狗（一幅图或者一张照片都可以）比较一下，看看你对于狗的想象是否符合现实。

如何从中受益

在传统学习模式下，心理成像法是很重要的，应用也相当频繁。举个例子，要记

优化心理成像能力

面对一个具体的词，我们会以自己对这个事物的概念建立起一个心理图像。比如说，"老鼠"这个词会让我们想起一个小啮齿动物的样子，或者是电脑鼠标。

当涉及抽象或概念性词语时，就有必要将抽象信息组合起来，使其具体化。因此，"奴隶制"这个概念就可能通过一个脚踝带了铁镣铐的人来表现。

练习一下，请在脑海中构造以下词汇的图像：花瓶、猫、落地灯、汽车、自由、贪吃、博爱、欲望。

做完练习之后，你会发现自己能回忆起大部分词语，因为你已将它们转化为心理图像了。

心理成像是一个很好的记忆工具，我们可以通过练习在脑中构建一些图像来学习如何运用这一工具。要注意构建的图像应该是有个性的，并且能够清晰地重现。

住一个城市或一条道路的方位，最好将它们以地图或平面图的形式存放在记忆中。与其放弃统计数据里的一些细节，不如利用图表（几何曲线、分布图等）来牢记各种数据。同理，一份组织图能帮你准确分析事物的结构，一个树形图能更清晰地表明分类逻辑。

在日常生活中，心理成像法有助于想起丢失物品的过程，或者在出门前找到到达目的的最短路径。

记得更牢固的有利条件

组织、联想和心理成像是记忆的 3 大策略，还有一些条件能够提高这些策略获取和重组信息的效率。

合理划分学习阶段

在复习功课时，1 个小时复习 10 次比 10 小时复习 1 次要有用得多。将学习材料划分为不同的部分，然后依次进行，学习新内容前先回想一下已学的内容，每个部分内部要先从简单且容易理解的入手。

进行双重编码

前文提到的许多例子不只调动了唯一的手段——心理成像或对字面意义的分析——而是使用了双重编码。双重编码的效果非常好，要想学得好，最好一边听课一边做笔记，列些提纲或图表将将帮助你更好地掌握课堂内容。

从既得知识中获益

我们可以对既有知识进行修改和补充。根据既有知识分配学习任务会更有效，这就是为什么专家们在自己熟悉的领域能更快地掌握新信息的原因。同时，我们也可以从新的学习中获益，梳理和更新既有知识，补充新的细节或建立新的联系。

转换视角

如果要为一个工作会议做准备，事先你需要想象不同与会者会如何领会你想要说的内容，预测他们可能会提出的问题，以防临场不知如何作答。

同样，在与银行顾问进行业务会面前或在医疗咨询前，不仅要把你想提的问题记下来，还要考虑对方可能会问你的问题。事前有了充分准备，临场忘记主题的可能性就会随之降低。

"我想起来了！"

当回忆与学习的背景相似时，信息重组将更容易。因此，要弄清楚你在什么样的背景下才能回想起来。

回忆需要的背景

如果不得不去地下室找某些东西，可以先在脑海中想象它们所在的位置，那么等到了地下室你就不太容易忘记要找什么了。如果找不到某样东西，那么想想你是从什么时候开始找不到的，回忆所有相关的元素从中找出有用的线索。

想象一下，你出席女儿学期末领取奖学金的仪式。事后，女儿要你给她拍张照片，你却发现相机不见了。在慌乱地寻找前，先尝试在脑海中重现你可能在什么情况下把它丢在哪了：它最后一次在你手里是在什么地方，周围环境如何，你和谁在一起，你们谈论了什么，几点钟，光线如何，当时你闻到了什么气味，听到了什么声音，自我感觉如何……回到你经过的所有地方，想想当时发生了什么，或者站在其他路人的角度想象他们可能看见了什么……

练习很重要

如果不配合以练习，那么最好的记忆策略也会无效。想要改善记忆并非难事，通过训练能使我们形成适合任何情况的习惯性动作。同时，还应该给自己时间以适应不同的记忆策略。注意，每个人都有自己独特的解决方案。

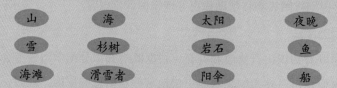

练习将词语放入场景中

根据以下提供的 12 个词想象一两个场景，全神贯注地掌握所有的细节后合上书，几分钟后，根据自己想象的场景在纸上写出所记住的词，然后打开书进行对比。

山	海	太阳	夜晚
雪	杉树	岩石	鱼
海滩	滑雪者	阳伞	船

心理成像法能使我们记住一系列信息，并且避免在回忆的时候落下某一个。

第三节
懂得摆放

我们经常无法想起摆放个人物品的地方，特别是我们日常使用的东西，比如钥匙、眼镜，甚至手机。

寻找遗失的物品

我们常机械地摆放这些使用频繁的物品，而不真正加以注意。通常在使用之后随意地把它们放在一个我们随时都可能忘记的地方，然后在急需的时候去寻找。例如，我们赴约就要迟到了，却必须要在所有的衣服和裤子口袋中寻找钥匙，否则不能关门。没有什么比这更令人恼火的了！那么，如何记住我们摆放物品的地方？我们可以依赖多种策略，但是首先需要在我们放置物品时投入更多的注意力。

良好的秩序

第一个策略是将记忆的编码背景和心理图像相结合。例如，把眼镜放在电话机旁、床头灯前、电视机旁等。如果我们养成观察自己手头正在做的动作的习惯，并建立与动作有关的心理图像，在需要时将更容易找到眼镜。

对于那些需要暂时搁置的物品，比如钥匙、太阳镜、发票，则可以在住所的门口指定一个位置来放置它们，比如一

借助心理成像法寻找物品

我们常常借助组合和心理成像法寻找我们很少使用的物品。例如，把潜水鞋和潜水镜放在纸箱里，然后把纸箱放在车库里的一个打气筒和旧轮胎旁。你可以把这些不同的元素联系起来创建一幅心理图像：气筒在为轮胎打气，潜水鞋和潜水镜靠在慢慢鼓起来的轮胎上。

整理

心理图像

个罐子或者篮子。这样会非常方便，所有的家庭成员都知道到哪里去找这些物品。

一种物品放置在一个地方

另一个技巧是把物品放在与其功能相关的地方，而非随意摆放。例如，在工作期间，避免把工具或用具分散开来，不要把它们遗弃在工作场所，而是在使用后系统地把它们收拾好。这样，锤子和钉子放回工作室或者工具箱里，而刀子将放回厨房。还有一些例子：把电视节目单摆放在电视机上，把手机放在固定电话旁边……把物品存放在一个与其功能相关的地方，能够保证不遗失。

至于那些极少使用的物品，在寻找时借助组合和心理成像的技巧可能更有效。

在通往目标的轨道上

一个我们经常会不自觉使用的简单方法是，回想丢东西之后或之前的情况。当时的所有情景重新回到脑海中，可能看似与要寻找的目标毫无关联，但是它们提供的线索将引领我们到目标问题的轨道上。

"我当时在做什么？"

例如，你无法找到报税单，而这必须在今晚午夜前投递。在陷入焦虑前，回想一下这之前你都做了些什么。为了填写最后几栏你把报税单带到工作场所，在那里你把它放入一个信封，随手夹在日程簿中。在投递时，你却发现它不见了。在这段时间里又发生了什么？上午你带着日程簿和文件夹参加了一个会议，文件夹打开后文件被调换了，你在日程簿中记下了一些约会安排……这样就进入了正确的寻找轨道！你打开文件夹，找到了不小心夹入其中的信封。

"我把手机忘在哪儿了？"

在走进这个房间之前，我在接待处签到。在此之前，我在车上。我把手机忘在接待处了吗？不会，否则他们会提醒我的。我把它忘在车上了吗？我想不起是否将它带到了车上。好吧，上车之前我在哪儿呢？我在家里。我记得拿了电话，关上了门，然后将电话放进自己口袋里并上了车，然后将它放在了仪表板杂物箱里。啊，对了，我把电话放在了仪表板的杂物箱里了。

摆放有序，但不为秩序所纠缠

当你并不是很有时间的时候，为了记住物品摆放的地方，最好预先设定一个良好的摆放系统。当然，也不必过度追求有序和完美，以免使自己因为整理排序而像得了强迫症似的变得有些"狂躁"。比如，由于害怕爆炸，连续验证一两次厨房的煤气炉是否已经熄灭。另外在某些行业，比如研究者或会计人员身上，你会发现一些与秩序有关的强迫现象。但这一般不会有什么负面影响，有时这些过度的行为能提高工作质量。

第四节
目标和时间管理

你又忘了去面包店买面包，你的一个朋友连续两次指责你忘了约会的时间……这是因为你走神了，还是超出了你的能力范围？当一天的事务累积起来，情况会变得更复杂，遗忘的概率也会随之增加，这就应该提前做计划。如何更好地安排时间，并且记住短期与长期需要完成的任务？

不要忽视一闪即逝的东西

事先计划是有用的。比如，你需要到地下室拿一瓶红酒、一盘速冻菜和垃圾袋。在下楼的时候，你可以这样想："我必须拿3样东西上去。"这样，在你还没有拿全3种需要的物品时，你将知道任务还没完全完成。

心理图像：有效的视觉线索

借助心理成像的方法会更有效，它能让我们"看清"该做什么。例如，在回家前我们需要去趟药店。但是，由于药店偏离我们以往回家的常规路线，因此我们极可能会忘了。最好的解决办法是创建心理图像，我们"看"到自己驾着车，在路口向左拐去药店，而不是继续直走直接回家。当我们到达左拐的路口时，这一图像将自动被激活，提醒我们去药店。

另一个例子

我们需要在办公室打个电话，告诉熟食店老板为自己安排一个退休告别会。这时也可以创建一个心理图像，我们看见自己到了工作的地方，在办公室里放

加入感情的色彩

我们可以在构想的图像中加入感情的成分，这样会起到强化作用。

你答应妻子在今晚回家前买一些花给她，因为她要为庆祝父母的金婚组织一个晚会。首先构想一个消极的图像：你忘了买花回家，妻子非常生气，指责你总是在为她的父母做什么的时候忘记……然后再构想一个积极的图像：你捧着一大束漂亮的鲜花回家，妻子热情地迎接你，并且说你是最好的丈夫。

安排下一个假期

当你安排假期的时候，需要考虑各种情况（查询目的地的住宿信息和交通、做必要的预订、准备不可缺少的证件等）和注意一定的限制（遵从带薪假期的期限、不超出预期财务支出等），这些并不总是那么容易调和的。

以下的练习要求你在各种类型的建议中进行选择，以设计度假方案。认真阅读给出的信息，然后回答问题。当然，你也可以改变选项与限制，或它们的优先顺序，甚至根据自己的现状构想一个方案。以下提供的价格仅是象征性的，具体的情况请向旅游公司咨询。

选择要做的

◎ 选择旅行伴侣（独自、家庭成员、朋友或者群体）。

◎ 选择假期的时间（根据职业和家庭的情况）。

◎ 选择假期类型（运动型、休闲型、文化型、俱乐部）。

◎ 选择每个人 5000 – 10000 元的消费支出。

◎ 选择地点（国内或者外国）。

◎ 预定住所（酒店、公寓、野营）。

◎ 选择交通方式（火车、汽车、飞机……）。

需要遵循的

◎ 假期在 6 月 1 日至 9 月 30 日之间。

◎ 酒店价格：每人 100 元 / 天，包 1 顿饭。

◎ 野营价格：每人 10 元 / 天。

◎ 预订期限：3 个月。

◎ 自驾 4 人坐的汽车到一个目的地的价格：500 – 1000 元（汽油 + 收费），单程。

◎ 乘飞机到国外一个目的地的价格：每人 5000 – 10000 元，往返。

◎ 坐火车到一个目的地的价格：每人 500 – 1200 元，往返。

◎ 餐饮和娱乐价格：每人 50 – 200 元 / 天。

◎ 器材或者运动培训价格：每人 500 – 2000 元，一个星期。

问题

根据你的财政状况进行选择，如果有必要可以利用计算器。

1. 你将在哪天去度假，去多长时间？

2. 你什么时候开始预订？

3. 你选择哪里作为目的地？

4. 你选择什么样的住宿和交通工具？

5. 谁跟你一同去？

我们提供了一个帮助你计划下次假期的练习，目的是为了把一些方案策略应用于实践，对信息的合理组织在日常生活中的许多情况下都非常重要。

着 30 多个小烤炉。当我们真的到办公室的时候，这个图像将会自动地浮现在脑海中，从而提醒我们给熟食店的老板打电话。

安排重要的事情

为了避免可能的遗忘，日程簿是最好的辅助工具。

一些符合我们需要的工具

为了合理安排时间，你可以在文具商场找到最符合自己职业或个人需要的日程簿、笔记本、根据公历年份或学年制作的日历表或者按周划分的日程表。活页的日程簿具有可调节的好处，应选择便于更新的电话本和地址本。

要想合理利用日程簿，就需要不断练习，必须习惯于立刻写下各种约会，包括准确的时间、要见的人、会面的地点和目标。然后，有规律地翻看日程簿，比如每天早上或者一个星期的开始。

个人电子助手具有自动提醒功能，能够帮助我们"聚焦"一天、一个星期的活动安排或者与电脑交换数据。这些功能非常实用，但是对信息的记录却并不总是那么简便，而且需要接受一定的培训。

建立有用的清单

一般来说，一个合理的清单不是仅用一次就能列好的。为了准备购物单，可以在厨房里挂一个小黑板，写下缺少的食物。旅行出发前，在一张纸上或记事本上写下所有在脑海中闪现的东西。这样，在收拾行李的时候，就不会像去年那样忘记带照相机了。

优化购物单

当你每个星期都需要去一个离家较远的超市买一到两次东西时，分类法对你将会很有用。虽然你已经写下了需要买的东西，但是它们杂乱无章。这样一个清单并不是很有用，它会使你在超市里多次来回走动。相反，如果对物品进行合理的分类（肉类、奶制品等），就能节省时间。这样，你不再需要从卖蔬菜的柜台再走回调料品区，因为你发现自己忘了买芥末酱。为了制作这样一个购物单，你可以尝试在脑海中构想从进入超市到收银台你将走的路线。

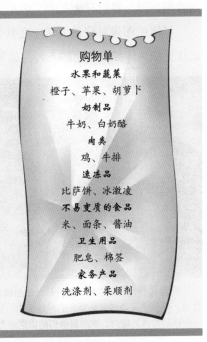

购物单

水果和蔬菜
橙子、苹果、胡萝卜
奶制品
牛奶、白奶酪
肉类
鸡、牛排
速冻品
比萨饼、冰激凌
不易变质的食品
米、面条、酱油
卫生用品
肥皂、棉签
家务产品
洗涤剂、柔顺剂

第五节

记忆面孔与名字

　　你是否有过尝试记住一个名人的名字却徒劳无功的经历？是否有好多次，你和一个熟悉的人擦肩而过，却无法想起他是谁？或者遇到了不久前刚认识的一个人，但是你却怎么也想不起他的名字？有时候这些情况非常让人尴尬，而这并不是不可避免的，以下是几点实用的建议。

借助心理图像

　　我们要学会将信息同可视的图像联系起来。复杂的材料可以被转换成图片或图表，具体的图像比抽象的观点和理念更令人难忘。不要吝啬运用你的思维之眼，形象化程度越高，通常就越是有用。如果要记住有关其他人的信息，用形象化的策略就特别管用，因为我们对他人的了解是通过看他们获得的。

　　可视的图像对记住人名（尤其是外国人名）非常有帮助。你可能会注意到自己能记住更加具体和形象化的人名，如苹果（听上去是一种水果）。然而，大多数名字要抽象得多，这就是我们为什么都不善于记住它们的原因。在这些情况下，试一下将名字同有意义的可视图像联系起来。

　　现在，来试一下"名字—面孔"记忆法吧。

　　⊙ 首先找出一个与名字相对应的替代词；

　　⊙ 然后重复记忆面部特征（例如一束褐色的头发）；

　　⊙ 构建一个包含这两个要素

一个婴儿在看他母亲的脸。婴儿从一出生就能控制自己眼睛的活动。心理学家通过测量婴儿的跟踪能力，也就是用眼睛追随一个移动物体的能力，来测量他们的识别能力。

的心理图像。

当你再次见到这个人时，他（她）面部的代表性特征（褐色的头发）将激活与她名字相关的心理图像。当然，这一想象过程她是不会知道的！

何时运用"名字—面孔"记忆法

但是，这种方法在日常生活中的某些情况下难以运用。因为构建心理图像需要一定的时间，并且有时候会被其他正在进行的活动所干扰，比如在记忆的同时还需要与对方进行交谈。不过，当可利用的时间足够充裕时，这种方法是非常有效的，例如我们第一次遇到的新同事、顾客、协会会员、朋友的朋友……

利用发音进行记忆

在一次工作会议中，为了记住工作组其他成员的名字，我们可以将每个人的第一印象与他们的名字联系在一起：乔治有个大鼻子，托马斯红得像个西红柿，伊莎贝尔很漂亮，瑞哈很健谈……

有时候，我们可以通过一个熟悉的发音来帮助记忆人名。刚介绍给你的一个人可能与你认识的一个人拥有相同或相似发音的名字，或者他的姓氏让你想起某个名人或某个城市。

重复的好处

如果你忘记了某个人的名字，可以要求他再说一遍。还可以通过将他们的名字用于你的对话中来牢记他们的名字（例如，"告诉我，卡洛尔，你对这种情况有什么认识？"），或者问问他们的名字如何拼写或其渊源。当你告别同伴时，再叫一次他的名字（例如，"很高兴能认识你，特雷西，我希望我日后还能见到你。"）。在你进行下一个对话之前，暂时停顿一下，在内心重温一下你想记起这个人的哪些事。如果你某天见到了很多人，你可能希望在口袋中放一张索引卡，以便记下人名及他们的显著特征。

不断重复能够保证名字或面孔更好地"驻扎"在记忆中。因此，尝试时常回想，最初频繁些，随着时间的流逝再逐渐拉长回忆的间隔。这样，你会发现分散记忆和间隔回忆的效应。

线索和背景

当回想某个人的名字时，你可以尝试汇集所有你能够想到的线索，以这种方式你将快速开启回忆之门。

初始字母线索

从回想一遍字母表的所有字母开始，来找出名字的第一个字母。尤其是外国人名，

> ### 不会忘记的人
>
> 想象一下你能够一直记得你妈妈自从开始照顾你以来的面孔。你的感官理解是那么的敏锐,声音可以产生颜色和生动的图像;数字符号可以代表场景、声音、味觉、嗅觉,以及感觉。你能够重复听到的70个字母,不只是从前往后,还可以倒过来,不仅在听到的一个小时之后,甚至在15年之后。这是一份俄罗斯报纸上的真实报道。
>
> 你也许会认为一个人拥有那么非凡的记忆力是多么伟大,然而对他来说则是花费了很多时间和精力,却仍然不能成功地忘掉一些事情,从而在他的心里产生了非常大的压力。尽管他寻找了很多工作来维持生计,他最终还是在一个马戏团做最职业的记忆术表演。也许,他对于人类最大的贡献就是在书本中提到关于他的出色故事。记忆术,一个社会心理学家花了30年时间来观察这个不会忘记的人。

第一个字母往往能提供有利的线索。例如,"Antoine Bechart"这个人名的每个单词的第一个字母正好是字母表中最前面的那两个。

背景环境

拥有越多的关于某人及与其相识的背景信息,将越容易回想起他的名字。事实上,对背景的回忆将帮助你给这个人"定位",例如他所从事的职业、某些性格特征等。无论是亲属还是公众人物的名字,如果在不同的元素之间建立联系,将更容易记忆,例如将与一个人的对话内容和他的名字联系在一起。如果在阅读完一本书后,与其他人进行了讨论,这本书的作者就不会轻易被忘记。

将重要的东西归档

一旦你记牢了人们的名字和脸孔,那你就需要编码你在哪里遇到的他们或者是其他相关的事情。这样做可将人名与其他信息相综合。例如,我在体育馆遇到Katie Langston,而她却想去外面享乐。这样,我就通过想象一个瘦小的球童正搀扶着一个看上去有100千克重的妇女来加深对这些信息的印象,她穿着一件运动服而且快乐得快要昏死过去。也许,这并不是最好的形象,但它却可能是容易记住的形象。如果你的想象与我的想象相似,当人们问到"你是怎么想到我那些事的"时,我建议你不要与他人想成一样的。

第六节
记忆日期和数字

是否有必要记住我们日常生活中的所有数字，比如电话号码？很显然没有必要。最好是使用一个组织完善的电话本，经常更新并随身携带着。

但某些特殊的号码必须记住，比如银行卡的密码、进入某些大楼或者建筑物的密码等。同样，出于职业需要，某些日期、价格或尺寸代码等也需要牢记。以下几点会对你记忆数字有所帮助。

复述法

这是最弱的记忆胶水。不断重复信息能够在你的大脑中留下短暂的记忆，但很快就会被遗忘。不过记电话号码，这不失为一个好方法。

跟着我读：0795634，重复几次。如果你多重复几次，你会发现你已经能够记住它，但是没过多久就忘了。如果不用别的方式重新记忆，不知道明天的这个时候你是否还记得这串数字。不过没关系，有一些东西我们确实不用长时间地去记住。如果你看到一个号码，只要在拨打前的一段时间内记住它，那么你就可以用重复叙述的方法记忆。但是如果你碰到了心仪的人，当她（他）给你电话号码时，用这个方法记忆就不太保险了。

借助空间分布记忆密码

可以借助心理图像，通过数字的空间分布来记忆一列数。例如，办公室复印机的密码是6541，你可以将这列数字想象成一个背朝下躺着的"L"，密码9731则是一个从右下方起笔的"Z"。

复述法并不是唯一的记忆技巧，如果将它和别的技巧结合，那么它能发挥得很好；如果仅仅单独使用，那么它只能暂时奏效。

测试你记忆数字的方法

为了训练你对记忆策略的运用，尝试记住以下日期，每个日期可以同时借助多种方法记忆。现在轮到你找出最适合自己的方法了。

◎ 1969.07.21，人类第一次登上月球。

◎ 1991.01.15，海湾战争的第一次夜间空袭。

◎ 1963.11.22，约翰·菲茨杰拉德·肯尼迪总统在达拉斯被刺杀。

◎ 1998.07.12，法国赢得世界杯足球赛冠军。

在进行记忆练习时，最好是找到适合自己的方法，并且尽可能地经常使用。

组合法

组合法即将一个新数字与一个毫无困难就能出现在脑海中的数字联系起来。例如，对许多人来说，各地区的区号是再熟悉不过的数字，因此可以把它们作为参照去记忆其他的数字。

另一种是联系个人的经历或熟悉的文化知识记忆数字，比如联系自己的出生日期、年龄、主要人生大事发生的时间等。

数学逻辑法

记忆较长的数字时，我们经常将它们成对分组。另外，还可以利用一些简单的数学逻辑和搭配来记忆数字。

下面的例子将向你展示完全不需要成为心算冠军或者从高等技术学院出来就能应用的方法。

⊙ 1144：数字 11 乘以 4 得到 44。

⊙ 97531：这是 5 个倒着数的奇数。

⊙ 154590：15 乘以 3 得到 45，15 乘以 6 得到 90。另外，这些数字也让我们想起"刻钟"。

记忆力测试

请用 2 分钟记住这些带有不同背景颜色的数字。

请在不同颜色的色块上填上相应的数字。

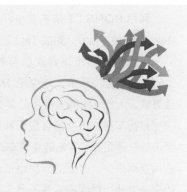

第七节
从阅读中受益

　　阅读可以是一种娱乐、一种消遣和放松的方式。但是对那些要学习的人，或者只是为了寻找一些信息的人来说，阅读也同样是一件必不可少的活动。在任何情况下，当我们发现自己想不起正在阅读的文章的内容时，或者当我们翻到书的最后一页却发现什么也没记住时，这是非常令人沮丧的，但这并不是不可改变的。

选择你的阅读方式

　　存在两种阅读方式：被动地阅读和积极地阅读。当我们被动地阅读时，浏览一篇文章或者一本书，并没有将注意力真正地集中在所读的内容上，因为这期间我们的精神在随意游荡。这样的阅读后，我们只能保留对文章的总体印象。

　　如果希望记住所阅读的细节，就应该采取一种更为积极的态度：在安静的环境中投入更多的注意力并加强学习意图。随时拿着一支笔，以便划出关键字和重要段落，或者是做笔记、绘制图表、写批注。当我们全部阅读完后，重新再看一遍用笔圈出来的部分或者笔记，然后写下记住的重要概念，并尝试梳理阅读内容的结构。

利用 PQRST 方法优化编码

　　还有一种要求更高和更有效的阅读方法，它在学习中尤为有用。

　　1950 年，美国心理学家托马斯·富·斯塔逊发展了这种方法。以下是这种方法的 5 个步骤。

　　⊙ 预览（Preview）：以浏览的方式进行第一次阅读，抓住文章的总体意思。

　　⊙ 问题（Question）：向自己提出关于文章内容的关键性问题，辨别出重

图中学习阅读的儿童不知道阅读涉及的复杂过程，即使是最基本的阅读能力学习所涉及的过程也很复杂。

应用 PQRST 方法

利用 PQRST（预览 Preview，问题 Question，阅读 Read，陈述 State，测试 Test）方法的 5 个步骤。

极少的法国市民喜欢骑自行车。一项调查显示，超过 3/4 的人更喜欢开车，略少于 1/2 的人结合走路与另一种交通方式，大约 1/4 的人使用公共交通工具。

自行车在城市中拥有显而易见的优势。对使用者来说，它是一种快速的、灵活的和经济的交通工具，并能避免堵车或者停车造成的麻烦。同时，它能减少污染和噪音危害，占用空间很少，必要的维护也相对便宜。这些优点应该使得自行车成为一种被优先选择的交通方式，然而事实并不是这样的。

这个现象与不骑自行车者，有时甚者是骑自行车者对自行车不便之处的估计过高有关。存在一些广为流传的错误观点：意外伤亡、易丢失、恶劣天气、骑车疲劳、容易吸入被污染的空气而危害健康……

然而，这些说法不太经得住分析。以法国的邻国荷兰为例，我们发现刚才列举的风险并不因骑自行车人数的增加而增加……

（1）阅读文章并提取主要意思。

（2）给自己提一些与文章内容相关的问题。例如，法国市民使用汽车的比例是多少，等等。

（3）重新阅读文章，在阅读的时候默想问题的答案。

（4）对所阅读的文章做一个概要。

（5）尝试回答自己提出的问题，然后进行验证。

经验证 PQRST 方法对记忆一篇文章特别有效，但前提是需要按照逻辑的方式进行编码和恰当地构思问题。

要的信息。

⊙ 阅读（Read）：以积极的方式重新阅读一遍，目标是回答自己提出的问题。

⊙ 陈述（State）：复述所阅读的内容，并说出文章的主要观点或特征。

⊙ 测试（Test）：通过设置问题来验证自己是否很好地记住了文章表达的内容，答案构成文章的概要。

这种方法能促使我们深入地处理和组织信息，它被成功地应用于各种日常活动中，比如学习一门课程或者仅仅是阅读一份报纸。

疲劳：注意力与领悟力的头号敌人

由于疲劳会降低阅读效率，因此我们需要合理安排时间来完成阅读任务。分 4 个半小时来学习比连续学习两小时要好，这样可以强化记忆痕迹。

考试是让每个人都害怕的事情。但记忆有时会跟我们搞一些恶作剧，就在我们最需要它的时候，我们的记忆不行了，最终导致我们考砸了。即使我们完全能够通过考试，我们日常的学习和记忆方法也可以极大地影响我们在考场中的表现并加强自己的记忆。

在你开始复习时，设计一张时间表并遵照执行。留出足够的放松和娱乐的时间（午饭、下午茶，等等）。

从通读一个专题的笔记开始，然后总结出主要的几点。

做些额外的阅读以便使笔记更加方便记忆、有意义和有趣。尽量看出不同主题之间的联系以便建立起更有意义的一个总体概念。

躺下来，闭上眼睛，并试着去理解材料。和同班同学进行专题讨论是有所帮助的。如果你对某件事情没有完全理解，那么要想在考试中将它重现就难了。

对于公式、引用，以及类似的材料，你可以尽量创建帮助记忆的工具，使它们更加容易被记住并挂上记忆"标签"。

开始考试之前，想象一下自己写下的要点的序号。在考试时，用你的思维之眼"看"这张清单。

同时，身体健康也是十分重要的，所以要吃好和睡足。

眼睛如何扫视文章

原本以为在阅读时我们的眼睛是缓慢地从左到右划过句子，依次认出每一个字。然而，眼球运动研究的结果却与此完全不同：眼球飞快地扫视，从文章的一个位置迅速跳到好几个字之外的另一个位置。每一次扫视持续15毫秒（1毫秒等于千分之一秒），扫视时眼睛看不到东西，扫视之后眼睛有一个被称为注视的相对稳定期，此期我们阅读文章。娴熟的阅读者注视持续100—400毫秒，不娴熟的阅读者注视时间超过500毫秒。

注视不是随意的。我们喜欢注视实词（名词、动词、形容词）而不愿注视虚词（冠词、连词、介词），喜欢注视长词而不愿注视短词。这样选择性地注视效率高，因为长的实词往往包含更多的信息。我们不注视句子的每一处并不意味着我们遗漏了句子内容，因为每一次注视有一个视觉跨度（即视界大小）：注视点左侧3—4个字，右侧15个字，因此，一个句子一眼就能全部看完。

大部分句子是有前后次序的，而正好眼睛是从左到右扫过整个句子。然而，扫视阅读在"花园幽径"句中却不可行。在阅读"花园幽径"句时，要回过头来看已经看过的内容，即从右向左看，我们把这种阅读方法称为回读，所有扫视中有15%是回读。回读意味着读者误解了文章某些部分的意思，需要重新分析。不娴熟的阅读者的回读要比娴熟的阅读者多。

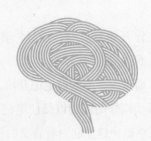

第八节
对地点的记忆

　　谁能自吹从来没有在一个陌生的地方迷过路？有哪个司机从来没有遇到过想不起自己的车停在哪里的情况？这些虽是小事，但却很令人生气，特别是遭遇紧急情况的时候。卡片、地图或者记事本将足以解决这些麻烦，但是我们却正好忘记带了，或者认为完全可以相信自己的记忆力。为了记住一条简单的路线或者停车位，通常只需多动一点脑筋就够了，在这里我们提供了一些窍门。

记住方向和路标

　　通常可以用两种方法来确定位置：方向和指示性标志。在实际生活中，我们经常将两者合用。例如，视觉化一个几何图形以便记住连续的方向，或视觉化几个标志以便知道什么时候应该转向右边或者左边。有效的记忆通常寻求双重编码，同时利用视觉和语言因素。

将视觉信息口头化

　　通过地图或卡片确定路线后，即将路线视觉化后，再以小声或默念的形式复述一遍路线，就像在给一个问路人指路一样："在第一个路口向右拐，然后直走 500 米，接着在第三个路口向左拐……"野营时为了避免迷路，在欣赏风景的同时别忘了记忆视觉标志（栏杆、水库等），并且不时回过头去看看它们。还可以跟同行的人谈论所见到的风景，或者将它们与以前的相关

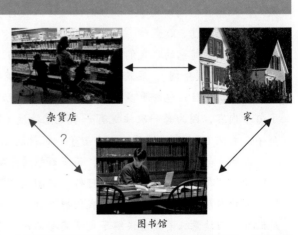

杂货店　　　家

图书馆

在有说明的情况下，你知道怎样从家走到杂货店，从图书馆回到家。你能从杂货店指出图书馆的方向吗？如果没有地图的帮助，答案也许是"不能"。

信息建立联系。

将口头信息视觉化

你把车停在了维克多·雨果路的体育用品综合商店对面，为了记住这个位置，你可以构建一个心理图像，比如维克多·雨果穿着高尔夫服站在商店的玻璃橱里。当你的车位号是214时，可以通过语义记忆告诉自己："我的车在214：地下2层，位置14，就像太阳王路易十四。"

许多状况会使你明白，线索或者标志应该具有稳定性。比如，你把车停下来打算离开10分钟就回来，当时你的车前正好停着一辆红色轿车，但是当你回来时，那辆车可能已经不在那儿了！

找到自己的路

在你动身去某个自己从未去过的地方之前，花些时间做一些准备：先在地图上设计一条路线，然后在头脑中将这条路线形象化，以便在脑海中形成一幅地图，这样你就可以凭记忆到达目的地（而不是不得不停下来查找）。在地图上圈出自己要去的地方，以便万一自己需要查地图时能快速地找到它。（用箭头和大字）把各个转折方向列出清单以备旅行中参考。

在你问路时要注意：仔细听你所问的人说的话，尽量集中注意他在说什么（而不是他穿的什么），把他所说的形象化。如果对方说得太快或者不太清楚，在他说的时候重复每一步，从而使他说得慢一些，同时加强自己的记忆。将对方所说的总结一下——"那么，我应该左转、右转、再右转，然后左转。对吗？"在动身之前，用片刻来回顾一遍对方的指示，然后在路上对自己重复。

地点记忆法的发明

公元前477年，古希腊诗人西蒙尼·德·瑟奥斯发明了"地点记忆法"。在斯科帕斯组织的一次宴会上，西蒙尼本应该只背诵一首主人要求的诗歌，但是他还用赞美诗歌颂了一对双胞胎神卡斯特和波吕丢克斯。为此斯科帕斯非常不高兴，仅付给他一半的钱，并建议他去求双胞胎神付给他另一半。过了一会儿，有人告诉西蒙尼有两个年轻人在宴会大厅外等他，于是诗人走了出去，但是没有看见任何人。

就在西蒙尼出去的时候，宴会大厅的天花板坍塌了，其他客人都丧生了。有人说，作为对赞美诗的感谢，卡斯特和波吕丢克斯救了西蒙尼。

不幸的是，遇难者的残骸已变得无法辨认，他们的家人根本无法将遇难者搬走。最后凭借优秀的视觉记忆，西蒙尼回忆起每一位宾客就座的确切位置。据说这就是最早的地点记忆法。

第九节
追溯个人经历

某些重要的事件似乎永远刻印在我们的记忆中：出生、结婚、亲人的生日、变换工作……关于这些我们不仅记得许多细节，而且通常能想起这些事件的确切时间和地点。其他有些事件虽然具有丰富的细节，我们却很难确定发生的具体时间。还有一些事件，则需要亲人或熟人的帮助才能想起来。我们并不想记住所有的生活经历，但是，多少次我们茫然地想找回一段经历或某件事发生的确切时间。以下是几个小窍门和一些技巧。

发生在什么时候，有什么标志

认知心理学的研究表明，对于许多人来说，最好的时间线索是与自己生活中的事件联系在一起的，"第一个孩子的出生日期""在爱尔兰旅行之前"，某些时间毫不费力地重现在脑海中，原因很简单：那是在填写行政文件时需要记住的日期，那是个值得庆祝的日子或者仅是别人重新谈论起……

我的记忆，我的历史

"当你不知道要往哪里去时，返回去看看你是从哪里来的"，这则塞内加尔谚语体现了记忆在我们的身份认证上起的关键性作用。正是因为记忆的存在，我们才知道自己是谁，才能确认今天的自己和昨天的那个自己是一样的。

我们的记忆具有丰富的细节，那些有关我们做出重要决定的时期，有关个人感情或工作的事情我们都历历在目。有些记忆是痛苦的，很难让我们接受，不过生活的波折让我们对自己有了新的认识，一段感情的结束、失业等都影响着我们的记忆。另一方面，快乐也能传递和影响记忆，家庭成员或朋友间的交流都有助于我们回想起曾经的职业或家庭传统等。每个人的生活都是不平凡的，正如另一条非洲谚语说的那样："每当一个老人死去的时候，又烧毁了一座图书馆。"

"那是发生在哪年来着？"

我们能清晰地回忆起一次生日会，因为它很成功或者很失败，而我们却不能确定那是在 1995 年还是在 1996 年，在一个星期六还是星期天的晚上。

为了回答这些问题，我们可以参照一些大家都清楚知道时间的公众事件。对法国人来说，1998 年世界杯蓝色军团的胜利是一次难忘的事件。因此，为了想起退休那年的情景，那就回想一下 1998 年看所有球赛的休闲时光吧。每个人都能迅速想起纽约世贸大厦遭袭击或某些重大灾难发生的确切时间，这些标志都能够帮助我们确定个人的生活经历。

"那时樱桃开花了……"

在谈论自己经历的重要事件时，可以借助一些细节。例如，通过天气状况推断事件发生的季节——下雪，那就是在冬天；或者植物的状况——樱桃开花了，那就是在春天。汇集与事件相关的所有线索，然后再从中寻找答案。

"当时的确是这样的吗？"

然而，记忆有时也会捉弄我们，而这与任何疾病都毫无关系。对某件事或某个人生动而精确的记忆可能不会引起我们的任何怀疑，但如果与其他见证人一起回忆，就可能出现记忆空洞或矛盾。我们能精准阐述的事件通常具有丰富的细节，而对于那些我们回忆起来有困难的情景，可以向家人或与你共同经历过的人求助。

增加找回记忆的机会

事实上，我们会忘记某些不重要或者不愉快的事情，而保留其他的，有时候还丰富它们。如果我们与参与同一事件的人一起回忆，如一次家庭或朋友聚会，他人的陈述可能引发我们已经遗忘的某段生活场景的突现。与有共同经历的人定期交流有助于对个人经历的回忆，相反，与社会隔离将不利于保持记忆。

除了其他人的见证，还可以依赖一些资料（如书信、影集、录像带、行政文件等）来找回我们的记忆，特别是当这些资料带有时间或地点标注时。考虑到这点，拥有私人日记本对记忆较琐碎的事很有帮助。另外，只要用一个年历或者电子管理器就能轻松地帮助你记住自己在何时何地做何事。作为计划的一部分，你会记录下在自己一生中发生的事情。如果你想要记住自己所做的细节，你可以一直保存着这个计划。

制作家谱

制作家谱是一个常见的理顺家族历程的方式。仅仅标出直系亲属的家谱一般用一棵树表示，分枝的一边是父亲，另一边是母亲，每一代都依此类推。另外，也可以采取轮盘的形式，每个圆环代表一代。复杂的家谱包含有子女、侄子侄女、孙子孙女等

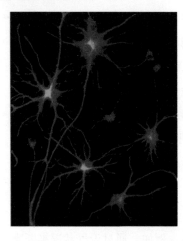

所有的亲属关系。

如何着手调查

复杂的家谱能帮助我们快速地找出需要的信息，并且给我们的调查提供帮助。如在进行地区编档时，通过树形家谱能便捷地找到许多档案，出生、结婚、死亡记录等。它也有助于整理分散的文件，像家庭或军队证件之类。

人类的大脑就像一个功能强大的网络系统，其中包含数十亿个神经元，它们对于记忆的存储和提取发挥着重要作用。

训练你对家谱的分析能力

树形家谱能够以简单的方式表明一个家族的亲属关系。在这种图谱上，垂直线表示父母—子女关系，水平线表示兄弟姐妹关系，X表示夫妻关系。

仔细观察下面的树形家谱，然后回答问题。

马塞尔·普鲁斯特与阿德海娜·普鲁斯特之间是什么关系？

马塞尔·普鲁斯特与克劳德·莫里亚克之间是什么关系？

马塞尔·普鲁斯特与弗兰斯瓦兹·莫里亚克之间是什么关系？

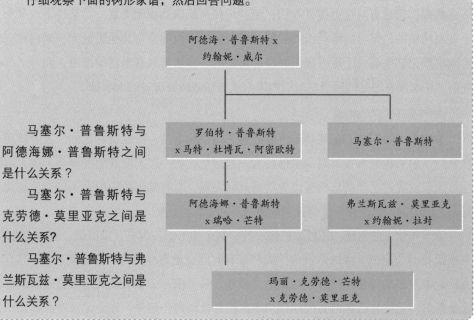

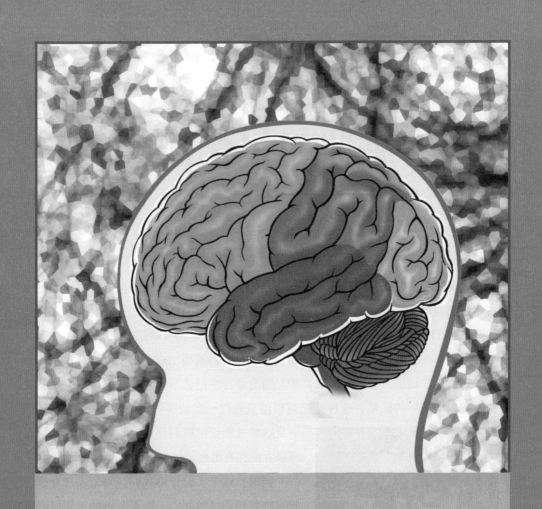

第七章

左右脑开发，拥有超级记忆力

第一节
超右脑照相记忆法

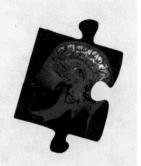

不可忽视的右脑照相记忆

著名的右脑训练专家七田真博士曾对一些理科成绩只有 30 分左右的小学生进行了右脑记忆训练。所谓训练，就是这样一种游戏：摆上一些图片，让他们用语言将相邻的两张图片联想起来记忆，比如"石头上放着草莓，草莓被鞋踩烂了"等等。

这次训练的结果是这些只能考 30 分的小学生都能得 100 分。

通过这次训练，七田真指出，和左脑的语言性记忆不同，右脑中具有另一种被称作"图像记忆"的记忆，这种记忆可以使只看过一次的事物像照片一样印在脑子里。一旦这种右脑记忆得到开发，那些不愿学习的人也可以立刻拥有出色记忆力，变得"聪明"起来。

同时，这个实验告诉我们，每个人自身都储备着这种照相记忆的能力，你需要做的是如何把它挖掘出来。

现在我们来测试一下你的视觉想象力。你能内视到颜色吗？或许你会说："噢！见鬼了，怎么会这样。"请赶快先闭上你的眼睛，内视一下自己眼前有一幅红色、黑色、白色、黄色、绿色、蓝色然后又是白色的电影银幕。

看到了吗？哪些颜色你觉得容易想象，哪些颜色你又觉得想象起来比较困难呢？还有，在哪些颜色上你需要用较长的时间？

请你再想象一下眼前有一个画家，他拿着一支画笔在一张画布上作画。这种想象能帮助你提高对

边看电视边聊天——这两件事情尽管在本质上相似（两者都涉及看和听），可以同时进行，但任何人都不能同时集中精力做这两件事。

颜色的记忆，如果你多练习几次就知道了。

当你有时间或想放松一下的时候，请经常重复做这一练习。你会发现一次比一次更容易地想象颜色了。当然你可以做做白日梦，从尽可能美好的、正面的图像开始，因为根据经验，正面的事物比较容易记在头脑里。

你可以回忆一下在过去的生活中，一幅让你感觉很美好的画面：例如某个度假日、某种美丽的景色、你喜欢的电影中的某个场面等等。请你尽可能努力地并且带颜色地内视这个画面，想象把你自己放进去，把这张画面的所有细节都描绘出来。在繁忙的一天中用几分钟闭上你的眼睛，在脑海里呈现一下这样美好的回忆，如此你必定会感到非常放松。

当然，照相记忆的一个基本前提是你需要把资料转化为清晰、生动的图像。

清晰的图像就是要有足够多的细节，每个细节都要清晰。

比如，要在脑中想象"萝卜"的图像，你的"萝卜"是红的还是白的？叶子是什么颜色的？萝卜是沾满了泥还是洗得干干净净的呢？

图像轮廓越清楚，细节越清晰，图像在脑中留下的印象就越深刻，越不容易被遗忘。

再举个例子，比如想象"公共汽车"的图像，就要弄清楚你脑海中的公共汽车是崭新的还是又老又旧的？车有多高、多长？车身上有广告吗？车是静止的还是运动的？车上乘客很多很拥挤，还是人比较少宽松松？

生动的图像就是要充分利用各种感官，视觉、听觉、触觉、嗅觉、味觉，给图像赋予这些感官可以感受到的特征。

想象萝卜和公共汽车的图像时都用到了视觉效果。

在这两个例子中也可以用到其他几种感官效果。

在创造公共汽车的图像时，也可以想象：公共汽车的笛声是嘶哑还是清亮？如果是老旧的公共汽车，行驶起来是不是吱呀有声？在创造萝卜的图像时，可以想象一下：萝卜皮是光滑的还是粗糙的？生萝卜是不是有种细细幽幽的清香？如果咬一口，又会是一种什么味道呢？

右脑照相记忆训练

经过上面的几个小训练之后，你关闭的右脑大门或许已经逐渐开启，但要想修炼成"一眼记住全像"的照相记忆，你还必须要进行下面的训练：

（1）一心二用（5分钟）

"一心二用"训练就是锻炼左右手同时画图。拿出一根铅笔。左手画横线，右手画竖线，要两只手同时画。练习一分钟后，两手交换，左手画竖线，右手画横线。一

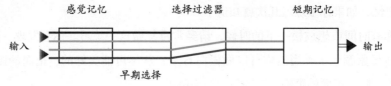

感觉记忆　　　　　选择过滤器　　　　　短期记忆

输入　　　　　　　　　　　　　　　　　　　输出

早期选择

这是布罗德本特过滤器选择性注意理论的简图。

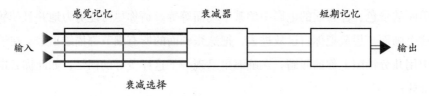

感觉记忆　　　　　衰减器　　　　　短期记忆

输入　　　　　　　　　　　　　　　　　　　输出

衰减选择

图中表示的是安妮·特雷斯曼的衰减理论。该理论认为，输入信息的加工程度是由接收者对信息重要性的认识决定的。

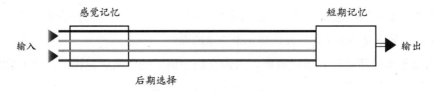

感觉记忆　　　　　　　　　　　　　短期记忆

输入　　　　　　　　　　　　　　　　　　　输出

后期选择

图中表示的是 J. 多伊奇和 D. 多伊奇有关选择注意的后期选择理论。输入信息只有在到达短期记忆后才能被选择。

分钟之后，再交换，反复练习，直到画出来的图形完美为止。这个练习能够强烈刺激右脑。

你画出来的图形还令自己满意吗？刚开始的时候画不好是很正常的，不要灰心，随着练习的次数越来越多，你会画得越来越好。

（2）想象训练（5分钟）

我们都有这样的体会，记忆图像比记忆文字花费时间更少，也更不容易忘记。因此，在我们记忆文字时，也可以将其转化为图像，记忆起来就简单得多，记忆效果也更好了。

想象训练就是把目标记忆内容转化为图像，然后在图像与图像间创造动态联系，通过这些联系能很容易地记住目标记忆内容及其顺序。正如本书前面章节所讲，这种联系可以采用夸张、拟人等各种方式，图像细节越具体、清晰越好。但这种想象又不是漫无边际的，必须用一两句话就可以表达，否则就脱离记忆的目的了。

如现在有两个水杯、两只蘑菇，请设计一个场景，水杯和蘑菇是场景中的主体，你能想象出这个场景是什么样的吗？越奇特越好。

对于照相记忆，很多人不习惯把资料转化成图像，不过，只要能坚持不懈地训练就可以了。

第二节
进入右脑思维模式

我们的大脑主要由左右脑组成，左脑负责语言逻辑及归纳，而右脑主要负责的是图形图像的处理记忆。所以右脑模式就是以图形图像为主导的思维模式。进入右脑模式以后是什么样子呢？

简单来说，就是在不受语言模式干扰的情况下可以更加清晰地感知图像，并忘却时间，而且整个记忆过程会很轻松并且快乐。和宗教或者瑜伽所追求的冥想状态有关，可以更深层次地感受事物的真相，不需要语言可以立体、多元化、直观地看到事物发生发展的来龙去脉，关键是可以增加图像记忆和在大脑中直接看到构思的图像。

如何使用右脑记忆

想使用右脑记忆，人们应该怎样做呢？

由于左右侧的活动与发展通常是不平衡的，往往右侧活动多于左侧活动，因此有必要加强左侧活动，以促进右脑功能。

在日常生活中我们尽可能多使用身体的左侧，也是很重要的。身体左侧多活动，右侧大脑就会发达。右侧大脑的功能增强，人的灵感、想象力就会增加。比如在使用小刀和剪子的时候用左手，拍照时用左眼，打电话时用左耳。

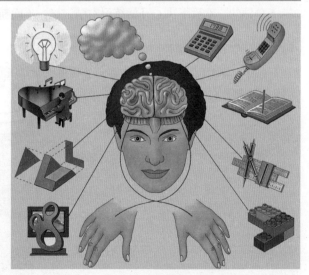

我们的逻辑思考和创造性活动分别由不同的脑半球控制。脑的左半球控制我们对数字、语言和技术的理解；脑的右半球控制我们对形状、运动和艺术的理解。

多锻炼你的左手

　　还可以见缝插针锻炼左手。如果每天得在汽车上度过较长时间，可利用它锻炼身体左侧。如用左手指钩住车把手，或手扶把手，让左脚单脚支撑站立。或将钱放在自己的衣服左口袋，上车后以左手取钱买票。有人设计一种方法：在左手食指和中指上套上一根橡皮筋，使之成为8字形，然后用拇指把橡皮筋移套到无名指上，仍使之保持8字形。

　　依此类推，再将橡皮筋套到小指上，如此反复多次，可有效地刺激右脑。此外，有意地让左手干右手习惯做的事，如写字、拿筷、刷牙、梳头等。

　　这类方法中具有独特价值而值得提倡的还有手指刺激法。苏联著名教育家苏霍姆林斯基说："儿童的智慧在手指头上。"许多人让儿童从小练弹琴、打字、珠算等，这样双手的协调运动，会把大脑皮层中相应的神经细胞的活力激发起来。

　　还可以采用环球刺激法。尽量活动手指，促进右脑功能，是这类方法的目的。例如，每捏扁一次健身环需要10 — 15千克握力，五指捏握时，又能促进对手掌各穴位的刺激、按摩，使脑部供血通畅。

　　特别是左手捏握，对右脑起激发作用。有人数年坚持"随身带个圈（健身圈），有空就捏转，家中备副球，活动左右手"，确有健脑益智之效。此外，多用左、右手掌转捏核桃，作用也一样。

　　正如前文所说，使用右脑，全脑的能力随之增加，学习能力也会提高。

　　你可以尝试着在自己喜欢的书中选出20篇感兴趣的文章来，每一篇文章都是能读2 — 5分钟的，然后下决心开始练习右脑记忆，不间断坚持3 — 5个月，看看效果如何。

记忆力测试

　　仔细观察右边的这些图片，并尽量找出它们都少了什么？

　　请在下面的序号处写上缺失的"部件"。

1＿＿＿＿＿＿　　2＿＿＿＿＿＿

3＿＿＿＿＿＿　　4＿＿＿＿＿＿

5＿＿＿＿＿＿　　6＿＿＿＿＿＿

7＿＿＿＿＿＿　　8＿＿＿＿＿＿

第三节

给知识编码，加深记忆

编码记忆让你快速记忆

编码记忆是指为了更准确而且快速地记忆，我们可以按照事先编好的数字或其他固定的顺序记忆。编码记忆方法是研究者根据诺贝尔奖获得者美国心理学家斯佩里和麦伊尔斯的"人类左右脑机能分担论"，把人的左脑的逻辑思维与右脑的形象思维相结合的记忆方法。

编码记忆法有利于开发右脑

反过来说，经常用编码记忆法练习，也有利于开发右脑的形象思维。其实早在19世纪时，威廉·斯托克就已经系统地总结了编码记忆法，并编写成了《记忆力》一书，于1881年正式出版。编码记忆法的最基本点，就是编码。

所谓"编码记忆"就是把必须记忆的事情与相应数字相联系并进行记忆。

例如，我们可以把房间的事物编号如下：1——房门、2——地板、3——鞋柜、4——花瓶、5——日历、6——橱柜、7——壁橱。如果说"2"，马上回答"地板"。如果说："3"，马上回答"鞋柜"。这样将各部位的数字号码记住，再与其他应该记忆的事项进行联想。

开始先编10个左右的号码。先对脑子里浮现出的房间物品的形象进行编号。以后只要想起编号，就能马上想起房间内的各种事物，这只需要5—10分钟即可记下来。在反复练习过程中，对编码就能清楚地记忆了。

这样的练习进行得较熟练后，再增加10个左右。如果能做几个编码并进行记忆，就可以灵活应用了。你也可以把自己的身体各部位进行编码，这样对提高记忆力非常有效。

作为编码记忆法的基础，如前所述，就是把房间各部位编上号码，这就是记忆的"挂钩"。

请你把下述实例，用联想法联结起来，记忆一下这件事：1——飞机、2——书、

3——橘子、4——富士山、5——舞蹈、6——果汁、7——棒球、8——悲伤、9——报纸、10——信。

先把这件事按前述编码法联结起来，再用联想的方法记忆。联想举例如下：

（1）房门和飞机：想象入口处被巨型飞机撞击或撞出火星。

（2）地板和书：想象地板上书在脱鞋。

（3）鞋柜和橘子：想象打开鞋柜后，无数橘子飞出来。

（4）花瓶和富士山：想象花瓶上长出富士山。

（5）日历和舞蹈：想象日历在跳舞。

编码记忆举例

0是呼啦圈：

转着想象中的呼啦圈说："让我们一起运动吧！"

1是太阳：

指向天空说："只有1个太阳！"

2是腿：

拍拍你的大腿说："我自己的双腿！"

3是熊：

轻拍它们的头说："3只小熊！"

4是车轮：

想象拿着方向盘说："4轮滚动！"

5是手指：

攥紧一只手说："重要的5个！"

6是气球：

将你的手伸向天空大喊："气球飞起来了！"

7是一周：

看想象中的日历说："很愉快的一周！"

8是一个雪人（形状像一个8）：

开心地说："我们去堆雪人吧！"

9是猫：

抚摸一只想象中的猫说："9条命是一段很长的时间！"

10是一个大包装：

指着想象中的大包装说："这么多够用一周了吧！"

（6）橱柜和果汁：想象装着果汁的大杯子里放的不是冰块，而是木柜。

（7）壁橱和棒球：想象棒球运动员把壁橱当成防护用具。

（8）画框和悲伤：画框掉下来砸了脑袋，最珍贵的画框摔坏了，因此而伤心流泪。

（9）海报和报纸：想象报纸代替海报贴在墙上。

（10）电视机和信：想象大信封上装有荧光屏，信封变成了电视机。

如按上述方法联想记忆，无论采取什么顺序都能马上回忆出来。

这个方法也能这样进行练习，先在纸上写出1－20的号码，让朋友说出各种事物，你写在号码下面，同时用联想法记忆。然后让朋友随意说出任何一个号码，如果回答正确，画一条线勾掉。

掌握了编码记忆的基本方法后，只要是身边的事物都可以编上号码进行记忆，把记忆内容回忆起来。

第四节

用夸张的手法强化印象

开发右脑的方法有很多，荒谬联想记忆法就是其中的一种。我们知道，右脑主要以图像和心像进行思考，荒谬记忆法几乎完全建立在这种工作方式的基础之上，从所要记忆的一个项目尽可能荒谬地联想到其他事物。

古埃及人在《阿德·海莱谬》中有这样一段："我们每天所见到的琐碎的、司空见惯的小事，一般情况下是记不住的。而听到或见到的那些稀奇的、意外的、低级趣味的、丑恶的或惊人的触犯法律的等异乎寻常的事情，却能长期记忆。因此，在我们身边经常听到、见到的事情，平时也不去注意它，然而，在少年时期所发生的一些事却记忆犹新。那些用相同的目光所看到的事物，那些平常的、司空见惯的事很容易从记忆中漏掉，而一反常态、违背常理的事情，却能永远铭记不忘，这是否违背常理呢？"

古埃及人当时并不懂得记忆的规律才有此疑问。其实，在记忆深处对那些荒诞、离奇的事物更为着迷……这就是荒谬记忆法的来源，概括地讲，荒谬联想指的是非自然的联想，在新旧知识之间建立一种牵强附会的联系。这种联系可以是夸张，也可以是谬化。

荒谬记忆法

荒谬记忆法最直接的帮助是你可以用这种记忆法来记住你所学过的英语单词。例如你用这种方法只需要看一遍英语单词，当你一边看这些单词，一边在头脑中进行荒谬的联想时，你会在极短的时间内记住近 20 个单词。

例如，记忆"Legislate（立法）"这个单词时，可先将该词分解成 leg、is、late 三个字母，然后把"Legislate"记成"为腿（Leg）立法，总是（is）太迟（late）"。这样荒谬的联想，以后我们就不容易忘记。关于学习科目的记忆方法，我们在后面章节中会提到。在这一节中，我们从最普通的例子说明荒谬联想记忆应如何操作。

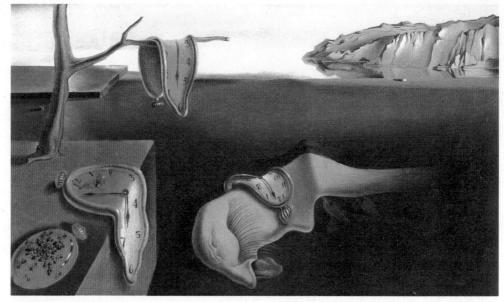

永恒的记忆　达利

荒谬记忆法的运用

以下是 20 个项目，只要应用荒谬记忆法，你将能够在一个短得令人吃惊的时间内按顺序记住它们：

地毯　纸张　瓶子　椅子　窗子　电话　香烟　钉子　鞋子　马车　钢笔　盘子
胡桃壳　打字机　麦克风　留声机　咖啡壶　砖　床　鱼

你要做的第一件事是，在心里想到一张第一个项目的图画"地毯"。你可以把它与你熟悉的事物联系起来。实际上，你要很快就看到任何一种地毯，还要看到你自己家里的地毯。或者想象你的朋友正在卷起你的地毯。

这些你熟悉的项目本身将作为你已记住的事物，你现在知道或者已经记住的事物是"地毯"这个项目。现在，你要记住的事物是第二个项目"纸张"。你必须将地毯与纸张相联想或相联系，联想必须尽可能地荒谬。如想象你家的地毯是纸做的，想象瓶子也是纸做的。

接下来，在床与鱼之间进行联想或将二者结合起来，你可以"看到"一条巨大的鱼睡在你的床上。

现在是鱼和椅子，一条巨大的鱼正坐在一把椅子上，或者一条大鱼被当作一把椅子用，你在钓鱼时正在钓的是椅子，而不是鱼。

椅子与窗子：看见你自己坐在一块玻璃上，而不是在一把椅子上，并感到扎得很痛，或者是你可以看到自己猛力地把椅子扔出关闭着的窗子，在进入下一幅图画之前先看到这幅图画。

窗子与电话：看见你自己在接电话，但是当你将话筒靠近你的耳朵时，你手里拿的不是电话而是一扇窗子；或者是你可以把窗户看成是一个大的电话拨号盘，你必须将拨号盘移开才能朝窗外看，你能看见自己将手伸向一扇窗玻璃去拿起话筒。

电话与香烟：你正在抽一部电话，而不是一支香烟，或者是你将一支大的香烟向耳朵凑过去对着它说话，而不是对着电话筒，或者你可以看见你自己拿起话筒来，一百万根香烟从话筒里飞出来打在你的脸上。

香烟与钉子：你正在抽一颗钉子，或你正把一支香烟而不是一颗钉子钉进墙里。

钉子与打字机：你在将一颗巨大的钉子钉进一台打字机，或者打字机上的所有键都是钉子。当你打字时，它们把你的手刺得很痛。

打字机与鞋子：看见你自己穿着打字机，而不是穿着鞋子，或是你用你的鞋子在打字，你也许想看看一只巨大的带键的鞋子，是如何在上边打字的。

鞋子与麦克风：你穿着麦克风，而不是穿着鞋子，或者你在对着一只巨大的鞋子播音。

麦克风和钢笔：你用一个麦克风，而不是一支钢笔写字，或者你在对一支巨大的钢笔播音和讲话。

钢笔和收音机：你能"看见"一百万支钢笔喷出收音机，或是钢笔正在收音机里表演，或是在大钢笔上有一台收音机，你正在那上面收听节目。

收音机与盘子：把你的收音机看成是你厨房的盘子，或是看成你正在吃收音机里的东西，而不是盘子里的。或者你在吃盘子里的东西，并且当你在吃的时候，听盘子里的节目。

盘子与胡桃壳："看见"你自己在咬一个胡桃壳，但是它在你的嘴里破裂了，因为那是一个盘子，或者想象用一个巨大的胡桃壳盛饭，而不是用一个盘子。

胡桃壳与马车：你能看见一个大胡桃壳驾驶一辆马车，或者看见你自己正驾驶一个大的胡桃壳，而不是一辆马车。

马车与咖啡壶：一只大的咖啡壶正驾驶一辆小马车，或者你正驾驶一把巨大的咖啡壶，而不是一辆小马车，你可以想象你的马车在炉子上，咖啡在里边过滤。

咖啡壶和砖块：看见你自己从一块砖中，而不是一把咖啡壶中倒出热气腾腾的咖啡，或者看见砖块，而不是咖啡从咖啡壶的壶嘴涌出。

这就对了！如果你的确在心中"看"了这些心视图画，你再按从"地毯"到"砖块"的顺序记20个项目就不会有问题了。当然，要多次解释这点比简简单单照这样做花的时间多得多。在进入下一个项目之前，只能用很短的时间再审视每一幅通过精神联想的画面。这种记忆法的奇妙是，一旦记住了这些荒谬的画面，项目就会在你的脑海中留下深刻的印象。

第五节
造就非凡记忆力

成功学大师拿破仑·希尔说，每个人都有巨大的创造力，关键在于你自己是否知道这一点。

在当今各国，创造力备受重视，被认为是跨世纪人才必备的素质之一。什么是创造力？创造力是个体对已有知识经验加工改造，从而找到解决问题的新途径，以新颖、独特、高效的方式解决问题的能力。人人都有创造力，创造力的强弱制约着、影响着记忆力的强弱，创造力越强，记忆的效率就越高，反之则低。

创造力成就你的记忆

这是因为要有效记忆就必须要大胆地想象，而生动、夸张的想象需要我们拥有灵活的创造力，如果创造力也得到了很大的锻炼，记忆力自然会随着提升。

创造力有以下 3 个特征：

变通性

思维能随机应变，举一反三，不易受功能固着等心理定式的干扰，因此能产生超常的构想，提出新观念。

流畅性

反应既快又多，能够在较短的时间内表达出较多的观念。

独特性

对事物具有不寻常的独特见解。

我们可以通过以下几种方法激发创造力，从而增强记忆力：

问题激发原则

有些人经常接触大量的信息，但并没有把所接触的信息都存储在大脑里，这是因为他们的头脑里没有预置着要搞清或有待解决的问题。如果头脑里装着问题，大脑就处于非常敏感的状态，一旦接触信息，就会从中把对解决问题可能有用的信息抓住不放，从而加大了有效信息的输入量，这就是问题激发。

使信息活化

信息活化就是指这一信息越能同其他更多的信息进行联结，这一信息的活性就越强。储存在大脑里的信息活性越强，在思考过程中，就越容易将其进行重新联结和组合。促使信息有活性的主要措施有：

（1）打破原有信息之间的关联性；

（2）充分挖掘信息可能表现出的各种性质；

（3）尝试着将某一信息同其他信息建立各种联系。

信息触发

人脑是一个非常庞大而复杂的神经网络，每一次的信息存储、调用、加工、联结、组合，都促使这种神经在一定程度上发生了变化。变化的结果使得原来不太畅通的神经通道变得畅通一些，本来没有发生联结的神经细胞突触联结了起来，这样一来，神经网络就变得复杂，神经元之间的联系就更广泛，大脑也就更好使。

同时，当某些神经元受信息的刺激后，它会以电冲动的形式向四周传递，引起与之相联结的神经元的兴奋和冲动，这种连锁反应，在脑皮质里形成了大面积的活动区域。

可见，"人只有在大量的、高档的信息传递场中，才能使自己的智力获得形成、发展和被开发利用。"经常不断地用各种各样的信息去刺激大脑，促进创造性思维的发展和提高，这就是信息触发原理。

总之，创造力不同于智力，创造力包含了许多智力因素。一个创造力强的人，必须是一个善于打破记忆常规的人，并且是一个有着丰富的想象力、敏锐的观察力、深刻的思考力的人。而所有这些特质，都是提升记忆力所必需的，毋庸置疑，创造力已经成为创造非凡记忆力的本源和根基。

对于如何激活自己的创造力，你可以加上自己的思考，试着画出一幅个性思维导图来。

学会乐于接受各种新创意

为了激活我们的创造力，我们一定要摆脱一些守旧观念的束缚，永远不要说"不可能""办不到""没有用"之类的话。另外，我们还要有实验精神，自己可以去尝试接受新的餐馆、新的书籍、新的创意以及新的朋友，或者采取跟以前不同的上班路线。

不管你有多么聪明，你都要跳出来尽可能客观地看待自己的设想。多征求别人的意见，听听别人的看法，对出色的设想认真对待，适时地加以修正，使之趋于完善。最终，你往往会得出更新更好的见解。

第六节

神奇比喻，降低理解难度

比喻记忆法就是运用修辞中的比喻方法，使抽象的事物转化成具体的事物，从而符合右脑的形象记忆能力，达到提高记忆效率的目的。人们写文章、说话时总爱打比方，因为生动贴切的比喻不但能使语言和内容显得新鲜有趣，而且能引发人们的联想和思索，并且容易加深记忆。

神奇的比喻易于理解记忆

比喻与记忆密切相关，那些新颖贴切的比喻容易纳入人们已有的知识结构，使被描述的材料给人留下难以忘怀的印象。其作用主要表现在以下几个方面：

变未知为已知

例如，孟繁兴在《地震与地震考古》中讲到地球内部结构时曾以"鸡蛋"作比："地球内部大致分为地壳、地幔和地核三大部分。整个地球，打个比方，它就像一个鸡蛋，地壳好比是鸡蛋壳，地幔好比是蛋白，地核好比是蛋黄。"这样，把那些尚未了解的知识与已有的知识经验联系起来，人们便容易理解和掌握。

再如沿海地区刮台风，内地绝大多数人只是耳闻，未曾目睹，而读了诗人郭小川的诗歌《战台风》后，便有身临其境之感。"烟雾迷茫，好像十万发炮弹同时炸林园；黑云乱翻，好像十万只乌鸦同时抢麦田"；"风声凄厉，仿佛一群群狂徒呼天抢地咒人间；雷声呜咽，仿佛一群群恶狼狂嚎猛吼闹青山"；"大雨哗哗，犹如千百个地主老爷一齐挥皮鞭；雷电闪闪，犹如千百个衙役腿子一齐抖锁链"。

这些比喻，把许多人未能体验过的特有的自然现象活灵活现地表达出来，开阔了人们的眼界，同时也深化了记忆。

变平淡为生动

例如，朱自清在《荷塘月色》中写到花儿的美时这么说："层层的叶子中间，零星地点缀着些白花，有袅娜地开着的，有羞涩地打着朵儿的，正如粒粒的明珠，又如碧天里的星星。"

有些事物如果平铺直叙，大家会觉得平淡无味，而恰当地运用比喻，往往会使平淡的事物生动起来，使人们兴奋和激动。

变深奥为浅显

东汉学者王充说："何以为辩，喻深以浅。何以为智，喻难以易。"就是说应该用浅显的话来说明深奥的道理，用易懂的事例来说明难懂的问题。

运用比喻，还可以帮助我们很快记住枯燥的概念公式。例如，有人讲述生物学中的自由结合规律时，用篮球赛来作比喻加以说明：赛球时，同队队员必须相互分离，不能互跟。这好比同源染色体上的等位基因，在形成F1配子时，伴随着同源染色体分开而相互分离，体现了分离规律。赛球时，两队队员之间，可以随机自由跟人。这又好比F1配子形成基因类型时，位于非同源染色体上的非等位基因之间，则机会均等地自由组合，即体现了自由组合规律。篮球赛人所共知，把枯燥的公式比作篮球赛，自然就容易记住了。

变抽象为具体

将抽象事物比作具体事物可以加深记忆效果。如地理课上的气旋可以比成水中旋涡。某老师在教聋哑学校学生计算机时，用比喻来介绍"文件名""目录""路径"等概念，将"文件"和"文件名"形象地比做练习本和在练习本封面上写姓名、科目等；把文字输入称为"做作业"。各年级老师办公室就像是"目录"；如果学校是"根目录"的话，校长要查看作业，先到办公室通知教师，教师到教室通知学生，学生出示相应的作业，这样的顺序就是"路径"。这样的形象比喻，会使学生觉得所学的内容形象、生动，从而增强记忆效果。

又如，唐代诗人贺知章的《咏柳》诗：

碧玉妆成一树高，万条垂下绿丝绦。

不知细叶谁裁出，二月春风似剪刀。

春风的形象并不鲜明，可是把它比作剪刀就具体形象了。使人马上领悟到柳树碧、柳枝绿、柳叶细，都是春风的功劳。于是，这首诗便记住了。

运用比喻记忆法，实际上是增加了一条类比联想的线索，它能够帮助我们打开记忆的大门。但是，应该注意的是，比喻要形象贴切，浅显易懂，这样才便于记忆。

图中是鸭子还是兔子？如果被试者从未见过，鸭—兔实验的效果就最好。为什么不尝试让朋友们看看此图，看他们是怎么解释的呢？

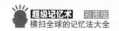

第七节

另类思维创造记忆天才

"零"是什么，是一个很有趣味性的创造性思维开发训练活动。"零"或"0"是尽人皆知的一种最简单的文字符号。这里，除了数字表意功能以外，请你发挥创造性想象力，静心苦想一番，看看"0"到底是什么，你一共能想出多少种，想得越多越好，一般不应少于 30 种。

为了使你能尽快地进入角色，现作如下提示：有人说这是零，有人说这是脑袋，有人说这是地球，有人说这是宇宙。几何教师说"是圆"，英语老师说"是英文字母O"，化学老师讲"是氧元素符号"，美术老师讲"画的是一个蛋"。幼儿园的小朋友们认为"是面包围""是铁环""是项链""是孙悟空头上的金箍""是杯子""是叔叔脸上的小麻坑"……

另类思维创造记忆天才

另类思维就是能对事物做出多种多样的解释。

之所以说另类思维创造记忆天才，是因为所谓"天才"的思维方式和普通人的传统思维方式是不同的。一般记忆天才的思维主要有以下几个方面：

思维的多角度

记忆天才往往会发现某个他人没有采取过的新角度。这样培养了他的观察力和想象力，同时也能培养思维能力。通过对事物多角度的观察，在对问题认识得不断深入中，就记住了要记住的内容。

大画家达·芬奇认为，为了获得有关某个问题的构成的知识，首先要学会如何从许多不同的角度重新构建这个问题，他觉得，他看待某个问题的第一种角度太偏向于自己看待事物的通常方式，他就会不停地从一个角度转向另一个角度，重新构建这个问题。他对问题的理解和记忆就随着视角的每一次转换而逐渐加深。

善用形象思维

伽利略用图表形象地体现出自己的思想，从而在科学上取得了革命性的突破。天才们一旦具备了某种起码的文字能力，似乎就会在视觉和空间方面形成某种技能，使他们得以通过不同途径灵活地展现知识。当爱因斯坦对一个问题做过全面的思考后，他往往会发现，用尽可能多的方式（包括图表）表达思考对象是必要的。他的思想是非常直观的，他运用直观和空间的方式思考，而不用沿着纯数学和文字的推理方式思考。爱因斯坦认为，文字和数字在他的思维过程中发挥的作用并不重要。

天才设法在事物之间建立联系

如果说天才身上突出体现了一种特殊的思想风格，那就是把不同的对象放在一起进行比较的能力。这种在没有关联的事物之间建立关联的能力使他们能很快记住别人记不住的东西。德国化学家弗里德里·凯库勒梦到一条蛇咬住自己的尾巴，从而联想到苯分子的环状结构。

天才善于比喻

亚里士多德把比喻看作天才的一个标志。他认为，那些能够在两种不同类事物之间发现相似之处并把它们联系起来的人具有特殊的才能。如果相异的东西从某种角度看上去确实是相似的，那么，它们从其他角度看上去可能也是相似的。这种思维能力加快了记忆的速度。

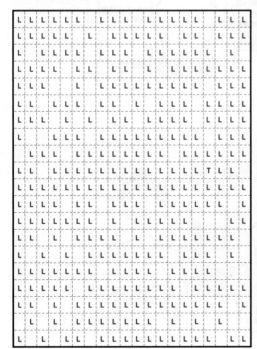

试着找出字母 T，找到后再看右表。

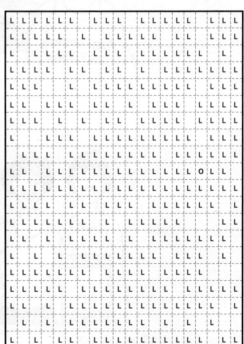

试着找字母 O，你会发现比左表容易，因为与周围的 L 相比，字母 O 比字母 T 更加突出。

创造性思维

我们的思维方式通常是复制性的，即，以过去遇到的相似问题为基础。

相比之下，天才的思维则是创造性的。遇到问题的时候，他们会问："能有多少种方式看待这个问题？""怎么反思这些方法？""有多少种解决问题的方法？"他们常常能对问题提出多种解决方法，而有些方法是非传统的，甚至可能是奇特的。

运用创造性思维，你就会找到尽可能多的可供选择的记忆方法。

诺贝尔奖获得者理查德·费因曼在遇到难题的时候总会萌发出新的思考方法。他觉得，自己成为天才的秘密就是不理会过去的思想家们如何思考问题，而是创造出新的思考方法。你如果不理会过去的人如何记忆，而是创造新的记忆方法，那你总有一天也会成为记忆天才。

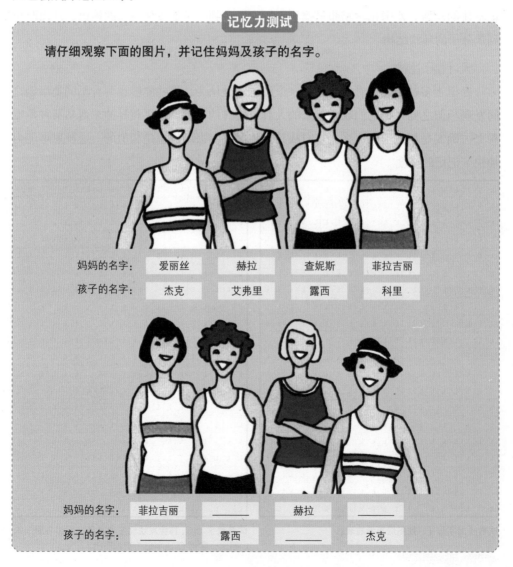

记忆力测试

请仔细观察下面的图片，并记住妈妈及孩子的名字。

| 妈妈的名字： | 爱丽丝 | 赫拉 | 查妮斯 | 菲拉吉丽 |
| 孩子的名字： | 杰克 | 艾弗里 | 露西 | 科里 |

| 妈妈的名字： | 菲拉吉丽 | _____ | 赫拉 | _____ |
| 孩子的名字： | _____ | 露西 | | 杰克 |

第八节

左右脑并用
创造记忆的神奇效果

左右脑分工理论告诉我们，运用左脑，过于理性；运用右脑，又容易流于滥情。从 IQ（学习智能指数）到 EQ（心的智能指数），便是左脑型教育沿革的结果；而将"超个人"这种所谓的超常现象，由心理学的层面转向学术方面的研究，更代表了人们有意再度探索全脑能力的决心。

若能持续地进行右脑训练，进而将左脑与右脑好好地、平衡地加以开发，则记忆就有了双管齐下的可能：由右脑承担形象思维的任务，左脑承担逻辑思维的重任，左右脑协调，以全脑来控制记忆过程，自然会取得出人意料的高效率。

发挥大脑右半球记忆和储存形象材料的功能，使大脑左右两半球在记忆时，都共同发挥作用，使大脑主动去运用它本身所独有的"右脑记忆形象材料的效果远远好于左脑记忆抽象材料的效果"这一规律。这样实践的效果，理所当然地会使人的记忆效率事半功倍，实现提升记忆力的目的。

另据生理学家研究发现，除了左右半脑在功能上存在巨大差异外，大脑皮层在机能上也有精细分工，各部位不仅各有专职，并有互补合作、相辅相成的作用。

由于长期以来，人们对智力的片面运用以及不良的用脑习惯的结果，不仅造成了大脑部分功能负担过重，学习和记忆能力下降，而且由此影响了思维的发展。

为了扭转这种局面，就需要运用全脑开动，左右脑并用。

使左右半脑交叉活动

交叉记忆是指记忆过程中，有意识地交叉变换记忆内容，特别是交叉记忆那些侧重于形象思维与侧重于抽象逻辑思维的不同质的学习材料，以使大脑较全面发挥作用。记忆中，还可以利用一些相辅相成的手段使大脑两半球同时开展活动。

进行全脑锻炼

全脑锻炼是指在记忆中，要注意使大脑得到全面锻炼。大脑皮层在机能上有精细的分工，但其功能的发挥和提高还要靠后天的刺激和锻炼。由于大脑皮层上有多种机能中枢，要使这些中枢的机能都发展到较高水平，就应在用脑时注意使大脑得到全面的锻炼。

比如在记忆语言时，由于大脑皮层有 4 个有关语言的中枢——说话中枢、书写中

记忆力测试

用几分钟的时间来观察下面这幅由乔治·德拉·图尔所作的画。然后尽量不要看图画，回答接下来的 10 个问题。

1. 画中靠左边的男人，放在身后的那只手里拿着的扑克牌是什么数字？
2. 画中靠左边的女人是用哪只手把酒杯端到桌子旁边的？
3. 其中一个人手里拿着一张黑桃牌。是真是假？
4. 你在桌子上看到了什么？
5. 戴着珍珠项链的女人在画中是侧面像还是正面像？
6. 正对着我们的那个女人是用哪只手握着牌？
7. 画中有两个男人正在对视。是真是假？
8. 戴着红色头巾的女人正在注视哪个方向？
9. 画中的两个人物是用什么来装饰她们的头发的？
10. 画中左边的那个男人穿的衣服是用红色缎带来装饰的。是真是假？

左半球	右半球
分析	视觉
逻辑	想象
顺序	空间
线性	感性
语言	音韵
列表	整体（概况）
数字能力	色彩感知

大脑半球思维功能表。

枢、听话中枢和阅读中枢，所以为了使这些中枢的机能都得到锻炼，就应当在记忆时把说、写、听、读这几种方式结合起来，或同时进行这几种方式的记忆。

我们以学习语言为例，说明如何左右脑并用。为了学会一门语言，一方面必须掌握足够的词汇，另一方面，必须能自动地把单词组成句子。词汇和句子都必须机械记忆，如果你的记忆变成推理性的或逻辑性的记忆，你就失去了讲一种外语所必需的流畅，进行阅读时，成了一字字地翻译了。这种翻译式的分析阅读是左脑的功能，结果是越读越慢，理解也就更难，全靠死记住某个外语单词相应的汉语单词是什么来分析。

发挥左右脑功能并用的办法学语言是用语言思维，例如，学英语单词"bed"时，应该在头脑中浮现出"床"的形象来，而不是去记"床"这个字。为什么学习本国语言容易呢？因为你从小学习就是从实物形象入手，说到"暖水瓶"，谁都会立刻想起暖水瓶的形象来，而不是浮现出"暖水瓶"三个字形来，说到动作你就会浮现出相应的动作来，所以学得容易。我们学习外语时，如能让文字变成图画，在你眼前浮现出形象来——这就让右脑起作用了。每个句子给你一个整体的形象，根据这个形象，通过上下文来判别，理解就更透了。

教育学、心理学领域的很多研究结果也显示，充分利用左右脑来处理多种信息对学习才是最有效的。

关于左右脑并用，保加利亚的教育家洛扎诺夫创造的被称之为"超级记忆法"的记忆方法最具有代表性。这种方法的表现形式中最引人入胜的步骤之一，是在记忆外语的同时，播放与记忆内容毫无关系的动听的音乐。洛扎诺夫解释说，听音乐要用右脑，右脑是管形象思维的，学语言用左脑，左脑是管逻辑思维的。他认为，大脑的两半球并用比只用一半要好得多。

第九节

快速提升记忆的 9 大法则

在学习过程中，每一个学习者都会面临记忆的难题，在这里，我们介绍了一个记忆 9 大法则，以便帮助我们更好地提高记忆力，获得学习高分。

快速提升记忆的法则

记忆的 9 大法则如下：

1. 利用情景进行记忆

人的记忆有很多种，而且在各个年龄段所使用的记忆方法也不一样，具体说来，大人擅长的是"情景记忆"，而青少年则是"机械记忆"。

比如每次在考试复习前，采取临阵磨枪、死记硬背的同学很多。其中有一些同学，在小学或初中时学习成绩非常好，但一进了高中成绩就一落千丈。这并不

一名学校的护士在用反应时间实验来检测一名学生的听力。这名学生尽可能快地对每一个刺激作出反应。

是由于记忆力下降了，而是随着年龄的增长，擅长的记忆种类发生了变化，依赖死记硬背是行不通了。

2. 利用联想进行记忆

联想是大脑的基本思维方式，一旦你知道了这个奥秘，并知道如何使用它，那么，你的记忆能力就会得到很大的提高。

我们的大脑中有上千亿个神经细胞，这些神经细胞与其他神经细胞连接在一起，组成了一个非常复杂而精密的神经回路。包含在这个回路内的神经细胞的接触点达到

1000万亿个。突触的结合又形成了各种各样的神经回路，记忆就被储存在神经回路中，这些突触经过长期的牢固结合，传递效率将会提高，使人具有很强的记忆力。

3. 运用视觉和听觉进行记忆

每个人都有适合自己的记忆方法。视觉记忆力是指对来自视觉通道的信息的输入、编码、存储和提取，即个体对视觉经验的识记、保持和再现的能力。

视觉记忆力对我们的思维、理解和记忆都有极大的帮助。如果一个人视觉记忆力不佳，就会极大地影响他的学习效果。

相对视觉而言，听觉更加有效。由耳朵将听到的声音传到大脑知觉神经，再传到记忆中枢，这在记忆学领域中叫"延时反馈效应"。比如，只看过歌词就想记下来是非常困难的，但要是配合节奏唱的话，就很快能够记下来，比起视觉的记忆，听觉的记忆更容易留在心中。

4. 使用讲解记忆

为了使我们记住的东西更深，我们可以把自己记住的东西讲给身边的人听，这是一种比视觉和听觉更有效的记忆方法。

但同时要注意，如果自己没有清楚地理解，就不能很好地向别人解释，也就很难能深刻地记下来。所以首先理解你要记忆的内容很关键。

5. 保证充足的睡眠

我们的大脑很有意思，它也必须需要充足的睡眠才能保持更好的记忆力。有关实验证明，比起彻夜用功、废寝忘食，睡眠更能保持记忆。睡眠能保持记忆，防止遗忘，主要原因是因为在睡眠中，大脑会对刚接收的信息进行归纳、整理、编码、存储，同时睡眠期间进入大脑的外界刺激显著减少，我们应该抓紧睡前的宝贵时间，学习和记忆那些比较重要的材料。不过，既不应睡得太晚，更不能把书本当作催眠曲。

有些学习者在考试前进行突击复习，通宵不眠，更是得不偿失。

6. 及时有效地复习

有一句谚语叫"重复乃记忆之母"，只要复习，就会很好地记住需要记住的东西。不过，有些人不论重复多少遍都记不住要记住的东西，这

为了提高记忆效率，复习要及时。及时复习不仅可以防止遗忘、加深理解、熟练技能；而且还可以弥补知识缺陷，完善自己的知识结构，发展记忆能力和思维能力。

记忆和日常事务

你正在做一件事，就停下来开始做另外一件事，而且还忘记返回去完成第一件事，这种情况并不是记忆的错误，而只是你对自己的记忆缺乏信心，老是担心会忘记做某事，所以就一次让自己负担多项任务。这种急迫感也是不善于组织、注意力不集中的一种表现。根据你的实际能力来确定一天的计划，并且立即把计划写下来。最重要的是：慢慢做，不要让自己负担过重。在没有压力和疲劳的状态下，我们能够做得比预想的好得多！

跟记忆的方法有关，只要改变一下方法就会获得另一种效果。

7. 避免紧张状态

不少人都会有这种经历，突然要求在很多人面前发表讲话，或者之前已经做了一些准备，但开口讲话时还是会紧张，甚至突然忘记自己要讲解的内容。虽然说适度的紧张会提高记忆力，但是过度紧张的话，记忆就不能很好地发挥作用。

所以，我们在平时应该多训练自己当众演讲，以减少紧张的次数。

8. 利用求知欲记忆

有人认为，随着年龄的增长，我们的记忆力会逐渐减退，其实，这是一种错误的认识。记忆力之所以会减退，与本人对事物的热情减弱，失去了对未知事物的求知欲有很大的关系。

对一个善于学习的人来说，记忆时最重要的是要有理解事物背后的道理和规律的兴趣。一个有求知欲的人即便上了年纪，他的记忆力也不会衰退，反而会更加旺盛。

9. 持续不断地进行记忆努力

要想提高自己的记忆力，需要不断地锻炼和练习，进行有意识地记忆。比如可以对身边的事物进行有意识的提问，多问几个"为什么"，从而加深印象，提升记忆能力。

在熟悉了记忆的 9 大法则后，我们就可以根据自己的情况作出提高记忆力的思维导图了。

第八章

开发记忆潜能，打造天才记忆

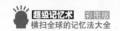

第一节

你的记忆潜能开发了多少

俄国有一位著名的记忆家，它能记得 15 年前发生过的事情，他甚至能精确到事情发生的某日某时某刻。你也许会说"他真是个记忆天才！"其实，心理学家鲁利亚曾用数年时间研究他，发现他的大脑与正常人没有什么两样，不同的只是他从小学会了熟记发生在身边的事情的方法而已。

每个人都有巨大的记忆潜能

每个人读到这里都会觉得不可思议。其实，人脑记忆是大有潜力可挖的。你也可以向这位记忆家一样，而这绝对不是信口开河。

现代心理学研究证明，人脑由 140 亿个左右的神经细胞构成，每个细胞有 1000 — 10000 万个突触，其记忆的容量可以收容一生之中接收到的所有信息。即便如此，在人生命将尽之时，大脑还有记忆其他信息的"空地"。一个正常人头脑的储藏量是美国国会图书馆全部藏书的 50 倍，而此馆藏书量是 1000 万册。

你的记忆能力如何

人人都有如此巨大的记忆潜力，而我们却整天为误以为自己"先天不足"而长吁短叹、怨天尤人，如果你不相信自己有这样的记忆潜力的话，你可以做下面的实验证明。

请准备好钟表、纸、笔，然后记忆下面的一段数字（30 位）和一串词语（要求按照原文顺序），直到能够完全记住为止。写下记忆过程中重复的次数和所花的时间等。4 小时之后，再回忆默写一次（注意：在此之前不能进行任何形式的复习），然后填写这次的重复次数和所花的时间。

数字：109912857246392465702591436807

词语：恐惧 马车 轮船 瀑布 熊掌 武术 监狱 日食 石油 泰山

学习所用的时间：

重复的次数：

默写出错率：

此时的时间：

4 小时后默写出错率：

现在再按同样的形式记忆下面的两组内容，统计出有关数据，但必须使用提示中的方法来记忆。

数字：1871053412798265877663890278643

〔提示：使用谐音的方法给每个数字确定一个代码字，连成一个故事。故事大意：你原来很胆小，服了一种神奇的药后，大病痊愈，从此胆大如斗，连杀鸡这样的"大事"也不怕了，一刀砍下去，一只矮脚鸡应声而倒。为了庆祝，你和爸爸，还有你的一位

胎儿和语言

学习一门语言需要经验，但是这一经验是从何时开始的？ 1986 年，北卡罗来纳大学的安东尼·德卡斯普和梅兰妮·J.思朋斯发表了他们著名的研究——在出生之前胎儿就已经开始学习语言。在他们的研究中，怀孕的妈妈大声给胎儿朗读苏斯博士的"帽子里的小猫"这个故事，与此同时，其他的母亲也朗读同样的故事，只是故事中的名词发生了变化，这样一来故事就变成了"在雾中的小狗"。

将出生 1 周的新生儿和一个人体模型用一个能够记录他吮吸次数的设备联结在一起。当婴儿听到在母亲的子宫里听到的故事时，吮吸的频率就会增加。和那些变换了名词的故事相比，当听到那些在子宫里就听到的故事时，他们的反应就会更积极。更让人吃惊的是，他们听到一个陌生的声音读他们还在子宫里就听到的故事时的反应，要比听到被置换了名词而用熟悉的声音读出来的故事的反应更积极。

这项研究告诉我们，胎儿已经在听语言，并且学习到了所听到语言的一些特征，但是关于胎儿的大脑，我们能知道什么呢？宠物也听人的语言，但从来不会学习说话，除了最简单的字词外也不会去学习其他词语的意思。人类的大脑就是为学习语言而设计的。胎儿 6 个月大的时候，大脑颞平面（和语言的产生以及理解相关的大脑区域）在大脑的左边要比右边长得更大（对大多数人而言，语言固着在大脑的左边）。对未发育完全的胎儿的研究表明，在 6 个月大的时候，胎儿大脑的左半球有一个特殊的语言区域，它能使得右耳听到的语言更清楚（大脑信息的交换方式是身体所在部位的对立面相互交换）。

有 2 项证据进一步证明了在出生之前胎儿就已经开始学习语言。一是成年人只能区分他们所熟悉的音素（语言中最小的单位），但是胎儿和新生儿能够区分这些因素的边界，即使他们对这个语言本身并不熟悉，这就使得他们更加关注学习语言复杂的规则。研究显示，当新生儿听到新的音素时，他们吮吸人体模型的频率就会增加，这说明他们意识到音素是新的。二是有证据显示胎儿在 5 个月大的时候，能够区分出相似发音音素的区别，这说明这项能力是在大脑形成的过程中发生的。

朋友，来到酒吧。你的父亲饮了63瓶啤酒，大醉而归。走时带了两个西瓜回去，由于大醉，全都丢光了。现在，你正给你的这位朋友讲这件事，你说："一把奇药（1871），令吾杀死一矮鸡（0534127），酒吧（98），尔来（26），吾爸吃了63啤酒（58766389），拎两西瓜（0278），流失散（643）。"]

词语：火车　黄河　岩石　鱼翅　体操　惊讶　煤炭　茅屋　流星　汽车

[提示：把10个词语用一个故事串起来，请在读故事时一定要像看电视剧一样在脑中映出这个故事描述的画面来。故事如下：一列飞速行驶的"火车"在经过"黄河"大桥时撞在"岩石"上，脱轨落入河中，河里的"鱼"受惊之后展"翅"飞出水面，纷纷落在岸上，活蹦乱跳，像在做"体操"似的。人们目睹此景大为"惊讶"，驻足围观。有几个聪明人拿来"煤炭"，支起炉灶来煮鱼吃。煤不够了就从"茅屋"上扒下干草来烧。鱼刚煮好，不料，一颗"流星"从天而降砸在炉上。陨石有座小山那么大，上面有个洞，洞中开出一辆"汽车"来，也许是外星人的桑塔纳吧。]

学习所用的时间：

重复的次数：

默写出错率：

此时的时间：

4小时后默写出错率：

通过比较两次学习的效果，可以看出：使用后面提示中的记忆方法来记忆时，时间短，记忆准确，效果持久。

其实，许多行之有效的记忆训练方法还鲜为人知，本书就将为你介绍很多有效的训练方法。如果你能掌握并运用好其中的一个方法，你的记忆就会被强化，一部分潜能也就会被开发出来而产生很可观的实际效果；如果你能全面地掌握并运用好这些训练方法，使它们在相互协同中产生增值效应，那么你的记忆力就会有惊人的长进，近于无穷的潜能也会释放出来。多数人自我感觉记忆不良，大都是记忆方法不当所造成的。

所以，我们要相信自己的大脑，它就犹如照相底片，等待着信息之光闪现；又如同浩瀚的汪洋，接纳川流不息的记忆之"水"——无"水"满之患；还好像没有引爆的核材料，一旦引爆，它会将蕴藏的超越其他材料万亿倍的核热潜能释放出来，让你轻而易举地腾飞，铸就辉煌，造福人类和自己。

当然，值得注意的是，虽然记忆大有潜力可挖，但是也不要滥用大脑。因为脑是一个有限的装置——记忆的容量不是无限的，一瞥的记忆量很有限。过频地使用某些部位的脑神经细胞，时间一久，还会出现功能降减性病变（主症是效率突减），脑细胞在中年就不断地死亡而数量不断地减少，其功能也由此而衰退……

故此，不要"锥刺骨，头悬梁"地去记忆那些过了时的、杂七杂八、无关紧要、结构松散、毫无生气、可用笔记以及其他手段帮助大脑记忆的信息。

第二节
明确记忆意图，增强记忆效果

美国心理学家威廉·詹姆斯说："天才的本质，在于懂得哪些是可以忽略的。"

明确记忆意图极其重要

很多人可能都有这样的体会：课堂提问前和考试之前看书，记忆效果比较好，这主要是因为他们记忆的目的明确，知道自己该记什么，到什么时候记住，并知道非记住不可。这种非记住不可的紧迫感，会极大地提高记忆力。

原南京工学院讲师韦钰到德国进修，靠着原来自修德语的一点基础，仅用了四个月的时间就攻下了德语关，表现出惊人的记忆能力。这种惊人的记忆力与"一定要记住"的紧迫感有关，而这种紧迫感又来自韦钰正确的学习目的和研究动机。

韦钰的事例证明，记忆的任务明确，目的端正，就能发掘出各种潜力，从而取得较好的记忆效果。有时，重要的事情遗忘的可能性比较小，就是这个道理。

记忆能力差，源于没有明确的学习任务

不少人抱怨自己的记忆能力太差，其实这主要是在于学习的动机和目的不端正，学习缺乏强大的动力，不善于给自己提出具体的学习任务，因此在学习时，就没有"一定要记住"的紧迫感，注意力就不容易集中，使得记忆效果很差。

反之，有了"一定要记住"的认识，又有了"一定能记住"的信心，记忆的效果一定会好的。

基于以上原因，我们在记忆之前应给自己提出识记的任务和要求。例如，在读文章之前，预先提出要复述故事的要求；去动物园之前，要记

记忆和口误

当你所说的不是你想说的时，口误就发生了。这种情况经常发生，并且通常在不被人注意的情况下就过去了。然而，事实上，它泄露了一种潜意识的渴望并且向人们暗示了你真正的想法。这些小小的语言失误并不是有关遗忘的例子，而是对你真正念头的一种暗示。

控制加工	自动加工
需要集中注意，会被有限的信息加工资源阻抑	独立于集中注意，不会被信息加工资源阻抑
按序列进行（一次一步），例如转动钥匙	并行加工（同时或者没有特别的顺序）
放开刹车、看后视镜等	一旦自动化后，不易改变。如由左手开
容易改变	车变为右手开车
有意识地察觉任务	经常意识不到执行的任务
相对耗时	相对较快
经常是比较复杂的任务	较简单的任务

住哪些动物的外形、动作及神态，回来后把它们画出来，贴在墙壁上。这就调动了在进行这些活动中观察、注意、记忆的积极性。

记忆的目的应该是什么

另外，光有目的还不行，如很多人在考试之前，花了很多时间记忆学习，但考试之后，他努力背的那些知识很快就忘记了，因此，记忆时提出的目的还应该是长远的、有意义的、有价值的、有一定难度的。

记忆目标是由记忆目的决定的。要确定记忆目标，首先要明确记忆的目的，即为了什么去进行记忆，然后根据记忆目的确定具体的记忆任务，并安排好记忆进程。对于较复杂的、需要较长时间来进行记忆的对象来说，应把制定长远目标和制定短期目标相结合，把长远目标分成若干不同的短期目标，通过跨越一个个短期目标去实现长远目标。

明确记忆目标，主要不是一个记忆的技巧问题，而是人的记忆动机、态度、意志的问题。在强大的动机支配下，用认真的态度和坚强的意志去记忆，这就是明确记忆目标的实质。我们懂得记忆的意义后，便会对记忆产生积极的态度。

确定记忆意图应注意的问题

确定记忆意图还要注意以下两个方面：

要注意记忆的顺序

例如，记公式时首先要理解公式的本质，而后通过公式推导来记住它，再运用图形来记住公式，最后是通过做类型题反复应用公式，来强化记忆。有了这样一个记忆顺序，就一定会牢记这些数学公式。

记忆目标要切实可行

在记忆学习中，确立的目标不仅应高远，还要切实可行。因为只有切实的目标才真正会激发人们为之奋斗的热情，才使人有信心、有把握地把目标变为现实。

总之，要使自己真正成为记忆高手，成为记忆方面的天才，你首先要做的就是要有一个明确的记忆意图。

第三节

记忆强弱
直接决定成绩好坏

记忆力会对我们产生直接的影响

　　记忆力直接影响我们的学习能力，没有记忆，学习就无法进行。英国哲学家培根说过，一切知识，不过是记忆。记忆方法和其中的技巧，是学生提高学习效率、提升学习成绩的关键因素，没有记忆提供的知识储备，没有掌握记忆的科学方法，学习不可能有高效率。现在学生的学习任务繁重，各种考试应接不暇，如果记不住知识，学习成绩可想而知，一考试头脑就一片空白，考试只能以失败告终。

　　如果我们把学习当作是一场漫长的征途，那么记忆就像是你的交通工具，交通工具的速度直接关系到你学习成绩的好坏，即它将直接决定你学习效率的高低。俗话说得好，牛车走了一年的路程，还比不上飞船1小时走得远。在竞争日益激烈的今天，谁先开发记忆的潜力，谁就成为将来的强者。

　　美国心理学家梅耶研究认为，学习者在外界刺激的作用下，首先产生注意，通过注意来选择与当前的学习任务有关的信息，忽视其他无关刺激，同时激活长时记忆中的相关的原有知识。新输入的信息进入短时记忆后，学习者找出新信息中所包含的各种内在联系，并与激活的原有的信息相联系。最后，被理解了的新知识进入长时记忆中储存起来。

　　在特定的条件下，学习者激活、提取有关信息，通过外在的反应作用于环境。简言之，新信息被学习者注意后，进入短时记忆，同时激活的长时记忆中的相关信息也进入短时记忆。新旧信息相互作用，产生新的意义并储存于长时记忆系统，或者产生外在的反应。

　　具体地说，记忆在学习中的作用主要有以下几点：

学习新知识离不开记忆

　　学习知识总是由浅入深，由简单到复杂，是循序渐进的。我们说，在学习新知识

前，应该先复习旧知识，就是因为只有新旧知识相联系，才能更有效地记住新知识。忘记了有关的"旧"知识，却想学好新知识，那就如同想在空中建楼一样可笑。如果学习高中"电学"时，初中"电学"中的知识全都忘记了，那么高中的"电学"就很难学习下去。一位捷克教育家说："一切后教的知识都根据先教的知识。"可见，记住先教的知识对继续学习有多么重要。

记忆是思考的前提

面对问题，引起思考，力求加以解决，可是一旦离开了记忆，思考就无法进行，问题也自然解决不了。假如在做求证三角形全等的习题时，却把三角形全等的判定公理或定理给忘了，那就无法进行解题的思考。人们常说，概念是思维的细胞，有时思考不下去的原因是由于思考时把需要使用的概念和原理遗忘了。经过查找或请教又重新回忆起来之后，中断的思考过程就可以继续下去了。宋代学者张载说过："不记则思不起。"这话是很有道理的。如果感知过的事物不能在头脑中保存和再现，思维的"加工"也就成了无源之水，无米之炊了。

记忆好有助于提高学习效率

记忆力强的人，头脑中都会有一个知识的贮存库。在新的学习活动中，当需要某些知识时，则可随时取用，从而保证了新知识的学习和思考的迅速进行，节省了大量查找、复习、重新理解的时间，使学习的效率大大提高。

一个善于学习的人在阅读或写作时，很少翻查字典，做习题时，也很少翻书查找原理、定律、公式等，因为这些知识已牢牢地贮存在他的大脑中了，而且可以随时取用。

不少人解题速度快的秘密在于，他们把常用的运算结果，常用的化学方程式的系数等已熟记在头脑中，因此，在解题时就不必在这些简单的运算上费时间了，从而可以把时间更多地用在思考问题上。由于记得牢固而准确，所以也就大大减少了临时运算造成的差错。

许多学习成绩差的人就是由于记忆缺乏所造成的。有科学研究表明，学习成绩差一些的人在记忆时会遇到两种问题：第一，与学习成绩优良的学生相比，学习成绩差一些的人在记忆任务上有困难；第二，学习成绩差一些的学生的记忆问题可能是由于不能恰当地使用记忆策略。

尽管记忆是每个人所具有的一种学习能力，但科学有效的记忆方法并不是每一个学习者都能掌握的。一些学习者会根据课程的学习目的和要求，选择重点、选择难点，然后根据记忆对象的实际情况运用一些记忆方法进行科学记忆，并在自己的学习活动中总结出适合自己学习特点的方法，巩固学习效果，达到学有所成，学有所用。

第四节

寻找记忆好坏的衡量标准

人人需要记忆，人人都在记忆，那么怎样衡量记忆的好坏呢？心理学家认为，一个人记忆的好坏，应以记忆的敏捷性、持久性、正确性和备用性为指标进行综合考察。

敏捷性

记忆的敏捷性体现记忆速度的快慢，指个人在单位时间内能够记住的知识量，或者说记住一定的知识所需要的时间量。著名桥梁学家茅以升的记忆相当敏捷，小时候看爷爷抄古文《东都赋》，爷爷刚抄完，他就能背出全文。若要检验一个人记忆的敏捷性，最好的方法就是记住自己背一段文章所需的时间。

持久性

记忆的持久性是指记住的事物所保持时间的长短。不同的人记不同的事物时，其记忆的持久性是不同的。东汉末年杰出的女诗人蔡文姬能凭记忆回想出 400 多篇珍贵的古代文献。

正确性

记忆的正确性是指对原来记忆内容的性质的保持。如果记忆的差错太多，不仅记忆的东西失去价值，而且还会有坏处。

备用性

记忆的备用性是指能够根据自己的需要，从记忆中迅速而准确地提取所需要的信息。大脑好比是个"仓库"，记忆的备用性就是要求人们善于对"仓库"中储存的东西提取自如。有些人虽然记忆了很多知识，但却不能根据需要去随意提取，以至于为了回答一个小问题，需要背诵不少东西才能得到正确的答案。就像一个杂乱无章的仓库，需要提货时，保管员手忙脚乱，一时无法找到一样。

达斯汀·霍夫曼（左）和汤姆·克鲁斯在电影《雨人》中。在这部电影中，霍夫曼扮演的雷蒙德·巴比特是一位患有孤独症的弱智天才，具有超凡的记忆力。

记忆指标的这四个方面是相互联系的，也是缺一不可的。忽视记忆指标的任何一个方面都是片面的。记忆的敏捷性是提高记忆效率的先决条件。只有记得快，才能获得大量的知识。

记忆的持久性是记忆力良好的一个重要表现。只有记得牢，才可能用得上。记忆的正确性是记忆的生命。只有记得准，记忆的信息才能有价值，否则记忆的其他指标也就相应地贬值。记忆的备用性也是很重要的。有了记忆的备用性，才会有智慧的灵活性，才能有随机应变的本领。

衡量一个人记忆的好坏除了上面这四个指标外，记忆的广度也是记忆的一个重要的衡量标准。记忆的广度是指群体记忆对象在脑中造成一次印象以后能够正确复现的数量。

譬如，先在黑板或纸板上写出一些词语：钢笔、书本、大海、太阳、飞鸟、学生、红旗等，用心看过一遍后，再进行复述，复述的词语越多，记忆的广度指标就越高。测量一个人记忆的广度，典型的方法就是复述数字：先在纸上写出一串数字，看一遍后，接着复述，有人能说出 8 位数字，有人能说出 12 位，有人则只能说清 4 — 5 位，一般人能复述 8 — 9 位。说得越多，当然越好，但这只代表记忆的一个指标量。

总之，衡量记忆的好坏，应该综合考量，而不应该强调某方面或忽视某方面。

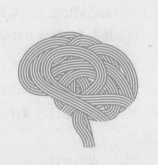

第五节
掌握记忆规律，
突破制约瓶颈

掌握记忆规律才能更好地记忆

减负一直以来都是一个热门话题，虽然减少课业量是一种减负方法，但掌握记忆规律，按记忆规律学习应该是一种更好的办法。

掌握记忆规律和法则就能更高效地学习，这对于青少年是十分重要的。记忆与大脑十分复杂，但并不神秘，了解他们的工作流程就能更好地加强自身学习潜质。

人的大脑是一个记忆的宝库，人脑经历过的事物，思考过的问题，体验过的情感和情绪，练习过的动作，都可以成为人们记忆的内容。例如英文学习中的单词、短语和句子，甚至文章的内容都是通过记忆完成的。

记忆的过程

从"记"到"忆"是有个过程的，这其中包括了识记、保持、再认和回忆4个过程。

所谓识记，分为识和记两个方面。先识后记，识中有记。所谓保持，是指将已经识记过的材料，有条理地保存在大脑之中。再认，是指识记过的材料，再次出现在面前时，能够认识它们。重现，是指在大脑中重新出现对识记材料的印象。这几个环节缺一不可。在学习活动中只要进行

要想拥有良好的记忆力，我们需要主动寻求突破制约记忆的瓶颈，把不可能变为可能，如果遇到困难就认输，无疑是将自己困在牢笼中，永远不能成功。

有意识的训练，掌握记忆规律和方法，就能改善和提高记忆力。

对于一些学习者来说，对各科知识中的一些基本概念、定律以及其他工具性的基础知识的记忆，更是必不可少。因此，我们在学习过程中，既要进行知识的传授，又要注意对自己记忆能力的培养。掌握一定的记忆规律和记忆方法，养成科学记忆的习惯，就能提高学生的学习效率。

及时复习才能记得更好

记忆有很多规律，如前面我们提到的艾宾浩斯遗忘曲线就是其中一个很重要的规律，我们可以根据这种规律进行及时适当的复习，适当过度学习，以使我们的记忆得以保持。

同时，也不可以一次记忆太多的东西，这就关系到记忆的广度规律。记忆力的广度性，指对于一些很长的记忆材料第一次呈现给你，你能正确地记住多少。记住的越多，你的记忆力的广度就越好。记忆的广度越来越大，记忆的难度就越来越大。如果你能记住的数字长度越长，你的记忆力的广度性就越好。

美国心理学家 G. 米勒通过测定得出一般成人的短时记忆平均值。米勒发现：人的记忆广度平均数为 7，即大多数人一次最多只能记忆 7 个独立的"块"，因此数字"7"被人们称为"魔数之七"。我们利用这一规律，将短时记忆量控制在 7 个之内，从而科学使用大脑，使记忆稳步推进。

综上所述，记忆与其他一切心理活动一样是有规律的。我们应积极遵循记忆规律，使用科学的记忆方法去进行识记，从而不断提高自己的学习效果，增强学习的兴趣。

记忆的过程

首先，视觉信息刺激视网膜，之后就被转换成神经脉冲。经过百万分之几秒，这些神经脉冲就会传送到位于大脑后部的视觉信息处理结构。然后，根据不同的性质（形式、颜色、动态），这些信息将会被采取不同的方式加工。这些信息将被暂时储存在海马状突起结构中，或是被遗忘，或是被进一步加强，从而储存起来。这个信息所附带的积极或消极情感会决定我们记录和存储它的方式。

第六节

改善思维习惯，
打破思维定式

思维定式与思维习惯

思维定式就是一种思维模式，是头脑所习惯使用的一系列工具和程序的总和。

思维定式的特点

一般来说，思维定式具有两个特点：一是它的形式化结构；二是它的强大惯性。

思维定式是一种纯"形式化"的东西，就是说，它是空洞无物的模型。只有当被思考的对象填充进来以后，只有当实际的思维过程发生以后，才会显示出思维定式的存在，没有现实的思维过程，也就无所谓思维的定式。

思维定式的第二个特点是，它具有无比强大的惯性。这种惯性表现在两个方面：一是新定式的建立；二是旧定式的消亡。有时，人的某种思维定式的建立要经过长期的过程，而一旦建立之后，它就能够"不假思索"地支配人们的思维过程、心理态度乃至实践行为，具有很强的稳固性甚至顽固性。

人一旦形成了习惯的思维定式，就会习惯地顺着定式的思维思考问题，不愿也不会转个方向、换个角度想问题，这是很多人都有的一种愚顽的"难治之症"。

比如看魔术表演，不是魔术师有什么特别高明之处，而是我们的思维过于因袭习惯之

运用以退为进的迂回思维方式，有时能使难题迎刃而解。

式，想不开，想不通，所以上当了。比如人从扎紧的袋里奇迹般地出来了，我们总习惯于想他怎么能从布袋扎紧的上端出来，而不会去想想布袋下面可以做文章，下面可以装拉链。

人一旦形成某种思维定式，必然会对记忆力产生极大的影响。因为，思维定式使学生以较固定的方式去记忆，思维定式不仅会阻碍学生采用新方法记忆，还会大大影响记忆的准确性，不利于记忆效果和学习成绩的提高，例如，很多人都认为学习时听音乐会影响学习效果，什么都记不住，可事实上，有研究表明，选好音乐能够开发右脑，从而提高学习记忆效率。因此，青少年在学习记忆的过程中，应有意识地打破自己的思维定式。

突破你的思维定式

那么，如何突破思维定式呢？我们可从以下几个方面入手：

突破书本定式

有位拳师，熟读拳法，与人谈论拳术滔滔不绝，拳师打人，也确实战无不胜，可他就是打不过自己的老婆。拳师的老婆是一位不知拳法为何物的家庭妇女，但每每打起来，总能将拳师打得抱头鼠窜。

有人问拳师："您的功夫都到哪里去了？"

拳师恨恨地说："这个死婆娘，每次与我打架，总不按路数出招，害得我的拳法都没有用场！"

只有不断充实自己，不断学习，我们才能保持思想的灵活性。

拳师精通拳术，战无不胜，可碰到不按套路出招的老婆时，却一筹莫展。

"熟读拳法"是好事，但拳法是死的，如果盲目运用书本知识，一切从书本出发，以书本为纲，脱离实际，这种由书本知识形成的思维定式反而使拳师遭到失败。

"知识就是力量。"但如果是死读书，只限于从教科书的观点和立场出发去观察问题，不仅不能给人以力量，反而会抹杀我们的创新能力。所以学习知识的同时，应保持思想的灵活性，注重学习基本原理而不是死记一些规则，这样知识才会有用。

突破经验定式

在科学史上有着重大突破的人，几乎都不是当时的名家，而是学问不多、经验不足的年轻人，因为他们的大脑拥有无限的想象力和创造力，什么都敢想，什么都敢做。下面的这些人就是最好的例证：

爱因斯坦 26 岁提出狭义相对论；

贝尔 29 岁发明电话；

西门子 19 岁发明电镀术；

巴斯噶 16 岁写成关于圆锥曲线的名著……

突破视角定式

法国著名歌唱家玛迪梅普莱有一个美丽的私人林园，每到周末总会有人到她的林园摘花、拾蘑菇、野营、野餐、弄得林园一片狼藉，肮脏不堪。管家让人围上篱笆，竖上"私人园林禁止入内"的木牌，均无济于事。玛迪梅普莱得知后，在路口立了一些大牌子，上面醒目地写着："请注意！如果在林中被毒蛇咬伤，最近的医院距此 15 千米，驾车约半小时方可到达。"从此，再也没有人闯入她的林园。

这就是变换视角，变堵塞为疏导，果然轻而易举地达到了目的。

突破方向定式

萧伯纳（英国讽刺戏剧作家）很瘦，一次他参加一个宴会，一位大腹便便的资本家挖苦他："萧伯纳先生，一见到您，我就知道世界上正在闹饥荒！"萧伯纳不仅不生气，反而笑着说："哦，先生，我一见到你，就知道闹饥荒的原因了。"

"司马光砸缸"的故事也说明了同样的道理。常规的救人方法是从水缸上将人拉出，即让人离开水。而司马光急中生智，用石砸缸，使水流出缸中，即水离开人，这就是逆向思维。逆向思维就是将自然现象、物理变化、化学变化进行反向思考，如此往往能出现创新。

突破维度定式

只有突破思维定式，你才能把所要记忆的内容拓展开来，与其他知识相联系，从而提高记忆效率。

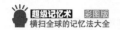

第七节

有自信，
才有提升记忆的可能

自信为提升记忆提供了可能

自信，在任何时候都十分重要。古人行军打仗，讲求一个"势"字，讲求军队的士气、斗志，如果上自统帅，下至走卒都有一股雄心霸气，相信自己会在战斗中取胜，那么，他们就会斗志昂扬。

最重要的是，这样的"自信之师"是绝不会被轻易击垮的。有无自信，往往在一开始就注定了该事的成败。记忆也离不开自信，因为它是意识的活动，它的作用明显

图为小女孩学拉小提琴。在开始学琴时，她必须有意地拉奏每一个音符。随着自信和技能的增加，她的许多动作逐渐变得很自然，进而无须再加以思考。

地取决于人的心理状况。这是因为人在处理事情时思维是分层的，由下到上包括环境层、行为层、能力层、信念层、身份层，很多事情的焦点是在身份上的。两个人做一件事效果可以千差万别，这是因为他们对自己的身份定位决定了一切。

人的行为可以改变环境，而获得能力可以改变行为模式，但如果没有信念，就不容易获得能力。记忆力属于能力层，如果要做改变，就要从根本上改变身份和信念。在这个层次塔中，上面的往往容易解决下面的问题，如果能力出现问题，从态度上改变，能力的改变就会持久。如果不能从信念上根本改变，即使学会了记忆方法，也会慢慢淡忘不用。

一名研究人类记忆力的教授曾说："一开始的时候，对于要记忆的东西，我自信能记住。然而不久我就发现，事实并非如此。我总是试图记住所有的资料，但从未如愿过，甚至能牢记不忘的部分也越来越少了。这时，我就不由得产生了怀疑：我的记忆力是不是不够好呢？我是不是只能记住一丁点儿的东西而不是全部呢？能力受到怀疑时，自信心自然也就受到创伤，态度便不再那么积极了。再次记忆的时候对记不记得住、能记得住多少，就没什么底了，抱着能记多少就记多少的态度，结果呢？记住的东西更少了，准确度也差了。而且见了稍多要记忆的东西就害怕，记忆的效果自然就越来越低。没了自信，就没了那一股气。兴趣没有了，斗志没有了，记忆时似散兵游勇般弄得对自己越来越没自信。不相信自己能记住，往往就注定了你记不住。"

自信怎样才能保持下去

那么，这股自信应该建立在怎样的基础上呢？它要怎样培养并保持下去呢？关键就在于如何在记忆活动中用自信这股动力来加速记忆。

某位心理学专家说："自信往往取决于记忆的状况，取决于东西记住了多少。如果每次都能高质量地完成，自信心就会受到鼓舞而得到增强，并在以后发挥积极作用；反之，自信心就会逐渐减弱，甚至最后信心全无。"

因此，树立记忆自信的关键就在于：决心要记住它，并真正有效地记住它。

用你喜欢的记忆情态进行记忆

你学习记忆时喜欢什么情态，对其加以利用。视觉型学习者从写的提纲、脑中勾画的印象中受益；听觉型学习者从交谈中学习受益。我们都是感知型学习者，这意味着我们的记忆会随着我们接触的事物而增加。经历，尤其是真实生活经历以及游览、运动及艺术对记忆过程作用非凡。

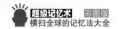

第八节
培养兴趣是提升记忆的基石

培养兴趣至关重要

德国文学家歌德说："哪里没有兴趣，哪里就没有记忆。"这是很有道理的。兴趣使人的大脑皮层形成兴奋优势中心，能进入记忆最佳状态，调动大脑两个半球所有的内在潜力，充分发挥自己的创造力与记忆的潜能。所以说，"兴趣是最好的老师"。

达尔文的亲身感受

达尔文在自传中写道："就我在学校时期的性格来说，其中对我后来发生影响的，就是我有强烈而多样的兴趣，沉溺于自己感兴趣的东西，深入了解任何复杂的问题。"

少年时期的莎士比亚在观看演出时惊奇地发现，小小的舞台以及少有的几个演员，就能把历史和现实生活中的故事表现出来。他觉得很神奇，并深深地喜欢上了戏剧。正是由于莎士比亚对戏剧浓厚的兴趣，才使得他后来取得了辉煌的成就。

达尔文的事例说明，兴趣是最好的学习记忆动力。我们做任何事情，都需要一定的兴趣，没有兴趣去做，自然就很难做好。记忆有时候是一件很乏味甚至很辛苦的事，如果没有学习兴趣，不但很难坚持下去，而且其效果也必然会大打折扣。

兴趣可以让你集中注意力，暂时抛开身边的一切，忘情投入；兴趣能激发你思考的积极性，而且经过积极思考的东西能在大脑中留下思考的痕迹，容易记住；兴趣也能使你情绪高涨，可以激发脑肽的释放，而生理学家则认为，脑肽是记忆学习的关键物质。

英国戏剧大师莎士比亚天生就迷恋戏剧，对演戏充满了兴趣。他博闻强识，很快就掌握了丰富的戏剧知识。有一次，一个演员病了，剧院的老板就让他去当替补，莎士比亚一听，乐坏了，他用了不到半天的时间，就把台词全背了下来，演得比那个演员还好。

德国大音乐家门德尔松，在他 17 岁那年，曾经去听贝多芬第九交响曲的首次公演。等音乐会结束，回到家里以后，他立刻写出了全曲的乐谱，这件事震惊了当时的音乐界。虽然我们现在对贝多芬的第九交响曲早已耳熟能详，可在当时，首次聆听之后，就能记忆全曲的乐谱，实在是一件不可思议的事。

门德尔松为什么会这么神奇？原因就在于他对音乐的深深热爱。

兴趣促进了记忆的成功，记忆上的成功又会提高学习兴趣，这便是良性循环；反之，对某个学科厌烦，记忆必定失败，记忆的失

德国著名音乐家门德尔松纪念碑。门德尔松在首次聆听贝多芬的演奏之后，就能记住全曲的乐谱，实在是一件不可思议的事。

败又加重了对这一学科的厌烦感，形成恶性循环。所以善于学习的人，应该是善于培养自己学习兴趣的人。

对记忆保持兴趣

那么，如何才能对记忆保持浓厚的兴趣呢？以下几种建议，我们不妨去试一试：

（1）多问自己"为什么"；

（2）肯定自己在学习上取得的每一点进步；

（3）根据自己的能力，适当地参加学习竞赛；

（4）自信是增加学习兴趣的动力，所以一定要相信自己的能力；

（5）不只是去做感兴趣的事，而要以感兴趣的态度去做一切该做的事。

不仅如此，我们还要在学习和生活中积极地去发现、创造乐趣。

如果你想知道苹果好不好吃，就不能单凭主观印象，而应耐着性子细细品尝，学习的时候也一样。背英文单词，你会觉得枯燥无味，但是坚持下去，当你能试着把课本上的中文翻译成英语，或结结巴巴地用英语同外国人对话时，你对它就会有兴趣了。

在跟同学辩论的时候，时而引用古人的一句诗词，时而引用一句名言，老师的赞赏和同学们的羡慕，会使你对读书越来越有兴趣。

我们还可以借助想象力创造兴趣，把枯燥的学习材料变得好玩又好记。

第九节
观察力是强化记忆的前提

观察力不可忽视

我们都有这么一个经验，当我们用一个锥子在金属片上打眼时，劲使得越大，眼就钻得越深。

记忆的道理也是如此，印象越深刻，记得就越牢固。深刻的事件、深刻的教训，通常都带有难以抹去的印痕。如你看到一架飞机坠毁，这当然是记忆深刻的；又如你因大意轻信了某人，被骗去最心爱的东西，这也容易记得深刻。

但生活中许多事情并不是这样，它本身并没有什么动人的场面和跌宕的变化，我们要想从主观上获得强烈的印象，就要靠细致地观察。

达尔文之所以取得如此大的成就，是因为他有着超强的精细观察能力。

观察能力是大脑多种智力活动的一个基础能力，它是记忆和思维的基础，对于记忆有着决定性的意义。因为记忆的第一阶段必须要有感性认识，而只有强烈的印象才能加深这种感性认识。眼睛接受信息时，就要把它印在脑海里。对于同一幅景物，婴儿的眼和成人的眼看来都是一样的，一个普通人及一个专家眼中所视的客体也是一样的，但引起的感觉却是大相径庭的。

达尔文曾对自己做过这样的评论："我既没有突出的理解力，也没有过人的机智。只是在觉察那些稍纵即逝的事物并对其进行精细观察的能力上，我可能在众人之上。"

我们应该向达尔文学习，不管记忆最终会产生什么效果，前提是一定要进行仔细地观察，只有这样做才能在脑海中形成深刻的印象。而认真观察的先决条件，就是必须有强烈的目的。

我们观察某一事物时，常常由于每个人的思考方式不同，每个人观察的态度与方法及侧重点也不同，观察结果自然也不同，这又使最后记忆的结果不同。

随时训练你的观察力

在日常生活中，你可以经常做一些小的练习训练你的观察力，譬如读完一篇文章后，把自己读到的情节试着记录下来，用自己的语言将其中的场面描绘一番。

这样你就可以测试自己是否能把最主要的部分准确地记录下来，从而在一定程度上锻炼自己的观察力，这种训练可以称之为"描述性"训练。为达到更好的训练效果，我们应该在平时处处留心，比如每天会碰到各种各样的人，当你见到一个很特别的人之后，不妨在心里描绘那人的特点。

或者，在吃午饭时我们仔细地观察盘子，然后闭上眼睛放松一会儿，我们就能运用记忆再复制的能力在内心里看到这个盘子。

一旦我们在内心里看到了它，就睁开眼睛，把"精神"的盘子和实际的盘子进行比较，然后我们再闭上眼睛修正这个图像，用几秒钟的时间想象，然后确定下来，那么就能立刻校正你在想象中可能不准确的地方。

训练观察力的注意事项

（1）不要只对刚刚能意识到的一些因素发生反应，因为事物的组成是复杂的，有时恰恰是那些不易被人注意的弱成分起着主导作用。如果一个人太过拘泥于事物的某些显著的外部因素，观察就会被表象所迷惑，深入不下去。

（2）不要只是对无关的一些线索产生反应，这样会把观察、思维引入歧途。

（3）不要为自己喜爱或不喜爱之类的情感因素所支配。与自己的爱好、兴趣相一致的，就努力去观察，非要搞个水落石出不可；反之，则弃置一旁。这样使人的观察带有很大的片面性。

（4）不要受某些权威的、现成的结论的影响，以至于我们不敢越雷池半步，甚至人云亦云。这种观察毫无作用。

这个 3 个月大的婴儿被母亲逗得露出笑容。婴儿从他周围的大人身上学习一些行为经验，比如微笑。而且有证据表明，在 6 周以后，他们就可以记住并重复这些行为经验。

第十节
想象力是引爆记忆潜能的魔法

想象力引爆记忆潜能

为什么说想象力是引爆记忆潜能的魔法呢？

这是因为，客观事物之间有着千丝万缕的联系。如果我们通过想象把反映事物间的那种联系和人们已有的知识经验联系起来，就会增强记忆。

可以说，一个人的想象力与记忆力之间具有很大的相关性。如果一个人的想象力非常活跃，那么他往往很容易具备强大的记忆力，即良好的记忆力往往与强大的想象力联系在一起。

而想象通常与具体的形象联系在一起。比如，爱的象征是一颗心，和平的象征是鸽子，等等。

在记忆中，我们经常会碰到这样的情况：由于某样要记的东西对自己没有多大的实际意义，因此，也就没有什么兴趣去理解，此时只有靠死记硬背了，如电话号码、某个难读的地名译音。而死记硬背的效果是有限的，这时，你不妨运用一下想象力。

柏拉图这样说过："记忆好的秘诀就是根据我们想记住的各种资料来进行各种各样的想象……"

想象无须合乎情理与逻辑，哪怕是牵强附会，只要对你的记忆有作用，就可以运用。比如你要记住你所

想象力是人在已有形象的基础上，在头脑中创造出新形象的能力，拥有极强的想象力便于更好地记忆。如果让你两分钟记住图片的具体内容，那么，你如果依靠想象力的话就会迅速地将其记住。

遇到的某人的名字，那么，也可用此法。

爱迪生的朋友在电话中告诉他电话号码是 24361，爱迪生立刻记住了。原来他发现这是由两打加 19 的平方组成的，所以一下子就记住了。当然这种联想要有广博的知识作为基础。

当我们有意锻炼自己的想象力时，不要担心自己大胆的、甚至是愚蠢的想象，更不要怕因此而招来的一些讽刺，最重要的是要让这些形象在脑中清清楚楚地呈现，尽力把动的图像与不同的事物联系起来。想象力不但可以使我们记忆的知识充分调动起来，进行综合，产生新的思维活动，而且只要经常运用想象力，你的记忆力就会得到很大的改善，知识也比以前记得更牢固。

记忆力测试

新的空间站里还有相当多的工作要做。但是是不是每个人都在做自己分内的工作呢？事实上，有一个宇航员美美地睡着了。其中 8 个人眼睛所看到的景象在左边的方框里。现在你需要把景象（A-H）与看到该景象的宇航员（1-9）相匹配。而剩下的那个人就是偷懒睡着了的！

答案：1.C 2.G 3.F 4.A 5.B 6.E 7. 睡着了 8.D 9.H

第十一节
程序训练，
提升速度记忆的锦囊

运用程序训练提升记忆力

程序阅读指的是按照一定的固定程序来进行阅读训练。大脑具有对信息选择吸收的特征，在处理这些信息时，我们的大脑同样有相应严格的程序。

大脑能否采用简单有效的方法，对获得的资讯重新编码是速读记忆的关键所在，固定程序阅读方法，正好符合这一特点。

程序阅读一般就是按照以下的两个步骤来阅读：

浏览内容

内容一般分为 7 个部分：

（1）文章或书的题目；

（2）文章或书的作者；

（3）出版者与出版时间；

（4）文章或书的主要内容；

（5）文章或书反映的重要事实；

（6）写作特点或者具有争议之处；

（7）新的思想以及启示。

速读正文

这一部分是核心内容。

（1）速读内容，抓住大意，注意力高度集中，选择哪些地方详读，哪些地方略读。详读的地方也要快速，但这种读千万不要以损害质来取量。

（2）速读和快速思考紧密结合，不能只读不理解，也不能只理解，放慢了速度，既要有量又要有质。

（3）让速读、记忆和思考三位一体，读有所得，读有所记，最好是把阅读内容和自己的知识结构组合起来，产生共鸣，这是速读的理想境界。

（4）总结。

对速读的内容进行总结、整理、加工、记忆、存储，把零散知识变成自己知识体系的一部分，可以从中得到心得体会和成果，还可以把它们写下来，必要的时候便于查找。

良好的固定程序阅读习惯，可以极大地提高我们的阅读能力，在遇到比较艰深的内容时，也可以顺利阅读和记忆，只是在阅读过程中，应当尽量避免回读，在必须回读的时候，可以在完成之后再进行。

记忆力测试

请认真阅读下面的短文，注意用词的选择。

大多数人都有许多甚至成百上千种习惯让我们记住生活的责任与义务。当然，大多数人都是无意识地养成这些习惯的。这些习惯可能是把我们的桌历翻到一周中恰当的一天，把便条粘在醒目的地方，标记出我们要记得带去学校或工作的东西，等等。这里的策略是有意识地在生活中养成习惯以减轻记忆的负担。比如，当你走进屋子时总是把钥匙放在同一地方，它更适宜放在靠近门的地方。一旦意识到自己的习惯，你就可以利用它们把要记住的信息联系起来。例如，你可能把自己要记得带去工作的书与钥匙放在一起，在你例行其事的时候，就不需要刻意去记忆。

与上面的短文相比，下文中的一些词语被替换了，请在被替换的词语下面画横线。

大多数人都有许多甚至成千上万种习惯让我们记住生活的责任与义务。当然，大多数人都是无意识地形成这些习惯的。这些习惯也许是把我们的桌历翻到一周中合适的一天，把便条粘在醒目的地方，标记出我们要记得带去学校或工作的东西，等等。这里的举措是有意识地在生活中养成习惯以减轻记忆的负担。比如，当你走进屋子时总是把钥匙放在同一地方，它更适宜放在顺手的地方。一旦意识到自己的习惯，你就可以利用它们把要记住的信息关联起来。例如，你可能把自己要记得带去学习的书与钥匙放在一起，在你例行其事的时候，就不需要刻意去记忆。

第十二节

导引训练，
通往速读记忆的大道

　　导引阅读可以用来帮助人们纠正某些读书出声、视点回归的不好习惯。并能加强理解、记忆等。

正向导引

　　运用正向导引时，手指移动的时候视线跟着移动，但注意头不要随着转动。具体可以按下面的方法来训练：①眼睛跟着手指往下移，手指要在文字的下方，不影响视线，手指移动的速度要和眼球移动的速度同步，不要一快一慢。②阅读一页结束的时候手指将要移往下页的开始部分，这时可以用左手来引导阅读，右手翻卷书页，也可以换只手来做，即用右手引导，左手翻书页。自己觉得怎么方便、顺手就怎么来，但要两手配合使用。③眼睛随着手动，眼睛可以阅读手指左侧的文字，也可以阅读右侧的文字，也可以阅读上方的文字，但不宜阅读下方的文字。④手指在导引阅读中碰到疑难问题时，速度可以降下来，让大脑在这些问题上有时间来加工处理。⑤手指导引阅读尽可能避免漏字、漏词和漏词组等。⑥速度由慢到快，最后可以快速导引。

反向引导

　　反向导引是一种非常特殊的训练方法，反向导引训练就是用手指从向右进行导引。但也并不是说每一行都是从右到左反着来，而是在读上一行结尾时视线不要回到左侧，而是移动至下一行从右到左，到了左端之后，往下再从左到右，到右端之后，再往下从右到左，让视线在阅读材料时呈"3"状移动。反向导引训练节约了眼睛的来回运动，每动一次都没有落空，也就大大节约了阅读时间，提高了阅读速度。人们在这样训练的时候可能会很不习惯，做起来也不方便，由于这样打破了传统，又打破了文字从左到右排列顺序和从左到右展开的格局。因此青少年应该多多练习。一旦养成了习惯之后，这种阅读并不会损害理解力，而且还能够帮助人们更加集中注意力，进一步理解和加深记忆。

第九章

快速练就超级记忆的技巧

第一节
字钩记忆法

关于字钩记忆法

字钩记忆法主要用于记忆许多抽象的词、词组和短文，指的是将记忆内容中的一个或几个最有特点，并且能和整体联系的字，单独提出来，进行重新排列和整理。在这种情况下，只要记住字钩，就能够记住所有内容。

字钩记忆法的主要作用是减轻大脑的负担。虽然人的记忆容量是无限的，但是一定时间内输入过多需要记忆的信息也会使大脑超负荷运行，造成大脑的疲劳，产生一定的负担，导致记忆效果的降低和记忆力下降。碰到这种情况，我们可以把记忆的内容简化，争取通过记忆很少的内容，达到记忆更多的信息的效果，以达到减轻大脑负担的目的，字钩记忆法就具有这样的特点和效果。

字钩记忆法的产生是人们合理利用大脑的自觉记忆和潜记忆的结果。潜记忆是人们普遍存在的一种记忆现象，它储存了人们平时记忆的大多数信息，只要大脑接收到相应的刺激，潜记忆中记忆的信息就会自动再现出来。字钩就是刺激潜记忆中信息再现的重要工具和手段。

字钩记忆法的运用

在运用字钩记忆法时，人们会把字钩记忆在自己的自觉记忆中，使字钩变成人们的永久性记忆，而其他信息则储存在潜记忆当中。当人们需要完整的信息时，就调出字钩，用字钩刺激潜记忆中的信息的再现。这样，人们只需要用大脑去记忆字钩，而潜记忆中的信息并不会对人们的大脑造成负担，一个轻松的大脑还可以接受各种各样的其他信息，从而提高记忆效率，增强记忆力。

字钩记忆法的用途非常广泛，比如我们都知道金庸写了 15 部作品，其中的 14 部作品是《飞狐外传》《雪山飞狐》《连城诀》《天龙八部》《射雕英雄传》《白马啸西风》《鹿鼎记》《笑傲江湖》《书剑恩仇录》《神雕侠侣》《侠客行》《倚天屠龙记》《碧血剑》《鸳鸳刀》。我们现在记忆这 14 部作品的方法是一副对联：飞雪连天射白鹿，笑书神侠倚碧鸳，如果再加上横批的《越女剑》，就能把金庸的所有作品都包括在内。这副对联中，每个字代表的都是一部作品，我们能通过这 14 个字就把所有作品都回忆出来，这就是典型的字钩记忆法。当然，字钩记忆法并没有规定必须用全部信息内容的第一个字作为字钩，而是要选择最有代表性、最顺口、让人们提取其他信息最方便的字。

在我们平常运用字钩记忆法进行记忆时，最好是和前面我们记忆那些金庸的作品一样，把所有的字钩排列成有意义的并且通顺的句子，这种做法比把字钩排列成一连串无意义的文字记忆效果要好。但是很多时候我们提取出来的字钩不允许被调换顺序或者组合起来不能够变成有意义的句子，这时候我们可以用和字钩同音或谐音字代替的方法进行替换，达到方便我们记忆的效果。比如说要记忆我国的内蒙古、新疆、青海、西藏这四个主要的大牧区，就可以用"内新青西"来代替，但是"内新青西"并没有什么实际意义，这是后我们可以把新换成心、把青换成清、把西用晰代替，得到的结果是"内心清晰"，这样就变得有意义并且方便我们记忆。

有时候，我们在一段很长的信息内容中得到的字钩字数是很多的，这种情况下我们要学会对由字钩组成的句子进行合理地断句处理。研究表明，字钩组合的句子最好不要超过七个字，超过七个字，人们的记忆效率就会变低。因此，如果字钩组合超过七个字，就一定要进行有利于记忆的划分，但是一定要注意节奏的对称。

字钩记忆法的重点是在字钩的选择上，因此，必须仔细思考究竟选择哪些字作为字钩，同时在做出选择后，一定要仔细检查，如果发现我们所选择的字钩并不能有效帮助我们记忆，那么就应该马上对字钩进行更换，以免不利于我们对信息内容的记忆。

记忆力测试

1. 仔细观察下面这幅画，3 分钟后盖上它。

2. 不要再回看上边的图，也不要试图偷瞄几眼，在下面空白的图画上尽你所能将物品补充到它们原先所在的地方。

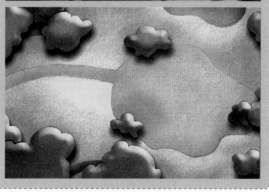

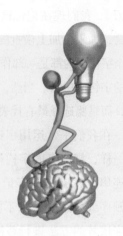

第二节
理解记忆法

关于理解记忆法

　　理解是记忆的基础，对各种信息和事物的深刻理解有助于记忆的提高。我们要想记住某些信息，就必须理解这些信息所具有的意义。没有被理解的信息，即使被储存到了记忆当中，也很难被回忆出来。

　　著名的心理学家巴特雷特曾经做过一个实验，他让被测者读一个故事，然后要求被测者回忆那个故事。巴特雷特发现被测者在回忆故事时并没有按照之前读的内容进行回忆，而是按照自己的方法进行回忆，并且有几个普遍的倾向：第一是故事会变得更短；第二是故事会变得更清晰，结构也更紧凑；第三是被测者做出的改变，与他们初次听到故事时的反应和情感是相互匹配的。巴特雷特认为这样的结果说明被测者的记忆系统中只保留了一些突出的细节，而剩余的部分则是根据自己的情感对原始时间

记忆力测试

　　仔细看下面左边的帽子，然后盖上。

　　将中间 3 个帽子对应的数字，填进右图中正确的位置，从而完成对左边的图的完全复制。

的精细化和重构。简单地说，被测者回忆出来的故事，是把自己理解的主要内容用自己的语言表达了出来，这说明人们记忆最深刻的是自己理解的信息。

事实证明，我们对事物的理解越深刻，事物就越容易被记忆，保存的时间也越长。我们理解事物主要是理解事物的内部关系和规律，在理解的基础上进行分析和综合，并且与大脑中的其他经验、信息和资料建立一定的牢固联系，所以才不容易遗忘。

加强对记忆材料的理解

在记忆的过程中，我们该如何加强对记忆材料的理解呢？

第一，积极思考，了解概要。思考是大脑思维的重要活动，通过思考，人们才能对各种各样的信息加深理解。在大脑内部已经存在知识的基础上，通过积极的思考对记忆材料进行理解，能够让人们明白记忆材料所表达的大致意思。这样能让人们知道自己为什么要记忆某个材料，使人们拥有记忆的动力。

第二，逐步分析，找到记忆材料的关键。分析主要是为了找到记忆材料之间相互联系的部分，从而找到记忆材料的重点和主要内容。在理解记忆材料整体的基础上理解主要内容和重点，更有助于人们记忆。

第三，直观形象，融会贯通。把记忆材料变成直观的形象，更容易人们加深对记忆材料的理解和记忆。例如把记忆材料之间的关系用图表、实物、模型、图片等方式表现出来，能够让人们对记忆材料之间的联系一目了然，使人们对记忆材料的了解更全面。比如人们统计某件事情得到了很多数据，如果把这些数据凌乱地写在纸上，人们看过之后可能会很难理解，如果用图表的方式把数据罗列出来，人们就能一目了然，理解起来很方便也很轻松。

第四，运用到实践当中。实践是检验真理的唯一标准，我们所记忆的所有知识，都是用来为生活服务的，都是用来指导实际问题的。经常把记忆系统中的信息在实践当中运用，能够让我们对记忆信息的认知更加深刻，理解更加深刻，也能够深化和巩固记忆。实际上记忆和理解的关系非常密切，它们相辅相成，记忆离不开人们对记忆材料的理解，对材料的理解来源于人们的积极思考，思考的越多，理解的就越多，记忆的就越多。

理解记忆法并不是万能的，每个人自身的知识积累和经验不同，对于材料的理解能力也不同，用理解记忆法的效率和效果也不同。另外，材料的理解是一个过程，理解也不是绝对的理解，有时候人们对一些记忆材料会完全无法理解，这种情况下再用理解记忆法就没有任何效果，必须要把机械记忆法等其他的一些方法和理解记忆法进行结合，扬长避短，共同进行记忆活动，这样才能最有效地加深人们的记忆力。

第三节
概括记忆法

概括记忆法可以促进记忆效率

概括记忆法就是通过对记忆材料精心提炼、概括和简化，来抓住材料的重点进行记忆的方法。概括记忆对提高记忆效率有重大的作用，大多适用于记忆内容较多、较系统和复杂的材料以及社会科学知识。

记忆材料是多种多样的，很多记忆材料不但内容多，而且内容复杂，并且有很多无意义的内容掺杂在我们需要记忆的内容之中。这样的材料，我们没有必要全部记住，但是又不知道到底该记忆哪些部分，因此会对我们的记忆活动造成很大的困难。这种情况下，我们就必须要找到记忆材料的核心部分，抓住材料的重点和主要内容，集中精力进行记忆，这样才能够更好地记忆复杂的材料。比如说要记忆我们国家所有的省、自治区、直辖市和特别行政区的名字，就可以对它们进行一下概括，如概括成"两湖两广两河山，五江云贵陕青甘，西四二宁福吉安，内台海北重上天，还有港澳好河山"这样五个诗句。在这五个诗句中，我们国家的所有省、直辖市、自治区和特别行政区都包含在内，其中两湖指的是湖南和湖北，两广指的是广东和广西，两河山指的是河南、河北、山东、山西，五江是指黑龙江、江苏、江西、浙江、新疆维吾尔自治区，云是云南，贵是贵州，陕是陕西，青是青海，甘是甘肃，西是西藏，四是四川，二宁是指宁夏和辽宁，福是福建，吉是吉林，安是安徽，内是内蒙古，台是台湾，海是海南，北指北京，重指重庆，上是上海，天是天津，还有港澳好河山就是香港和澳门。人们应该能明显地感觉到，通过这几句诗对我们国家的所有省级单位进行记忆要比把这些分开单独记忆效果要好得多，这就是概括的好处。

思维能力和概括能力的协同合作

概括记忆法要求人们具有非常强的思维能力和概括能力，只有这样才能对记忆材料进行充分地分析、思考和研究，才能提炼出记忆材料中的核心和精华部分。因此，运用概括记忆法，必须先锻炼自己的思维能力和把握材料的能力。人们必须要通过思考和分析找到材料的关键部分和大概意思，不能把注意力集中在一些不需要记忆的细枝末节上。要让自己的思维具有选择性和跳跃性，选准关键点去思考和记忆。还要根据不同的材料选择不同的概括方法，让材料在保存核心思想的基础上得到最大程度的减少，以减轻记忆负担。概括的方法主要有内容概括、主题概括、按顺序概括等。内容概括主要是抓住记忆材料的关键性词句和主要情节；主题概括主要是抓住记忆材料的主题和要领；按顺序概括是指突出材料的顺序性，或者是用容易回想起来的数字概括材料，比如三个代表等。很多时候，集中概括方法需要结合在一起进行使用才能更好地概括整个记忆材料，这需要人们根据实际情况进行最佳的选择和组合。

记忆力测试

1. 认真观察下面这幅图 30 秒钟，然后盖上它。

2. 现在回答下面的问题。

（1）冰箱上面的柜子里有几个瓶子？

（2）钟表显示的时间是几点？

（3）冰箱的门上有几个冰箱贴？

（4）这个房间有几扇窗户？

（5）桌子上在水果碗的旁边摆的是什么？

（6）烤炉手套是什么颜色的？

（7）煤气灶上的锅是什么颜色的？

第四节
分类记忆法

什么是分类记忆法

人们在记忆较多的信息时，为了有效地提高记忆效率和记忆效果，通常会对记忆材料进行重新组织和分类编组，这种方法叫作分类记忆法，也叫系统记忆法。

对信息的分类，是指按照信息的某些本质或非本质的特征，找到记忆材料之间的共同点，将记忆材料进行科学地排列和组合，从而把零碎和分散的信息集中在一起，把杂乱无章的信息变得有条理。经过分类的信息，会变得更加概括化、条理化和系统化，减轻大脑的负担，提高人们的记忆效率。

想要让记忆变得更有效率，就必须将输入到大脑中的信息进行分类和整理，并且构建成系统。外界输入到大脑中的信息，有很多是需要人们记忆的。但是，这些信息并不会按照人们喜好的方式进入到大脑中，也不会为了适应人们的记忆特点而有条理地进入到大脑中，而是所有信息结合在一起，没条理、没规律、杂乱无章地输入。处于这样一种状态下的信息，如果不进行任何处理就直接去记忆，可能会有一定效果，但是绝对不可能把信息全部记住，同时也很容易造成大脑疲劳，对记忆效果产生严重的影响。在这种情况下，必须对信息进行有效地加工编码，重新、系统地进行组织和分类，从而促进记忆，提高记忆效率。

行动和冒险　战胜逆境　社会困境　荒芜的西部　行程和旅行　爱情和浪漫　科幻小说　神奇和神秘　谋杀秘密　悬疑小说

塞弗特和同事的实验表明，人们将所看到的故事分类成不同主题。人们利用这一组织主题对进入大脑的许多信息进行了分类。

分类记忆法是如何提高记忆效率的

为什么经过分类之后的信息，会更方便人们记忆，并且能提高记忆效率呢？

第一，分类记忆法的基础是脑神经生理学。对信息进行分类，主要目的是为了让信息变得更加系统。脑神经生理学认为，记忆系统性的信息，能够在大脑中形成系统化的暂时神经联系，而零散性的信息，只能在大脑中形成个别的、独立的神经联系。相比较而言，系统性的神经联系会让人们的记忆变得更快、更有效率。

第二，分类后的信息更方便人们进行联想。想象力是记忆的来源，通过联想，人们能够在信息之间建立一定的联系，从而帮助人们记忆。而把信息进行分类，恰恰就能够让人们在进行联想时更轻松。举个例子来说，假如人们需要记忆香蕉、毛巾、狮

心理旋转

想象从不同的角度看同一物体的两张图片。人们经常会推断出，两张图片的物体相同，但他们是怎样得出这一结论的呢？很多人感到好像在他们的想象中旋转了物体，直到它与另一个物体的方位一致为止。他们因而知道两个物体相同。

人们真的在想象中旋转物体，并对它们加以比较了吗？1971年，罗格·施帕德和雅克林·梅兹勒为此做了一系列的实验以进行探索。他们画了一对物体的很多图片。一些图片是从同一角度画的，

施帕德和梅兹勒就像图中那样向实验对象呈现图像，并询问这些图像是否代表不同角度的同一物体。研究人员发现，图像之间的旋转角度和人们判断物体是否相同所用的时间之间联系紧密。

另一些是从20°至180°之间不等的角度画的。一组图片显示了不同角度的一对物体，其中一个物体是另一个物体的镜像。

研究人员向一组人员出示了这些图片，并对他们判断这两个物体是否一致所需的时间进行了计时。当施帕德和梅兹勒看到数据结果时，他们注意到，物体每旋转一定的角度，人们就要花更长的时间去判断两个物体是否相同。看起来，人们能在大脑中以每秒钟50°的速度旋转物体的图像。

在后来的实验中，科学家们在图片上加上箭头符号以表示心理旋转的方向。大多时候，箭头的指向正确无误。如果箭头指向顺时针方向的话，图像向顺时针方向旋转就比按逆时针方向旋转效率高。然而在少数情况下，箭头指错了方向。这就误导了实验对象，他们的心理旋转方向也发生错误。研究人员还发现，图像旋转的角度和判断图像所需的时间之间有紧密的联系。

施帕德和梅兹勒的研究工作催生了许多有趣的研究项目。1982年，胡安·奥拉尔和瓦莱里·德利乌斯对鸽子做了相似的实验。与施帕德和梅兹勒以人为实验对象的实验相反，鸽子看起来并未进行图像的心理旋转。鸟类判断图像是否是同一物体所用的时间不受角度差异的影响。

子、电视、冰箱、牙刷、苹果、老虎、香皂、洗衣机、豹子、沐浴露、橙子、狗熊、电饭锅、橘子这 16 个词语，如果不对这些信息进行改变，只是按顺序去记忆这些词语，那么人们很可能只能记住 7 个左右的词语。因为每一个词语都相当于是一个组块，这些词语进入大脑中主要储存在短时记忆当中，但是短时记忆只能容纳 7 个组块的容量，我们记忆的内容不可能超过这个容量。这时候，就可以把这些词语进行分类，根据各种具体事物之间的联系，这 16 个词语总共可以分为 4 类，其中苹果、香蕉、橘子、橙子属于水果类，毛巾、牙刷、香皂、沐浴露属于卫生用品类，老虎、狮子、豹子、狗熊属于动物类，电视、冰箱、洗衣机、电饭锅属于家用电器类。这样分类之后，原来的 16 个单独的组块就变成了 4 个大的组块，而短时记忆中储存的组块数量虽然有限，但是每个组块的大小却没有任何限制，因此，4 个组块很方便人们进行记忆。同时，当人们需要回忆这些词语的时候，由于相互联系的词语是共同记忆的，因此只要回忆起其中的一个词语，就一定能够想起另外几个，这也是对人们记忆能力的一种提高。

第三，分类是信息编码的一种主要方式。输入到大脑中的信息想要变成人们的记忆，就必须要先进行编码。分类作为信息编码的一种主要方式，自然有助于人们的记忆活动。

第四，分类本身就是记忆过程中应该遵循的一条重要原则。人们记忆信息的目的最终是要为日常的生活、工作和学习服务。如果人们直接去记忆那些杂乱无章的信息，非常麻烦，甚至有时候会比人们在日常生活、学习和工作中遇到的问题还要麻烦，如果是这样，人们进行记忆活动还有什么意义呢？所以，一定要把信息进行分类之后再记忆，这样就能够省去人们很多麻烦。

当然，分类也不是随便怎么分都可以的，如果分类之后的信息依然杂乱无章，对人们的记忆没有任何的帮助。想要让分类后的信息真正帮助人们记忆，就必须在分类时遵循同类相属、异类相别的原则，找准信息之间的本质和非本质的联系和特征，根据这些特征，将信息进行分类、分科、分种、分项。

分类记忆应坚持的原则

那么，分类记忆要坚持怎样的原则呢？

首先，信息分类之后的数量最好不要超过 7 个。短时记忆是人们在记忆的过程中不可缺少的阶段，但是，短时记忆的容量毕竟只有 7 个组块，因此，想要让记忆变得更有效率，分类时就不要超过 7 个组。

其次，要对信息有充分的理解。分类是需要遵循信息之间的联系和特征的，而理解信息，主要就是为了找出信息之间的联系和特征。因此，对信息理解得越深刻，人们对信息进行分类时就越轻松，记忆也就越有效率。

再次，要准确选择分类的依据。不同信息之间的相同特征和联系可能有很多，但是，却并不都适合作为分类的标准，必须要根据记忆信息的数量和种类，寻找到信息之间最鲜明、最有特点的内在和外在的联系，以此作为信息分类的依据。当然，如果想要达到最佳的记忆效果，最好还是按照事物的内在联系来对信息进行分类。

在分类记忆的时候，并不一定非要把有联系的信息放在一起进行记忆，很多时候可以把一段有顺序的信息从中间划分成几个部分，比如说人们记忆电话号码或者是其他的一些号码时，通常就会把号码分成几个部分，每个部分中包含着几个数字这样去记忆，而不是单独记忆每个数字。这其实也是一种对信息进行分类的方法。

事实证明，分类记忆对于人们识记信息，以及在大脑中提取信息都有重要的帮助。经常运用分类记忆的方法，不但能使大脑中的知识系统化，同时也能够使人们的大脑科学化，对人们养成科学的思维习惯有重大的帮助。

记忆力测试

认真看下面这5组图画，几分钟之后，盖上它们。　　　　这里是每一组图中的一幅，你能想起分别与它们配组的图吗？

第五节
形象记忆法

形象感知是记忆的根本

形象记忆法就是通过对信息和一些具体形象之间的联想，来帮助人们记忆信息的办法，它是形象联想原则的实际应用。形象记忆法能够核实人们要记住的每件事物。

什么是形象记忆

想要了解形象记忆法，必须先要清楚什么是形象记忆。形象记忆的主要内容，是人们自己感知过的事物的具体形象。比如说我们想要记住一个人，就需要记住这个人的具体形象，包括容貌、仪态；想要记住一种水果，就需要记住水果的颜色、形状、味道等。注意，必须记住一些具体直观的形象，才能够记住这些事物。形象记忆是随着人们形象思维的发展而发展的，和形象思维有着十分密切的联系。形象记忆以视觉形象和听觉形象为主，当然，由于人们从事的职业不同，一些特殊职业的人，在嗅觉等其他方面的形象记忆，也能够达到一定的高度。

形象记忆主要是针对一些抽象的记忆材料和事物，它也是一种常用的记忆方法。当然，用形象记忆的方法去记忆抽象的信息，有很重要的一个前提条件，那就是把抽象的信息形象化。

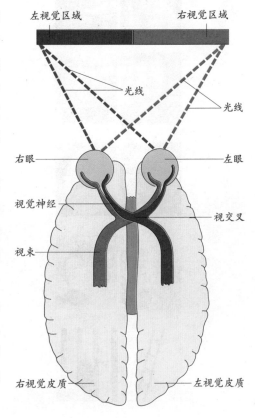

形象化就是指把记忆材料和事物，同人们能够看到的图像联系起来，把复杂的记忆材料和事物转化成图片或者图表的形式。一般来说，具体的图像比抽象的观点和理念更不容易忘记，就像我们听别人说一个人和我们真正见过一个人，产生的印象是不同的道理一样，我们对自己用眼睛看到过的人印象会更深刻。

事实上，这里所说的形象记忆法，主要应用在记忆抽象的记忆材料。这种方法主要有三个好处：第一，让人们在记忆事物和信息时更有秩序，避免因为混乱和毫无章法的记忆，造成人力和物力上的损失，比如因为没有记住某个地点而造成的东奔西跑的情况，会导致金钱和资源的浪费；第二，有助于人们记住一个完整过程的各个阶段，就像是做一件事情第一步要做

日程表使儿童的生活有序地进行。在这里，孩子们的日程表被串联起来并挂在他们各自书架的边上。这些日程表由词汇和图片组成，因此孩子们很容易就能把它们认出来。

什么、第二步要做什么等一样；第三，是能够减少自己的担心，很多时候，对某些事情记忆不清楚，会导致人们心绪不宁，比如说人们早晨出门一段时间之后，可能会突然想不起来自己早晨离家的时候，到底有没有关门。这些其实都是一些没必要的担忧，如果知道在大脑我们能用形象记忆法记住这些事情，那么当我们需要回忆信息的时候，就只要回忆大脑中有没有信息的图像，这样就能够免除那些不必要的担心。

形象记忆法的基础是形象联想

要运用形象记忆法，必须要让被记忆的事物在大脑中形成一个清晰的形象。但是，很多时候人们需要记忆的事物并没有具体的形象，这就需要人们发挥想象力，把需要记忆的事物和已经知道的事物形象联系起来。或许有人认为，这种联想必须建立在一定的逻辑关系的基础上，比如太阳，就应该把它联想为一个圆形的事物。但是事实上并不是这样，运用形象记忆法时所进行的联想，完全不用去考虑信息和具体事物的形象之间，是否具有逻辑关系，它不一定是在人们印象中的那种正常的联想，可以是滑稽的，也可以是可笑的，甚至可以是牵强附会的。总之，只要人们

上图是18世纪弗雷德里克二世创作的《猎鹰训练术》中的一页。封面上大量的彩色插图除了装饰作用外，还有着帮助记忆的功用。

联想出来的东西对人们记忆信息有帮助，没有任何形式的限制。

所有的记忆方法、记忆手段和记忆策略的目的，都是为了让人们的记忆不出现漏洞，形象记忆法也是一样。虽然形象记忆法的使用方法很简单，大多数人都可以应用，但是如果在使用时受到一些意外因素的影响，形象记忆法是不能起到帮助人们记忆的效果的。因此，在运用形象记忆法时，有几点重要的注意事项。

第一，形象联想可能是没有任何逻辑关系的，因此对于人们大脑中的那些不合理的、稀奇古怪的、不合逻辑的联想，不应该拒绝和排斥。在现实生活中，一些不符合实际情况和逻辑关系的联想总是会遭到别人的嘲笑，甚至有时候人们自己有这样的联想时，自己都会感觉到可笑，可能还会认为自己很愚蠢。但是在记忆领域内，这样的联想是正常的，它能够提高记忆效率，改善人们的记忆力。

第二，不能随意加速形象联想的过程。俗话说熟能生巧，任何事情做的次数多了，都会变得熟练，速度也会变快。形象联想的次数增加之后，联想的速度同样会变快。但是这种快却并不是人们所需要的。想要让信息变成长时记忆，并不是瞬间就能完成的过程，这其中需要自身的努力和足够的时间，单纯地提高形象联想的速度，并不会起到任何效果，甚至还可能会产生负面的作用。

第三，形象联想附加评论和一些情感上的判断，也能加深记忆。记忆具有个性化的特点，而对形象联想附加评论和一些情感上的判断，恰好会使记忆信息变得更富有个性化，更方便记忆。

第四，要有足够的耐心和毅力。人们无论做什么事情，想要取得成功，都需要足够的耐心和毅力，记忆也是一样。如果因为使用了形象记忆法，但是却没有能够记住某些信息，或者因为觉得形象记忆法非常麻烦，就不再选用形象记忆法去记忆信息，那就永远都不可能学会使用形象记忆法。

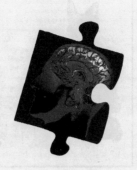

第六节
图像记忆法

图像记忆法是指以联想作为手段，将自身需要记忆的信息，转化成比较夸张、容易引起自己的注意，并且不讲究是否合理的图像，从而加深记忆，提高记忆效率的一种方法。

并不是所有的信息都需要转化之后才能使用图像记忆法，有很多信息，本身就是

目击者对交通事故场景内容的记忆会保持很长时间甚至是一生，那是因为车祸是以图像的形式被记录在记忆当中。

杰恩斯巴切尔先向被试者出示这两张图片中的一张。然后再向他们同时出示两张，并询问他们看过哪一张。这一研究有助于解释心理图像的短时本质。

以图像的形式输入到人们大脑中的，人们之所以能记住这样的信息，就是图像记忆法在起作用。比如在现实生活中，人们总是能够想起一些很多年前的事情，并且每次想起来都像重新经历过一样，非常清晰，这就是因为事件中的各种图像，都深深印在了人们的记忆中。

图像记忆法在我们的记忆中应用广泛

在整个记忆领域中，图像记忆法有着很高的地位。人们所进行的各种记忆活动中，很多信息都是依靠图像记忆法，才能最终被人记住。随着人们年龄的增长，语义记忆的能力在逐渐减弱，与之相对应，情景记忆的能力却在逐渐增强，而图像记忆法和人们的情景记忆能力的关系十分密切，所以人们会越来越依赖图像记忆法，来记忆各种记忆材料和信息。

人们发挥自己的想象力进行联想，是图像记忆法一个重要的环节。但是，在使用图像记忆法进行的联想时，其自身也有一定的特殊性。

图像记忆法的特殊性

第一，非必要合理性。非必要合理性是指人们在运用图像记忆法时进行的联想，可以不受任何限制，也不需要符合一定的逻辑关系或者实际情况。这样会使人的思维

注意你的意识起伏周期

我们的心身控制着周期。一天中会经历 90—100 个每个长达 20 分钟的休息——活跃周期循环。我们的智力表现，还有其他功能如做梦、压力控制、脑半球支配及免疫系统活动直接与此基础相联系。为了提高记忆力，我们要注意周期的交替。当周期处在上升期时，我们可以去完成任务；当处于下降期时，精神上和身体上的表现就差强人意了。

挑战你自己

　　大脑在回忆和策略制定的细胞间产生携带信息的神经递质的化学反应。这些神经递质的可实现性——包括记忆构建元素酪氨酸——在大脑中出现、增长，且经常用于解决问题的挑战中。20世纪60年代后半期，在加州大学马里安·迪亚蒙德博士及同事进行的动物实验表明，处在良好环境中的老鼠，能够更好地发育大脑枝状结构，其表现好于没有接受挑战的老鼠。或许，这正是高智商的人经常在记忆测试中成绩卓著的原因——他们有着多于常人的"记忆链条"和神经环相关联的结构——演示记忆的雪球效应及丰富的环境。

变得更活跃，联想出来的东西也更丰富，对记忆的促进效果更大。这种联想有明显的目的性，主要就是为了帮助人们记忆。为了达到这样的目的，联想内容的合理与否根本不会有任何的影响。

　　第二，容易相关性。容易相关性是指人们针对记忆主体所进行的联想方式，越适合自己，就越容易记忆。俗话说"鞋合不合适只有脚知道"，人们所进行的联想到底能不能帮助自己记忆，也只有自己知道。因此，在选择联想方式的时候，必须选择最适合自己的方式，这样才能做到最大限度地提高记忆力。另外，记忆本身就是人们自己的东西，人们想要记忆什么样的信息，以及怎么去记忆信息，不需要考虑其他人的感受。既然只需要考虑自己，当然是各个方面都选择最适合自己的，包括联想的方式。

　　第三，夸张性。夸张性是指人们在使用图像记忆法时所进行的联想，可以进行一定程度的夸张。当然，如果是真的有助于人们记忆，也可以夸张到非常严重的程度。过分夸张可以刺激海马体分泌一种波线，这种波线有利于海马细胞树突上的树突棘的改变。因此，夸张的联想同样有助于人们的记忆。

　　图像记忆法应用起来非常简单，就是把一些信息联想成一幅完整的图像来帮助人们记忆。比如说人们需要记忆电脑、鲜花、飞机场、窗帘、圆珠笔、东非大裂谷、外国、虚假同感偏差、消失、阿拉巴马这些信息，就可以通过自身的联想，让它们形成一个整体的画面，比如说，可以想象成电脑按着鲜花留下的标示来到了飞机场，派遣窗帘中队来阻止圆珠笔掉进东非大裂谷，但是在外国的上空，受到了虚假同感偏差的袭击，于是中队消失在了阿拉巴马。这样的一个整体画面，人们可以通过其中的一点而想起其他相关的部分，从而达到提高记忆效果的目的。

第七节
提纲记忆法

什么是提纲记忆法

　　提纲记忆法就是指通过对记忆材料的分析和总结，将其归纳成提纲的形式进行记忆的一种方法。这种方法不仅能够促使人们对记忆材料进行深入的思考，加深对记忆材料的理解，同时也能将材料中的知识系统化，按照一定的顺序储存到自己的记忆库中，无论是对保持记忆还是对回忆，都有一定的好处。实际上，编写提纲本身就是一个加深对记忆材料的理解和巩固记忆的过程，从这一点上来看。提高记忆法确实是有助于人们记忆的。

编制提纲提高记忆效果

　　使用提纲记忆法时，最重要的步骤就是编制提纲。编制提纲的主要目的是对记忆材料进行分析、综合和概括，主要的作用是体现材料的主要内容、精神实质以及相互之间的逻辑关系，同时也能体现人们自己的语言风格，使材料更符合自身的记忆特点，最终提高自身的记忆效果。那么，编制提纲为什么能提高记忆效果呢？

　　第一，提纲是对整个材料的概括，因此线索清晰，内容简便，方便人们直接观察；第二，虽然与整个记忆材料相比，提纲的内容简便，但是，它却概括了记忆材料的全部内容，也就是说我们记忆提纲和记忆完整的记忆材料的效果是一样的，但是记

尽可能地促进你的记忆

　　通过探寻已知的和新的信息的关系，给你想要记住的信息不断灌输含意。对事情作个人判断，会大大增长记事的机会。除了列提纲外，简述、重述、问问题、勾画、表演、讨论等手段也是不错的选择。

忆提纲却能节省很多时间；第三，提纲像正常的文章那样，时间、地点等各种因素俱全，它只要概括出主要内容就可以，因此在行文上异于常规文章，同时因为篇幅短小，有一种"小清新"的感觉，能给人留下深刻的印象；第四，编制提纲，能够把记忆材料内部的各种联系全部整理清楚，使人们分清材料内容的主次，条理分明、层次分明，做到有针对性地记忆，加速记忆过程；第五，提纲语言简洁，表达意思直接明了，集中了材料中所有内容的精华，自然方便人们记忆。

提纲记忆法的运用

提纲记忆法条理分明，虽然简化了记忆材料，却保留了记忆材料内部的联系，是提高记忆效果和记忆效率的重要方法。那么，究竟应该怎样运用提纲记忆法呢？

第一，要熟读并且分析记忆材料，找到记忆材料内部的各种关系和其基本的脉络，为编写提纲打下坚实的基础，并做好充分的准备。提纲毕竟是对记忆材料的概括，因此熟读并且掌握记忆材料的主要内容是十分重要的；另外，所谓概括，既不能脱离原材料的主要内容，又必须要把整个材料内容用简洁的语言表达出来，这就要求我们必须对材料进行分析，找准材料中的主要内容和主要关系，这样才能编制出最准确的提纲。

第二，发挥大脑对信息的组织能力，对记忆材料进行概括和综合。这是使用提纲记忆法最主要的步骤。在概括材料时，一定要抓住记忆材料的重点和主干，并且把要记忆的材料纳入到大脑原有的知识中，使其变得条理化。只有对材料进行概括和综合之后，才有了编制提纲的根据。

第三，在深刻理解材料内容，把握材料中的各种关系的基础上，用文字的形式编制出提纲。要用自己的语言，把经过分析和综合并储存在大脑中的内容表现出来，甚至在有必要的情况下也可以和别人进行讨论，避免自己编制的提纲不够完美。

这样编制完成提纲之后，就为人们使用提纲记忆法进行记忆打下了良好的基础。然后，只要按照提纲进行记忆，记忆材料中包括的所有主要内容，我们就全部都能记住。

编制提纲并不是千篇一律的，必须要根据记忆材料的具体篇幅、分量、内容等实际情况进行编制。同时，要根据记忆材料的主要内容，分清主次和关系，明确各个部分内容在材料中所占的地位，以主干为中心进行编制。同时，提纲是为自己服务的，因此必须要用自己的语言进行编制、概括和表述，这样才能最有效地提高记忆效率。当然，使用提纲记忆法之后，复习必不可少，如果不复习，即便是提纲做得再简便、再方便，一段时间之后仍然会忘记材料的内容。

第八节
细节观察法

什么是细节观察法

细节观察法是指有意识地抓住或认准事物的某些细节，并且积极地进行观察，从而达到记忆某些事物的目的。一般来说，细节观察得越具体、越细致，人们对事物的记忆就越深刻。

大多数人都应该有这样的体会，自己清楚仔细观察过的事物，记忆会很深刻，相反，走马观花似的看过的事物，则很难清晰地记忆。就像是记一辆汽车，如果它停放着让人们仔细看，那汽车的各个方面肯定都能被记住；如果是汽车从人们的身边飞速行驶过去，只来得及看一眼，那人们除了能够记住汽车行驶起来很快之外，其他的一定全都记不住。

当然，并不是说所有人们仔细观察过的事物，都能够储存到人们的记忆中，有些时候，人们虽然仔细观察过一些事物，却仍然记不住，这是因为人们对它完全没有兴趣。事物是否能储存到人的大脑中，最关键的一点是人们是否对它感兴趣。事实上，使用细节观察法使用的前提，就是人们对事物有一定的兴趣。

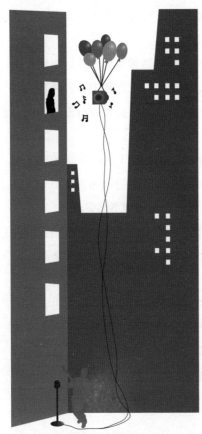

图片可以为小故事增添许多情境。联系图片读故事时，就能记住更多的细节。

人们对自己感兴趣的容易记忆

那么为什么人们对感兴趣的事物进行仔细观察后，就能够把它储存到自己的记忆中呢？

仔细观察能让人们对事物认识和理解更深刻

人们对一件事物理解越深刻，记忆就越清晰，就像学生学习各种知识一样，对知识理解越透彻，记忆就越深刻，运用的时候也会越轻松。人们观察事物的过程，实际上就是一个对事物进行认知和理解的过程，这个过程越仔细，能观察到的东西就越多，能找出来的信息也就越多，对事物的理解就会越深刻。就像电视中的警察处理各种案件一样，为什么警察要无数次地勘察案发现场，就是为了能够找到对破获案件有帮助的各种信息，很多时候案件的告破，都是因为警察在无数次的观察案发现场之后，发现了有用的信息，才找到真正的罪犯。

另外，人们经过仔细观察，理解了一些信息之后，就能够用自己的语言把信息描述出来，这同样有助于人们记忆信息。比如某些物品的使用说明书，一般说明书都会做得非常仔细，各种各样有用和没用的步骤全部集中在一起，但是有时候这种仔细代表的就是非常乏味，不能引起人们的兴趣，甚至有时候会让人们无法弄清楚。这种时候人们就可以通过仔细观察，找到每个步骤的核心内容或先后次序，把这些东西用自己的语言表述出来。人们对于自己的语言的理解一定是非常透彻的，这样人们就会对整个说明书中重要的内容记忆深刻，长时间都不会忘记。

观察的本身就是进行编码

观察事物的过程，本身就是一个对和事物有关的信息，进行编码的过程。编码是各种信息转变成记忆的第一步，人们在观察事物的时候，会得到各种各样的信息，这些信息输入到大脑中后会自动进行编码，并且储存到记忆系统中，最后形成记忆。

仔细观察有助于记忆

仔细观察有助于把事物的信息，与人们已有的记忆进行联系，帮助人们记忆。把事物或者是记忆信息和已有的记忆进行联系，是人们记忆的一个重要方式。人们有意识地观察某种事物需要用到的人体器官主要是眼睛，但是，在人们观察事物的过程中，并不是只有眼睛在运动，大脑同样也在进行着各种活动。人们观察事物时所得到的信息，会通过眼睛传输到人们的大脑中，大脑会自动把这些信息和已有的记忆进行联系。观察越仔细，观察时间越长，得到的信息就越多，和大脑中已有记忆的联系也就越多，人们的记忆就越深刻。比如说人们观察一件古代的艺术品，在观察的同时，可以把大脑中已知的艺术品的年代、作者、材料等和其紧密地联系起来，这样人们对这件艺术品的印象一定非常深刻。

细节观察法在现实生活中的应用非常广泛，人们能用它记忆的事物有很多，包括教别人使用某些东西、记忆在商店中看到的某种物品、记忆新认识的朋友、某种物品的介绍、和别人讨论某种物品等。

第九节

外部暗示法

什么是外部暗示法

外部暗示法是指当人们不能回忆出某些事情时，可以通过外部的一些辅助工具的帮助，或者是外部环境的改变，把不能回忆出来的事情回忆起来；另外，人们在进行记忆活动时，不一定把所有的信息全部都记忆到大脑中，有些信息可以通过外部的辅助工具来帮助人们记忆。总之，外部环境和一些辅助工具的帮助，对人们进行记忆活动有很大的帮助。

把所有的信息都写下来，是一种非常有效的记忆方法。在日常生活中，很多信息非常重要，需要人们仔细记忆。但是人们的大脑容量是有限的，同时接收很多重要的信息，不可能全部记住，如果把所有信息全都用大脑去记忆，很容易会造成大脑疲劳；另外，人们每天虽然看似有很多时间，但是却并不能把所有的时间全部拿出来进行记忆活动，同时大脑也需要休息和补充营养。也就是说，虽然人们每天都需要记忆很多信息，但是却不能全都用大脑去记忆，需要一些外部辅助手段，来帮助人们进行记忆活动。如果能够用自己所在的外部环境中的一些工具来帮助和提示自己，那么人们的大脑就可以进行其他的活动或者是休息。事实上，大多数人都会

对于一些重要的事宜或工作计划，人不可能像电脑记得那样清楚，我们可以利用电脑这样的外部辅助工具为我们服务。

用外部辅助工具，来帮助自己记忆和提示自己回忆。

利用辅助工具进行记忆

在日常生活中，最常用的辅助工具是笔记本、日常表和约会簿，人们会把自己需要记忆的一些信息记录在里面，在需要的时候看一下，这就能够帮助人们记住或回忆起这些信息。比如一些工作非常忙碌的人，他们会把每天要做的事情都记录下来，随时翻看，这样就不应再花费时间去记这些事，让自己的大脑去思考其他的事情。

随着科技的发展，电脑、录音机等高科技产品逐渐成为辅助人们记忆的主要工具。比如说我们在参加会议或者是对别人进行采访时，会在短时间内得到大量有用的信息，但是这些信息我们却不能全部用大脑记住，这时候就可以用录音机把别人说的话全部都录下来，等到事情结束之后再进行整理，避免一些重要信息被遗忘。

外部辅助工具：笔记本

对中等及严重的遗忘症患者来说，笔记本是一个非常有用的外部辅助工具，可以帮助患者改善日常生活。

学习使用笔记本的 3 个步骤：

◎ 获知阶段：了解笔记本的不同栏目；

◎ 应用阶段：研习相似场景以便学习对其使用；

◎ 适应阶段：在日常生活中的各种情况下使用笔记本。

实用的建议：

◎ 使用"每日"分类的日程本；

◎ 使用不同颜色的水彩笔来区分信息；

◎ 如果需要，可使用图表；

◎ 如果必要，使用"荧光笔"来 书写。

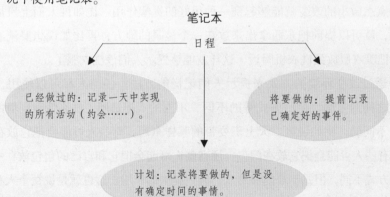

笔记本

日程

已经做过的：记录一天中实现的所有活动（约会……）。

将要做的：提前记录已确定好的事件。

计划：记录将要做的，但是没有确定时间的事情。

传记：标出所有重要的事件发生的时间。　　个人印象：记下所有印象感觉。

路线：习惯的路线图。　　电话簿：个人电话号码。

账单：记录日常购物清单。

记忆和新的科技产品

电脑、光碟机、网络、手机……它们正在涌入我们的世界，不要抵制它们，更重要的是，不要因为不会使用它们而陷入恐慌。不用拼命记忆对你来说几乎是不可能记住的使用说明书，而应该多看几遍这种设备的操作示范，然后用你自己能够理解的话，在纸上记下各个步骤，接下来要动手操作几次，以使自己熟悉这个新工具的整个使用过程。

辅助工具对人们的记忆活动有很大的帮助。但是这并不能说明辅助工具起到的全是正面作用，有时候，辅助工具也会起到一些不好的作用。

人们在进行记忆活动的时候，不仅能够记住各种信息，还能够充分利用和开发大脑的记忆能力。大脑记忆能力的充分开发，对人们进行各种社会活动，会产生积极的影响。但是如果记忆任何信息都要借助外部辅助工具，那就会阻碍大脑的思想训练，从而阻碍大脑记忆能力的开发，使人们产生一种懒惰的心理和情绪，对人们进行各种社会活动产生消极的影响。同时，对外部辅助工具过分依赖，也容易对个人的独立性产生不利的影响。

通过改变外部环境提示人们记忆

外部环境的改变，同样能提醒人们记住某件事情。人们对于自身所生活的外部环境都是非常熟悉的，一旦这个环境中的某一点发生了变化，就会对人们起到一种暗示的作用，提示人们应该去做某些事情了。这种改变其实并不需要多么大的场面，有时候只是一点点微小的改变就能够起到一种很好的提醒作用。比如说人们上班需要带上某些东西，就可以提前把东西拿出来放在一个显眼的地方；再比如说想要洗衣服，就可以提前把脏衣服放到洗衣机附近，这样就能够提示人们该洗衣服了。

这种通过改变环境的方式来提示人们记忆的方法，任何人都可以使用，但是由于人与人之间的习惯、生活方式等的不同，不同的人记忆同一件事情对环境的改变方式可能是不同的，比如说第二天上班要带的某样东西，有些人可能会把它放在客厅的茶几上、有些人可能会把它放在门口，还有些人可能会把它和自己的包包放在一起，虽然改变的方式不同，但是却都能够对人们起到提醒的作用。这也就是说每个人在使用这种方法的时候，都必须要按照自己平时的习惯去改变外部环境，不要因为别人的方法比较好就去模仿别人，否则的话很可能环境被改变了，却没有起到提示的作用。

使用改变外部环境来提示人们记忆的方法，还有一条重要的原则，就是不能拖延，这一点至关重要。只要一想到以后要做的事情，一定要在第一时间选择出正确的提示方式，不然的话很可能在一段时间之后就忘记了自己需要做的事情。

第十节
虚构故事法

什么是虚构故事法

　　虚构故事法是指当人们需要记忆很多信息和事物，并且这些信息和事物相互之间没有联系的时候，可以运用自己的联想，把这些故事和信息变成一段简单有趣的小故事，来帮助人们记忆的一种方法。

　　比如说，人们要记忆"红塔山、狂奔、喜欢、足球、绊倒、汽车、啤酒、警察、哥哥、惊醒"这些词语，就可以运用自己的联想，编出一个小故事来对这些词语进行记忆。

　　有一天，小明抽着一根红塔山走在黑夜之中的马路上，突然从路边蹿出来一条狗，并且直接向小明狂奔了过来，小明很害怕，心想这条狗不会是喜欢上自己了吧，可是自己的内心接受不了啊，于是他掉头就跑。可是跑着跑着，突然被一个足球绊倒。小明站起来继续跑，可是这时候却发现狗已经开着汽车追了上来。小明见跑不过，于是停下来，掏出一瓶啤酒对追上来的狗说："你先喝点酒歇歇，我继续跑，一会儿你再追。"于是他继续向前跑。过了一会儿，他突然看见了一个警察站在路上，于是跑上去对警察说："后面有一条狗酒驾。"于是警察把狗抓了起来。这个时候狗才有机会对小明说："我是你失散多年的亲哥哥啊！"于是，小明从梦中惊醒了。

　　从这些词语表面上的意思来看，它们似乎没有任何关系，这也导致了人们所编的这个故事并不符合实际情况，非常具有离奇的色彩。可能有人在听了这个故事之后会

记忆与故事

　　故事是培养想象力必不可少的源泉。孩子们非常喜欢故事，并且经常把他们自己的形象编进故事里。成年人可能不会像孩子那样把自己编进故事里，因为他们必须坚定不移地立足于现实。经常编造一些故事，并构造一个情节，运用一些轶事来充实它，使人物真实化，是激发记忆力和想象力的一种很好的方法。

记忆力测试

注视下面这些人脸 1 分钟，然后盖上图片，试着回答后面的问题。

1. 其中有几个男性，几个女性？

2. 其中有几个人戴着眼镜？

3. 其中有几个女人戴着耳环？

4. 其中有几个人戴着帽子？

5. 其中有几个人侧着脸？

6. 其中有几个人穿着绿色的衣服？

你所看到的内容很大程度上取决于你的个人喜好。如果你发现有一张面孔很好看或是与众不同，你的眼球会被它所吸引，你就会更多地注意它。这种趋势会导致其他一些可能同样有趣的细节被忽视。

嗤之以鼻，认为这就是胡编乱造，没有任何的意义。确实，这个故事并没有任何意义，但是，人们编这个故事的根本原因并不是为了讲故事，也不是为了娱乐听众，而是为了要记忆那些看起来没有任何关系的词语。从结果上看，人们要记忆的词语都被编到了这个故事当中，如果把这个故事背诵熟练，那么人们所需要记忆的词语就全部都能记住了。也就是说，为了记忆某些信息而编造一个不符合实际的故事，这种做法是有很大效果的，人们可以通过这样的方式来记住自己需要记忆的东西。其实这种方式就是运用了虚构故事法。

从故事中可以看出，虚构故事中运用到的最重要的大脑思维活动就是联想，人们需要通过联想把一些不存在任何关系的信息联系起来，从而达到记忆信息的目的。很多人觉得即便是运用大脑进行联想，也要符合一定的现实，但是实际情况却并不是这样的。就像上面所说的例子，由于需要人们记忆的信息本身并不存在相互关系，导致了这种联想基本上都是不符合实际的，也是没有任何逻辑关系的。

人们在运用虚构故事法进行记忆时，也可以根据实际情况对这种方法进行灵活的改变，比如说当信息实在是太多时，可以不止编一个小故事，而是编几个小故事分别进行记忆；再比如当人们需要记忆更多的细节时，也可以为自己编的小故事配上图片或者图表等情境内容作为提示，使自己可以联系实际情境进行记忆，这样就能记住更多的细节。

如果人们能够掌握虚构故事法，将会对记忆活动有很大的帮助，特别是在记忆材料复杂并且繁多的时候，运用这种方法更能起到非常好的作用。

正确运用虚构故事法帮助记忆

当然，虚构故事法虽然对人们的记忆有很大的促进作用，但是在运用这种方法的时候，还有一定的原则需要遵守。

第一是人们在使用虚构故事法进行记忆活动的时候，必须要按照人们需要记忆的信息的顺序去编故事，不能把信息原有的顺序颠倒或者打乱。实际上这一点也可以算是虚构故事法的缺点和局限性。就像前面的那个例子，如果有人问足球是出现在喜欢之前还是喜欢之后的时候，如果变化了信息的顺序，人们就不可能回答出来了。当然，这意味着人们也只能按照特定的顺序来记忆信息，因为当人们在对信息进行回忆的时候，只能通过对整个故事的重新搜索才能回忆出来。

第二是人们运用联想编出来的故事，尽量要具有趣味性。这一点并不是必须要坚持的原则，但是有趣味性的故事和毫无意义并且让人昏昏欲睡的故事相比，人们记忆有趣味性的故事效果会更好，甚至有些人可能根本就不可能记住那些毫无意义的故事，即便这些故事是他们自己编造的。

第三是虚构故事法虽然是运用联想编故事来帮助人们记忆，并且即使人们编出来的故事可以不符合实际情况，也可以让别人听得云里雾里，但是故事必须要让自己能够理解，如果自己都不能弄清楚自己编出来的故事，那么只会让自己的记忆变得一团糟。

利用讲故事的力量

我们言语的记忆随言语的世界而存在。记忆在联想、关联、冲突中活跃。故事在我们的记忆里提供了一个标志或固定信息的原本。这或许有助于解释如果进行几分钟的口头交流——一个故事有定型记忆的效果——人们往往能更好记住刚说过的名字。讲故事作为传承古老文化的习俗逐代承载着记忆。一个美洲印第安人在"记忆绳索"上扣结以纪念特殊场景的传统提供了这种承载的具体实例。其他的文化如收集纪念品、撰写回忆录，或创建备忘录，都有助于人们记忆。

第十一节
逻辑推理法

什么是逻辑推理法

逻辑推理法指的是通过思考、推理等手段，找到各种信息之间的某种规则、逻辑或者是联系，重新规划信息，使信息变得有意义，从而提高记忆力的方法。

思考就是通过大脑思维活动来想一些事情，而推理就是根据一些已知的条件，得出未知的结论。看起来这两种行为确实都和人们的记忆力没有任何的关系，就像一个非常擅长思考和推理的人，即使记忆力很好，也只是在这两个方面相关的事情上的记忆力很好，但是对于其他方面的信息却手足无措，没有这么好的记忆力，这样就导致了很多人都认为逻辑思考能力和推理能力和记忆力没有任何关系。但是事实恰好相反，如果一个人拥有非常好的逻辑思考能力和推理能力，那么这个人的记忆力也能够变得非常好。

运用逻辑推理法促进记忆

第一，思考和推理都是在人们的大脑中进行的活动。经常进行逻辑思考和推理的人，大脑一定非常活跃，得到的锻炼也一定很多，相应地，大脑一定非常发达。而记忆活动同样是发生在人们大脑中的活动，一般来说，人们大脑内部的活动越活跃，人们的记忆效果就会越好。一个发达、活跃的大脑，一定会对记忆活动起到促进作用，使人们的记忆能力显著提高。

运用全脑思考策略

用你的右脑、左脑两个半球：芝加哥大学杰尔·勒维博士说如果你做一项简单的任务只用一个脑半球，注意力集中区域很小；当有复杂、新颖、挑战时，两个脑半球均被运用，那么极佳的大脑状态就会出现。当两个脑半球同步运行时，大脑巅峰效果更易实现。

第二，思考和推理能够提高人们对信息理解的程度。人们对各种信息的记忆程度，与人们对信息的理解和加工程度是分不开的：信息加工和理解得越透彻、越清晰，记忆效果就越好；反之，人们对信息的记忆效果则非常差。逻辑思考和推理本身就是一个对信息加工和理解的过程。思考的过程需要对信息进行分析，这样就能够加深人们对信息的认知和理解，在人们得到自己思考的结果的同时，信息就已经被分析和理解透彻；人们在进行逻辑推理的

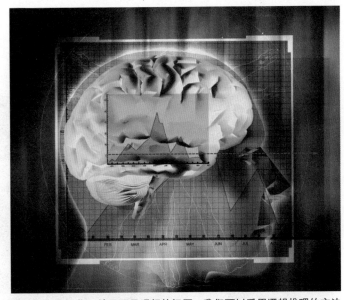

对于不容易记住，并且不易理解的问题，我们可以采用逻辑推理的方法进行记忆，以此大力提高记忆效果。

时候，同样需要对各种信息进行分析，这样才能推理出正确的结论，因此在推理的过程中人们对信息也已经分析和理解透彻了。这也就是说，通过逻辑思考和推理的方式，人们能够记忆各种各样的信息。

第三，复杂信息的记忆需要运用一些特殊的方法，比如找到不同信息之间的共同点。人们可以通过对共同点的记忆、把共同点当作字钩等方法，来记忆各种不同的信息。逻辑推理的过程本身就是一个找信息之间共同点和不同点的过程，只要能够找到信息之间的共同点，那么各种信息就能够轻松储存到人们的记忆里。

第四，当信息以一个完善的逻辑体系的方式，储存在记忆系统中时，一旦人们遇到问题，记忆系统中的信息结构就能被迅速调动起来，并且能够以最快的速度找到解决事情的方法。对信息的逻辑思考和推理能够使各种不同的信息凝结成一个完善的体系，同时由于人们在思考和推理的过程中，对信息的分析和理解非常透彻，导致这种知识形成的体系，会直接储存到人们的记忆系统中，在人们有需要的时候为人们服务。

逻辑推理法同样离不开想象力的帮助，因为在人们进行逻辑思考和推理的过程中，想象力能够帮助人们迅速在各种不同的信息之间建立一定的联系，从而大大方便人们达成逻辑思考和推理的目的。

总之，逻辑推理法不仅能使人们的大脑变得训练有素，大大提高人们的智力水平，同时也能够有效地改善人们的记忆能力，增强人们对各种信息的记忆效果。

记忆力测试

观察下面这幅婚礼的场景，几分钟之后，尽量不看原图，回答图下边的10个问题。

1. 位于图的左侧，绳子下边的动物是什么？

2. 位于图的左侧，穿着红色夹克和白色衬衣的男人手里举着什么？

3. 位于图的右侧的大部分人都是音乐家。是真是假？

4. 在背景上有一只鹳栖息在它的巢里。是真是假？

5. 位于图的上方，从楼上的窗户俯视整个婚礼场景的人是男人还是女人？

6. 一个小女孩正在向新娘身上撒米。是真是假？

7. 新郎的裤子处于什么高度？

8. 新娘礼服的裙摆是红色的。是真是假？

9. 在这个场景里有一个小提琴手。是真是假？

10. 这幅画的作者签名在哪里？

第十二节
联想记忆法

什么是联想记忆法

　　看到了一个事物就会自然想到另一个事物，这就是联想。正是因为有了联想，人们才会将不同的事物之间联系在一起。因此，联想在记忆过程中起着非常重要的作用，人们会自动寻找客观事物之间的关系和联系，然后把关系和联系在大脑中形成相互连贯的线条，这种连贯的线条就是记忆和联想的基础。

联想记忆法的类型

　　联想和记忆有着密切的关系，联想是最重要的记忆法之一。适当地利用联想记忆法，对增进记忆力有很大的帮助。下面我们介绍四种主要的联想记忆法：

　　接近联想法

　　接近联想法，指两种事物之间在空间上同时或接近，时间上也同时或接近，然后在此基础上建立起一种联想的方式。

一项研究显示，人们的信念对其是否记住某件事将产生重要的影响。当给那些害怕蛇的人放映蛇和鲜花的图片时，他们更易于把蛇的图片与恐惧联系起来。

记忆和电影

你很喜欢去电影院或者在电视上看电影，但是却怎么也想不起来刚刚看过的情节，即使当时看的时候觉得非常有意思。遇到这样的时刻，不要担心，这是很正常的。当观众时，你只是在被动地接受信息，重要的感官系统基本上都没有得到锻炼。要是真的想记住电影的情节，在电影开始播放最后的致谢名单时，就应该开始积极地记忆：总结电影的情节，回忆你喜欢的或是让你印象深刻的场景，评价各个角色在剧中的表现……还有，不要忘了跟你的朋友们一起讨论这部电影。

首先举例说明空间联想，例如，有时候很熟悉的外语单词，到用的时候一下子就想不起来了，可是这个单词在书本的什么位置却清晰记得，这样我们就可以想一下这个单词前面是什么词、后面是什么词，这样持续地联想，往往对想起这个单词有很大的帮助。因为这个单词与前面的单词、后面的单词位置很接近，所以在空间上建立起了一种联想。

我们再举例说明时间联想法，例如，一个人去参加女儿的毕业典礼，在毕业典礼上他和他的女儿拍了张照片，可后来他却发现找不到了。于是这个人就回忆当时是在什么情况下丢的。他晚上回到家还和全家人看了照片，看完后他想着放到一个比较容易找到的地方，等买到相册，放到相册里。晚上 11 点多他上床睡觉，那照片放到哪儿了呢？突然，他想到是顺手放到了床头柜里了。这就是在时间上建立起来的联想。

相似联想法

相似联想法，即一个事物和另一个事物类似时，往往会看到这个事物从而联想到另一个事物。相似联想突出了事物之间的相似性和共同的性质、特征。事物相似包括原理相似、结构相似、性质相似、功能相似的事物。

结构相似是指事物从外观构造上相似。例如，以青为基本字，组成"情、请、晴、清"等字。由于这几个字字形相似，所以很容易引起联想。

性质相似又可以分为形态相似、成分相似、颜色相似、声音相似等。例如，利用声音的相似词语来代替被记材料，我国唐代以后的五代：梁、唐、晋、汉、周，记起来比较不容易，顺序也会颠倒。因此，以"良糖浸好酒"来代替很容易记忆。

原理相似和功能相似也是这个道理。总之，通过记忆两者之间的相似性和共性，便可在记忆中发挥很好的作用。如果在学习中能准确到位地使用相似联想法，会有助于提高记忆效果。

对比联想法

对比联想法是由一事物想到和它具有相反特征的方法。也就是说通过对各种事物进行比较，抓住其特有的性质，从而帮助我们增强记忆力。如，抗金英雄岳飞庙前有这样一副楹联，写的是"青山有幸埋忠骨，白铁无辜铸佞臣"。"有"和"无"是相反，"埋忠骨"和"铸佞臣"是对比。我们只要记住这副对子的上句，下句通过对比联想，毫不费力就记住了。由于客观世界是对立统一的关系，所以联想事物之间既存在共性也存在对立性。如，由黑想到白，由大想到小，由温暖想到寒冷等。

关系联想法

关系联想法是由原因想到结果、由结果想到原因、由局部想到整体，或者由整体回忆起局部的方法。在我们学习过程中，有许多材料能用到关系联想这种记忆方法，通过此方法可以有效地达到我们记忆的目的。例如，你想不起很多年前的一次考试或者一场比赛的结果了，但是你能想起你当时非常沮丧，朋友和家人都安慰

当我们第一次观看图画时，细节更重要。比如，教人打高尔夫球，得分会使他们对"标准杆数"产生一个更好的背景理解。

你了。根据这个结果，你很可能就会回忆起你在考试或者比赛中的表现，这就是从结果推导原因的一种联想。

综上所述，大多数人都会通过联想记忆东西。比如你银行卡密码的设置时是生日或是你喜欢的数字等。相反，如果有些事物和我们知道的东西联系不起来，我们要如何记住它们呢？这时，你就要发挥丰富的想象力了。当一个人想记住一些东西，他就会用自己想象力量唤起埋藏于内心的情景和图像，然后将这些情景和图像储存在心里。如你想记住西奈山的启示，你只需要想象一下，你站在以色列人当中聆听先知摩西颁布"十诫"时的情景，你会牢牢记住它。这是一种联想记忆的能力。

联想是记忆的重要手段，能够强化记忆。我们在记忆和学习新事物时，要善于想象，不能局限于一种联想法的应用。另外，联想会受一些因素的影响，对于新形成的联想就容易回忆，如最近看过的电影就比以前看过的电影容易回忆。联想反复使用的次数越多越不容易忘记，如乘法口诀。我们应该积极、主动、充分发挥联想在记忆中的作用，以提高记忆水平。

第十三节
罗马房间记忆法

罗马房间记忆法的应用

罗马人是记忆术的伟大发明者和实践者。在当时，他们构建了一种很流行的记忆方法，那就是罗马房间记忆法。

罗马房间记忆法充分运用了左右脑的功能，因而这种方法可以很好地检验左脑和右脑皮层，以及各种记忆方法的应用情况。使用罗马房间记忆法需要在大脑中建立精确的结构和次序，还需要大量的想象和联想。罗马人想象的是通过房子和房间的入口，

记忆力测试

认真观察下面这 12 幅图，将它们分成组来帮助记忆。几分钟之后，盖上它们，开始回忆所有的图。

然后将尽可能多的物体和各式家具塞满房间，他们把每件物体和每件家具与要记忆的事物联系起来。

记忆的对象无限制

这种记忆法对想象没有限制。你可以迅速想一下房间的形状，要怎样设计，接下来想在房间里应该放的东西。这些完成后，拿出一张白纸画出你想象到的房间，无论是平面图、效果图或是艺术家式的绘画都可以，然后在布置的事项上标上名称。刚开始时，你可以先标 10 个特定位置的注意事项，慢慢扩大到 15 个、20 个、25 个、30 个等。以此类推，不断增加。所以说罗马记忆法凭借想象，能够想记多少就记多少。

使用此记忆法时，无论是联想还是设计挂住信息的记忆"挂钩"，大脑会发挥想象力、文字、数字、空间和色彩等功能。同时随着挂钩的增加，记忆的信息也会大量地增加。在大脑中信息可以变，但挂住信息的"挂钩"是固定的。当把房间内的挂钩都按照顺序设计好后，一定要不断地在房间里"虚拟漫步"，把所有挂钩的顺序、位置和数目牢牢记住。

在演讲中的应用

例如，古罗马著名演说家马库斯·图留斯·西塞罗，他在自己的演说中应用的就是"罗马房间记忆法"。他通过想象将演讲中的话题和自己房间中的物品绑在一起记忆。

在演讲之前，西塞罗把演讲的事项放到了想象的房间，并与房间内的结构、物品联系在一起。他想象着他的房间：前门两边有两根巨大的柱子，两位新任部长在入口处分别抱着那两根柱子；走廊的中央有一尊精美的希腊雕像，希腊雕像正穿着由大设计师设计的新军装；客厅里有一张大沙发，那张大沙发上扎进了一支锋利的箭，旁边放着一顶光彩夺目的头盔，铮亮的鞋子紧挨着头盔；厨房在客厅的左侧，在厨房里，一匹马正在吃着地上的干草；厨房旁边有一个楼梯，运动员在楼梯上跑上跑下；楼上是一间卧室，里面有张大床。一个胖官员慵懒地躺在床上，手里拿着"最佳官员"的勋章。

到了西塞罗演讲的那一天，他站在观众面前，开始了他的房间"虚拟漫步"。首先映入他脑海的是前门入口处的两根巨大的柱子，两根柱子旁边分别是新任命的部长。走廊中的希腊雕像看上去格外不同凡响，原因是这位希腊女神穿着由乔治乌斯·阿玛尼乌斯设计的新军装。接下来他又来到了客厅，看到了沙发上的三样东西：一支锋利的箭、耀眼的盔甲和铮亮的鞋子。然后西塞罗又注意到了左侧的厨房，里面有一匹马，他马上想到了"护理马匹"的宣传活动，着重强调冬季要及时护理马匹。西塞罗继续着他的漫步之旅，他想上楼去自己的卧室，看到几十个运动员在楼梯上来回跑，他上不了楼。这让他联想到"下个月即将召开的运动会"。西塞罗最后走进了卧室，看到一个胖胖的官员舒服地躺在床上睡着了。"这是他应该享受的，教育部门还为这些优秀官员组织了到夏威夷岛度假。"西塞罗大声地向观众说。

在日常生活中的应用

在我们日常生活中，也可以用罗马记忆法记住第二天需要做的事情。当然，这并不代表人们使用的记事本、日历、即时贴，这些记忆工具要退出历史舞台，而是我们在没有记事本、即时贴的时候想记住东西，就要使用记忆术了。

罗马人把记忆当作一项重要的资产，他们开发各种记忆术并在日常生活中不断实践。现在和过去，人们所使用的记忆术没有多大差别，唯一区别就是娴熟程度。因此，用罗马房间法做记忆练习时，既要单独做练习，也要和朋友们一起做，直至做到很熟练的程度。

很多人都喜欢这种方法，他们在纸上列出来几百件需要记住的东西，然后放入记忆房间里。接着用大脑皮质的整体功能去精确记住房间里每一个东西的位置、顺序以及数量，同时用感觉器官去接收各种色彩、气味和声音，也可以说在记忆房间里做了一次"精神漫步"。在这漫步的过程中，每一件物品都会提醒你该说的、该做的事情，你也就不会遗忘了。

记忆力测试

1.观察右边的这幅图并进行记忆。尽量详细并且大声地描述公寓，指出屋子里每一个对象的具体位置，在对象和固定的物体间建立起联系。如果没有足够的固定对象供你使用，你可以创造出其他可供提示的项，并在大脑中构建可以代表这些联系的表象。如一个室内装修师一样，把房间分割成一块儿一块儿的，并且勾画出路线图。

2.现在闭上双眼，在脑海中呈现整个房间以及屋子里的所有摆设。再次回顾。

3.遮住上图，迅速转到左图。

4.观察左图，和上图进行比较，找出5个被移位的对象，5个新添对象，还有5个被去除的对象。

第十章
对症下药，各科记忆有良方

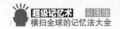

第一节
外语知识记忆法

采用适当的记忆法提升学英语的兴趣

很多人在学习英语的过程中遇到的最多的问题就是记不住单词。这在很大程度上影响了对英语的学习兴趣，英语成绩自然上不去。一些人认为背单词是件既吃力，又没有成效的苦差事。实际上，若能采用适当的方法，不但能够记住大量的单词，还能提高对英语的兴趣。我们下面来简单介绍几种单词记忆的方法，这些方法你可以用思维导图的形式总结下来：

1. 谐音法

利用英语单词发音的谐音进行记忆是一个很好的方法。由于英语是拼音文字，看到一个单词可以很容易地猜到它的发音；听到一个单词的发音也可以很容易地想到它的拼写。所以，如果谐音法使用得当，是最有效的记忆方法，可以真正做到过目不忘。

如英语里的2和to，4和for。quaff n./v. 痛饮，畅饮。记法：quaff音"夸父"→夸父追日，渴极痛饮。hyphen n. 连字号"-"。记法：hyphen音"还分"→还分着呢，快用连字号连起来吧。shudder n./v. 发抖，战栗。记法：音"吓得"→吓得发抖。

不过，像其他的方法一样，谐音法只适用于一部分单词，切忌滥

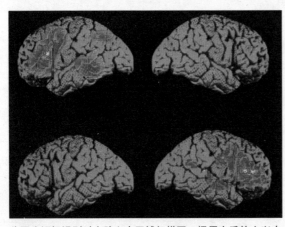

此图为词汇识别时大脑兴奋区域扫描图。惯用右手的人兴奋区域在顶部，惯用左手的人兴奋区域在底部。被监测者正在思考他们听到的（英语单词）名词的动词形式。大脑兴奋以脑血液流量来表示，血流量多则显示为红色，血流量少则显示为黄色。

用和牵强。将谐音用于记忆英文单词并加以系统化是一个尝试。本书在前面已经讲过：谐音法的要点在于由谐音产生的词或词组（短语）必须和词语的词义之间存在一种平滑的联系。这种方法用于英语的单词记忆也同样要遵循这个要点。

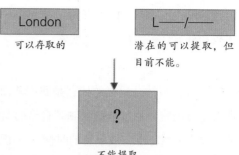

London	L——/——
可以存取的	潜在的可以提取，但目前不能。

?

不能提取

当存储的信息不能提取时，"舌尖现象"就出现了。如："英国的首都是哪儿？"答案可能知道，潜意识中知道，或者根本不知道。

2. 音像法

我们这里所说的音像法就是利用录音和音频等手段进行记忆的方法。该方法在记住单词的同时还可以训练和提高听力，印证以前在课堂上或书本里学到的各种语言现象等。

例：There's only one way to deal with Rome，Antinanase You mustserve her，you must abase yourself before her，you must grovel at her feet，you must love her.

3. 分类法

把单词简单地分成食品、花卉等，中等的难度可分成政治、经济、外交、文化、教育、旅游、环保等类，难一些的分类是科技、国防、医疗卫生、人权和生物化学等。这些分类是根据你运用的难度决定的。古人云"举一纲而万目张"，就是有了记忆线索，那么就有了记忆的保证。

简单的举例，比如大学一、二、三、四年级学生分别是 freshman、sophomore、junior、senior student，本科生是 undergraduate，研究生 postgraduate，博士 doctor，大学生 college graduates，大专生 polytechnic college graduates，中专生 secondary school graduates，小学毕业生 elementary school graduates，夜校 night school，电大 television university，函授 correspondence course，短训班 short-termclass，速成班 crash course，补

借助心理成像法学习词汇

心理成像和其他记忆技巧一样，可以帮助学习外语词汇。这一方法在 20 世纪 60 年代很流行，后来的研究也都证实了其效力，它还可以用来记忆母语的拼写。这种方法如被很好地应用，能帮助我们在短时间内记忆大量的词汇或句子。然而，在长期记忆中，这种方法并不比其他方法更优越，所以后来被语言实验室取代了——它能保证更好的效果。

传统课本和阅读一直是运用最广泛（因为被证明最有效）的学习形式，扮演着补充其他方法的角色。

习班 remedial class，扫盲班 literacy class，这么背下来，是不是简单了很多？而且有了比较和分类自然就有了记忆线索。

4. 听说读写结合法

听说读写结合记忆的依据是我们前面所讲到的多种感官结合记忆法。我们可以把所有要背的资料通过电脑录制到自己的 MP3 里去，根据原文可以录中文，也可以录英文，发音尽量标准，放录音的时候，一定要手写下来，具体做法是：

第一次听写放一个句子，要求每个句子、每个单词都写下来；以后的第二、第三次听写要求听一句话，只记主谓宾和数字等（口译笔记的初步），每听一段原文，暂停写下自己的笔记，然后自己根据笔记翻译出来；再以后几次只要听就可以了，放更长的句子，只根据记忆口述翻译就可以了，这个锻炼很有意思，能把你以前的学习实战化，而且能发现自己发音不准确的地方，能听到自己的声音，知道自己是否有这个那个的问题有待解决。

学英语，记单词，应该走出几个误区：

（1）过于依赖某一种记忆方法。

现在书店里的那些词汇书都在强调自己方法的好处，包治所有词汇。其实这都是片面的，有的单词用词根词缀记忆好用，有的看单词的外观，然后发挥你的形象思维就记下了，有的单词通过把读音汉化就过目不忘。所以千万不要迷信某一种记忆方法。

（2）急功近利。

不要奢望一个月内背下一本词汇书。也有同学背了三天，最多坚持一个星期就没信心了。强烈的挫折感打败了你。接下来就没有动静了。所以要循序渐进，哪怕一天背两个单词，坚持下去就很可观。

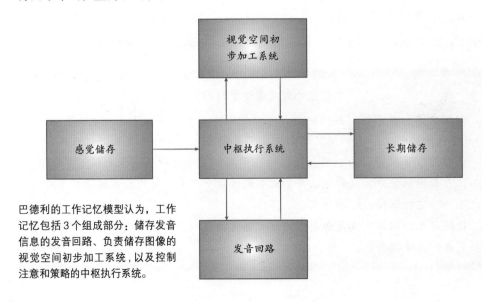

巴德利的工作记忆模型认为，工作记忆包括 3 个组成部分：储存发音信息的发音回路、负责储存图像的视觉空间初步加工系统，以及控制注意和策略的中枢执行系统。

记忆力测试

图中的每个人都同时做着两份工作来维持生计。比如，那张图片里的男士，是Preacher（传教士）也是Teacher（教师）。仔细观察其余的图片，并记住它们。

凑巧的是，图片上的人都身兼两职，两份工作的英文单词互相押韵。
你能把他们的职业都找出来吗？

1. ＿＿＿＿＿＿＿＿＿＿＿＿＿＿＿
2. ＿＿＿＿＿＿＿＿＿＿＿＿＿＿＿
3. ＿＿＿＿＿＿＿＿＿＿＿＿＿＿＿
4. ＿＿＿＿＿＿＿＿＿＿＿＿＿＿＿
5. ＿＿＿＿＿＿＿＿＿＿＿＿＿＿＿
6. ＿＿＿＿＿＿＿＿＿＿＿＿＿＿＿
7. ＿＿＿＿＿＿＿＿＿＿＿＿＿＿＿

答案：
1.Skater and waiter（溜冰者和服务员）
2.Diver and driver（潜水者和司机）
3.Charmer and farmer（魔术师和农民）
4.Fighter and writer（拳击手和作家）
5.Drummer and plumber（鼓手和管道工）
6.Sailor and tailor（水手和裁缝）
7.Chef and ref（厨师和裁判员）

（3）把背单词当作痛苦。

有些人背单词前要刻意选择舒适的环境，这里不能背，那里不能背。一边背单词一边考虑中午吃点什么补充脑力。其实，你的担心是多余的。背单词是挑战大脑极限的乐事，要学会享受它才对。

（4）一页一页地背。

有些同学觉得这页单词没背下，就不再往前翻。其实这样做效率非常低，遗忘率也高，挫折感强，见效也慢。

背单词就是重复记忆的过程，错开了时间去记忆单词，可能会多看几个单词，然后以一个长的时间周期去重复，这样达到了重复记忆的目的，减少大脑的厌倦。

第二节
人文知识记忆法

语文是基础学科

语文是青少年必修的基础学科。语文学习的一个重要环节就是记忆。中学阶段是人的记忆发展的黄金时代，如果在学习语文的过程中，青少年能够结合自身的年龄特点，抓住记忆规律，按照科学的记忆方法，必然会取得更好的学习效果。

下面简单介绍几种记忆语文知识的方法：

1. 画面记忆法

背诵古诗时，我们可以先认真揣摩诗歌的意境，将它幻化成一幅形象鲜明的画面，就能将作品的内容深刻地贮存在脑中。例如，读李白的《望庐山瀑布》时，可以根据诗意幻想出如下画面：山上云雾缭绕，太阳照耀下的庐山香炉峰好似冒着紫色的云烟，远处的瀑布从上飞流而下，水花四溅，犹如天上的银河从天上落下来。记住了这个壮观的画面，再细细体会，也就相当深刻地记住了这首诗。

2. 联想记忆法

这是按所要记忆内容的内在联系和某些特点进行分类和联结记忆的一种方法。

举一个简单的例子。如：若想记住文学作品和作者的名字，我们可以做这样的联想：

有一天，莫泊桑拾到一串《项链》，巴尔扎克认为是《守财奴》的，都德说是自己在突出《柏林之围》时丢失的，果戈理说是《泼留希金》的，契诃夫则认定是《装在套子里的人》的。最后，大家去请高尔基裁决，高尔基判定说，你们说的这些失主都是男的，而男人是不用这东西的，所以，真正的失主是《母亲》。这样一编排，就把高中课本中的大部分外国小说名及其作者联结在一起了，复习时就如同欣赏一组轻快流畅的世界名曲联想一样，于轻松愉悦中不知不觉就牢记了下来。

3.口诀记忆法

汉字结构部件中的"臣"在常用汉字中出现的只有"颐""姬""熙" 3个。有人便把它们组编成两句绕口令："颐和园演蔡文姬，熙熙攘攘真拥挤。"只要背出这个绕口令，不仅不会把混淆这些带"臣"的字，而且其余带"臣"的汉字，也不会误写。如历代的文学体裁及成就若归纳成如下几句，就有助于在我们头脑中形成清晰易记的纵向思路。西周春秋传《诗经》，战国散文两不同；楚辞汉赋先后现，《史记》《乐府》汉高峰；魏晋咏史盛五言，南北民歌有"双星"；唐诗宋词元杂剧，小说成就数明清。

4.对比记忆

汉字中有些字形体相似，读音相近，容易混淆，因此有必要加以归纳，通过对比来辨别和记忆。为了增强记忆效果，可将联想记忆法和口诀记忆法也参入其中。实为对比、归纳、谐音、联想、口诀五法并用。

（1）巳（sì）满，已（yǐ）半，己（jǐ）张口。其中巳与4同音，已与1谐音，己与几同音，顺序为满半张对应4、1、几。

（2）用火烧（shāo），用水浇（jiāo），绕（rào），用手挠（náo）；靠人是侥（jiǎo）幸，食足才富饶（ráo），日出为拂晓（xiǎo），女子更妖娆（ráo）。

（3）用手拾掇（duō），用丝点缀（zhuì），辍（chuò）学开车，啜（chuò）泣噘嘴。

（4）输赢（yíng）贝当钱，螺蠃（luǒ）虫相关，羸（léi）弱羊肉补，嬴（yíng）姓母系传。

（5）乱言遭贬谪（zhé），嘀（dí）咕用口说，子女为嫡（dí）系，鸣镝（dí）金属做。

（6）中念衷（zhōng），口念哀（āi），中字倒下念作衰（shuāi）。

（7）言午许（xǔ），木午杵（chǔ），有心人，读作忤（wǔ）。

（8）横戌（xū）点戍（shù）不点戊（wù），戎（róng）字交叉要记住。

（9）用心去追悼（dào），手拿容易掉（diào），棹（zhào）桨划木船，私名为绰（chuò）号。

（10）点撇仔细辨（biàn），争辩（biàn）靠语言，花瓣（bàn）结黄瓜，青丝扎小辫（biàn）儿。

做间歇回顾

每小时、每天、每周或每月做回顾，通过不间断的学习，信息会被牢记。花越多时间去记忆概念或技巧，记忆就变得越牢固。古代谚语"熟能生巧"说明在学习过程中反应、正确的身体需要。频繁的回顾建构你对事物的规范认识。

5. 荒谬记忆法

比如在背诵《夜宿山寺》这首诗时，大部分同学要花五分钟才能把它背出来，可有一位同学只花了一分钟就背出来了，而且丝毫不差，这是什么原因呢？是不是这位同学聪明过人呢？

在同学们疑惑时，他说出了背诵的窍门：这首诗有四句话，只要记住两个词："高手""高人"，并产生这样的联想：住在山寺上的人是一位"高手"，当然又是一位"高人"。背诵时，由每个词再想想每句诗，连起来就马上背诵出来了。看来，这位同学已经学会用奇特联想法来记忆了。

运用奇特联想法记忆古诗的例子很多，如：《古风》："春种一粒粟，秋收万颗子。四海无闲田，农夫犹饿死。"——"粟子甜（田）死了。"

语文有时需要背诵大段大段的文字。背诵时，应先了解全段文字的大意，再把全段文字按意思分成若干相对独立的层。每层选出一些中心词来，用这些中心词联结周围一定量的句子。回忆时，以中心词把句子带出来，达到快速记忆的效果。如背诵鲁

记忆故事

人们具有听故事、记故事和再向别人讲故事的能力。很久以前，这是我们了解故事的唯一途径。这些故事被一代一代地传讲下去。与记忆相比，我们今天更依赖于书籍。尽管大多数人都知道一些故事，但也许是我们孩提时读过的一些故事书或者是影片中的情节。虽说每个人心中都有一本小说并不一定是事实，但大多数人至少可以讲一个故事。

记忆故事就像往大脑里写书吗？若是这样，故事本身是否有意义就无关紧要：我们仍然可以把它记在心理故事书中，并把它读出来。将下面的故事读给你的朋友听，然后叫他在不回查文本的情况下将它回忆起来。

如果气球爆炸了，爆炸声不会传很远，因为每个人都离气球爆炸的楼层很远。关闭的窗户也阻止了声音的传播，因为大多数大楼都密封得很好。由于整个表演依赖于持续供电，电线断了就会出问题。当然可能会有人喊，但人的声音传得不远。乐器的琴弦也可能会断，这样就没有伴音。很明显，解决这一问题的最好办法是缩短距离。如果面对面地交流，出现的问题将会降到最少。"

被试者不回头查看就很难记住这个故事。研究人员约翰·布兰福德和玛西亚·约翰逊发现，通常被试者只能记住故事中的 3—4 件事情。这个故事没什么意义，因此很难记。现在将右边的图解给你的朋友看，同时，你把故事再读一遍。这次故事就有了更多的意义。布兰福德和约翰逊发现，看了图解的人能记住故事中的 8 件事情，这大约是未见过图解的人所记住事情的 2 倍。这表明，我们对故事的记忆主要取决于我们的理解能力。

记忆力测试

下面的成语，前一个成语的最后一个字，是它后面那个成语的第一个字，这在修辞上叫"顶真"。请在它们之间的空白处填上一个字，使每组成语连接起来。

今是昨（ ）同小（ ）望不可（ ）　　以其人之道，还治其人之（ ）体力（ ）

若无（ ）在人（ ）所欲（ ）富不（ ）　　至义（ ）心竭（ ）不胜（ ）重道（ ）

走高（ ）沙走（ ）破天（ ）天动（ ）　　利人（ ）睦相（ ）心积虑

醉生梦（ ）去活（ ）去自（ ）花　　　　似（ ）树临（ ）调雨（ ）手牵（ ）肠

小（ ）听途（ ）长道（ ）兵相（ ）二　连（ ）言两（ ）重心（ ）驱直（ ）不

敷（ ）其不（ ）气风（ ）扬光（ ）材　小（ ）兵如（ ）采飞（ ）眉吐（ ）象

万（ ）军万（ ）到成（ ）败垂（ ）千　上（ ）古长（ ）红皂（ ）日作（ ）寐

以（ ）同存（ ）想天（ ）天辟地

迅散文诗《雪》中的一段：

"但是，朔方的雪花在纷飞之后，却永远如粉，如沙，他们决不粘连，撒在屋上、地上、枯草上，就是这样。屋上雪是早已就有消化了的，因为屋里居人的火的温热。别的，在晴天之下，旋风忽来，便蓬勃地奋飞，在日光中灿灿地生；光，如包藏火焰的大雾，旋转而且升腾，弥漫太空，使太空旋转而且升腾地闪烁。"

我们把诗文分为3层，并提出3个中心词：

（1）如粉。大脑浮现北方的纷飞大雪撒在屋上、地上、枯草上的图像。因为如粉，所以决不粘连。

（2）屋上。使我们想到屋内人生火，屋顶雪消化的图像。

（3）晴天旋风。想象一个壮观的场面：晴空下，旋风卷起雪花，旋转的雪花反射着阳光，在日光中灿灿地生光。

这样从中心词引起想象，再根据想象进行推理，背这一段就感到容易了。

意大利一所大学的教授做过这样的实验：挑选一位技艺中等的青年学生，让他每星期接受3—5天，每天一小时地背诵由3个数字、4个数组构成的数字训练。

每次训练前，他如果能一字不差地背诵前次所记的训练内容，就让他再增加一组数字。经过20个月约230个小时的训练，他起初能熟记7个数，以后增加到80个互不相关的数，而且在每次联系实际时还能记住80%的新数字，使得他的记忆力能与具有特殊记忆力的专家媲美。

第三节
数学知识记忆法

要学好数学应建立在理解的基础上

学习数学重在理解，但一些基本的知识，还是要能记住，用时才能忆起。所以记忆是学生掌握数学知识，深化和运用数学知识的必要过程。因此，如何克服遗忘，以最科学省力的方法记忆数学知识，对开发学生智力、培养学生能力，有着重要的意义。

理解是记忆的前提和基础。尤其是数学，下面介绍几种在理解的前提下行之有效的记忆方法。学好数学，要注重逻辑性训练，掌握正确的数学思维方法。在这里，主要有以下几种思维方法：

比较归类法

这种方法要求我们对于相互关联的概念，学会从不同的角度进行比较，找出它们之间的相同点和不同点。例如，平行四边形、长方形、正方形、梯形，它们都是四边形，但又各有特点。在做习题的过程中，还可以将习题分类归档，总结出解这一类问题的方法和规律，从而使得练习可以少量而高效。

举一反三法

平时注重课本中的例题，例题反映了对于知识掌握最主要、最基本的要求。对例题分析和解答后，应注意发挥例题以点带面的功能，有意识地在例题的基础上进一步变化，可以尝试从条件不变问题变和问题不变条件变两个角度来变换例题，以达到举一反三的目的。

一题多解法

每一道数学题，都可以尝试运用多种解题方法，在平时做题的过程中，不应仅满足于掌握一种方法，应该多思考，寻找出一道题更多的解答方法。一题多解的方法有助于培养我们沿着不同的途径去思考问题的好习惯，由此可产生多种解题思路，同时，通过"一题多解"，我们还能找出新颖独特的"最佳解法"。除此之外，还可以进行：

口诀记忆法

将数学知识编成押韵的顺口溜，既生动形象，又印象深刻不易遗忘。如圆的辅助线画法："圆的辅助线，规律记中间；弦与弦心距，亲密紧相连；两圆相切，公切线；两圆相交，公交弦；遇切点，作半径，圆与圆，心相连；遇直径，作直角，直角相对（共弦）点共圆。"又如"线段和角"一章可编成：

四个性质五种角，还有余角和补角；

两点距离一点小，角平分线不放松；

两种比较与度量，角的换算不能忘；

角的概念两种分，三线特征顺着跟。

其中四个性质是直线基本性质、线段公理、补角性质和余角性质；五种角指平角、周角、直角、锐角和钝角；两点距离一点中，指两点间的距离和线段的中点；两种比较是线段和角的比较，三线是指直线、射线、线段。

联想记忆法

联想是感受到的新事物与记忆中的事物联系起来，形成一种新的暂时的联系。主要有接近联想、对比联想、相似联想等。特别是对某些无意义的材料，通过人为的联想、用有意义的材料作为记忆的线索，效果十分明显。如用"山间一寺一壶酒……"来记忆圆周率"3.14159……"等。

分类记忆法

把一章或某一部分相关的数学知识经过归纳总结后，把同一类知识归在一起，就容易记住，如："二次根式"一章就可归纳成三类，即"四个概念、四个性质、四种运算"。其中四个概念指二次根式、最简二次根式、同类二次根式、分母有理化；四种运算是二次根式的加、减、乘、除运算。

幼儿学习微积分

一个日本教育者开发了一个课程，包括数学、自然、科学、拼写、语法和英语，所有这些科目都是建立在广泛使用记忆术策略的基础上。例如，故事、歌谣、歌曲。他希望利用开发成果来说明幼儿能够用分数进行数学运算，能够解决代数问题（包括运用二次方程式），能够得出化学式，进行简单的微积分运算，能够用图表表示出分子式结构，学习外语。他的一些关于基础数学计算的记忆术已经在美国被采用了。一项研究表明，三年级的儿童使用这种记忆术策略在3小时内学会了用分数进行数学运算。不仅如此，他们的掌握程度（在3小时之内达到的）可以与按照传统方法已经学习这个科目3年的六年级学生的掌握程度相比。

第四节

化学知识记忆法

对知识的充分理解才能学好化学

和数学一样，要牢牢记住化学知识，就必须建立在对化学知识理解的基础上。在理解的基础上，我们可以尝试以下几种方法：

1. 简化记忆法

化学需要记忆的内容多而复杂，同学们在处理时易东扯西拉，记不全面。克服它的有效方法是：先进行基本的理解，通过几个关键的字或词组成一句话，或分几个要点，或列表来简化记忆。这是记忆化学实验的主要步骤的有效方法。如：用六个字组成："一点、二通、三加热"，这一句话概括氢气还原氧化铜的关键步骤及注意事项，大大简化了记忆量。在研究氧气化学性质时，

有趣味的东西才能引起人们的兴趣，从而激发学习动机。因此，在学习化学的过程中，应该把一些枯燥无味难于记忆的知识尽可能趣味化，这样可以帮助高效记忆。

同学们可把所有现象综合起来分析、归纳得出如下记忆要点：

（1）燃烧是否有火；

（2）燃烧的产物如何确定；

（3）所有燃烧实验均放热。

抓住这几点就大大简化了记忆量。氧气、氢气的实验室制法，同学们第一次接触，新奇但很陌生，不易掌握，可分如下几个步骤简化记忆。

（1）原理（用什么药品制取该气体）；

（2）装置；

（3）收集方法；

（4）如何鉴别。

如此记忆，既简单明了，又对以后学习其他气体制取有帮助。

2. 趣味记忆法

为了分散难点，提高兴趣，要采用趣味记忆方法来记忆有关的化学知识。如：氢气还原氧化铜实验操作要诀："氢气早出晚归，酒精灯迟到早退。前者颠倒要爆炸，后者颠倒要氧化。"

针对需要记忆的化学知识利用音韵编成，融知识性与趣味性于一体，读起来朗朗上口，易记易诵。如从细口瓶中向试管中倾倒液体的操作歌诀："掌向标签三指握，两口相对视线落。""三指握"是指持试管时用拇指、食指、中指握紧试管；"视线落"是指倾倒液体时要观察试管内的液体量，以防倾倒过多。

3. 编顺口溜记忆

初中化学中有不少知识容量大、记忆难、又常用，但很适合编顺口溜方法来记忆。

如：学习化合价与化学式的联系时可记为"一排顺序二标价、绝对价数来交叉，偶然角码要约简，写好式子要检查。"再如刚开始学元素符号时可这样记忆：碳、氢、氧、氮、氯、硫、磷；钾、钙、钠、镁、铝、铁、锌；溴、碘、锰、钡、铜、硅、银；氦、氖、氩、氟、铂和金。记忆化合价也是同学们比较伤脑筋的问题，也可编这样的顺口溜：钾、钠、银、氢＋1价；钙、镁、钡、锌＋2价；氧、硫－2价；铝＋3价。这样主要元素的化合价就记清楚了。

运用积极的想象力

将抽象的信息视觉化为具体的印象是许多记忆术的基础。运用到想象力的一种方法是将你想要记住的事物在脑海中"快照"下来：聚焦，成像，然后说："这东西值得一记。"另一种记忆工具是视觉化能帮助你放松的事实和期望的东西。放松警觉的状态最有利于学习。印象化可以改变体内化学成分并更好地控制身体／大脑。请允许你活跃的想象力任意创造乐趣、幽默、荒谬和虚幻。这些印象将会强而有力。再将它们色彩化、三维化、动感化、动作化、现实化或虚拟化。想象力只属于你自己：将它组织好，是你将来学习恢复记忆的有力手段。

4. 归类记忆

对所学知识进行系统分类，抓住特征。如：记各种酸的性质时，首先归类，记住酸的通性，加上常见的几种酸的特点，就能知道酸的化学性质。

5. 对比记忆

对新旧知识中具有相似性和对立性的有关知识进行比较，找出异同点。

6. 联想记忆

把性质相同、相近、相反的事物特征进行比较，记住他们之间的区别联系，再回忆时，只要想到一个，便可联想到其他。如：记酸、碱、盐的溶解性规律，不要孤立地记忆，要扩大联想。

把一些化学实验或概念可以用联想的方法进行记忆。在学习化学过程中应抓住问题特征，如记忆氢气、碳、一氧化碳还原氧化铜的实验过程可用实验联想，对比联想，再如将单质与化合物两个概念放在一起来记忆："由同（不同）种元素组成的纯净物叫作单质（化合物）。"

7. 关键字词记忆

这是记忆概念的有效方法之一，在理解基础上找出概念中几个关键字或词来记忆整个概念，如：能改变其他物质的化学反应速度（一变）而本身的质量和化学性质在化学反应前后都不变（二不变）这一催化剂的内涵可用："一变二不变"几个关键字来记忆。

8. 形象记忆法

借助于形象生动的比喻，把那些难记的概念形象化，用直观形象去记忆。如核外电子的排布规律是："能量低的电子通常在离核较近的地方出现的机会多，能量高的电子通常在离核较远的地方出现的机会多。"这个问题是比较抽象的，不是一下子就可以理解的。

9. 总结记忆

将化学中应记忆的基础知识总结出来，写在笔记本上，使得自己的记忆目标明确、条理清楚，便于及时复习。

记住首尾记忆原则

要特别留意学习过程的中间阶段，因为大脑更倾向于记忆事情的开头和结尾。在简单实验中，这一自然倾向性是显而易见的。自己试一试。给朋友一个有 20 个化学名称的表单，让他去记尽可能多的词。当你随后提问时，留意忘却的词，看有多少是处在表单的中间位置。

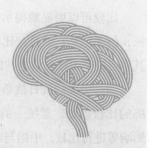

第五节

历史知识记忆法

对历史知识的记忆其实没有那么难

很多同学会对历史课产生浓厚的兴趣，因为它的内容纵贯古今、横揽中外，涉及经济、政治、军事、文化和科学技术等各个领域的发展和演变。但也由于历史内容繁杂，时间跨距大，记起来有一定的困难。所以很多人都有一种"爱上课，怕考试"的心理。这里介绍几种记忆历史知识的方法，帮助青少年克服这种困难，较快地掌握历史知识。

1. 归类记忆法

采取归类记忆法记忆历史，使知识条理化、系统化，不仅便于记忆，而且还能培养自己的归纳能力。这种方法一般用于历史总复习效果最好。

我们可以按以下几种线索进行归类：

（1）按不同时间的同类事件归纳。

比如：我国古代八项著名的水利工程、近代前期西方列强连续发动的 5 次大规模侵华战争、20 世纪 30 年代日本侵略中国制造的 5 次事变、新航路开辟过程中的 4 次重大远航、二战中同盟国首脑召开的 4 次国际会议，等等。

（2）把同一时间的不同事件进行归纳。

如：1927 年：上海工人第三次武装起义、"四·一二"反革命政变、李大钊被害、"马日事变"、"七·一五"反革命政变、"宁汉合流"、南昌起义、"八七"会议、秋收起义、井冈山革命根据地的建立、广州起义。

归类记忆法既有利于牢固记忆历史基础知识，又有利于加深理解历史发展的全貌和实质。

2. 比较记忆法

历史上有很多经常发生的性质相同的事件，如农民战争、政治改革、不平等条约等等。这些事件有很多相似的地方，在记忆的时候，中学生很容易把它们互相混淆。这时候采取比较记忆是最好的方法。

比较可以明显地揭示出历史事件彼此之间的相同点和不同点，突出它们各自的特征，便于记忆。但是，比较不能简单草率，要从各个方面、各个角度去细心进行，尤其重要的是要注意搜求"同"中之"异"和"异"中之"同"。

如：中国的抗日战争期间，国共两党的抗战路线比较。郑和下西洋与新航路的开辟的比较。德、意统一的相同与不同的比较。对两次世界大战的起因、性质、规模、影响等进行比较，中国与西欧资本主义萌芽的对比。中国近代三次革命高潮的异同等。

用比较法记忆历史知识，既能牢固记忆，又能加深理解，一举两得。

3. 歌谣记忆法

一些历史基础知识适合用歌谣记忆法记忆。例：记忆中国工农红军长征路线："湘江、乌江到遵义，四渡赤水抛追敌，金沙彝区大渡河，雪山草地到吴起。"中国朝代歌："夏商西周继，春秋战国承；秦汉后新汉，三国西东晋；对峙南北朝，隋唐大一

记忆力测试

请用 2 分钟时间记住下列时间发生事情。

用纸盖住左边你刚所看到的，请在横线上填上给出的时间所发生的事件。看看你的记忆力如何？

1170 年	托马斯·贝克特被谋杀	1170 年 _____
1215 年	签署《大宪章》	1215 年 _____
1415 年	阿金库尔战役	1415 年 _____
1455 年	玫瑰战争	1455 年 _____
1492 年	哥伦布发现北美洲	1492 年 _____
1642 年	英国内战爆发	1642 年 _____
1666 年	伦敦大火	1666 年 _____
1773 年	波士顿倾茶事件	1773 年 _____
1776 年	《独立宣言》（美国）	1776 年 _____
1789 年	攻占巴士底狱	1789 年 _____
1805 年	特拉法加战役	1805 年 _____
1914 年	第一次世界大战爆发	1914 年 _____
1939 年	第二次世界大战爆发	1939 年 _____
1949 年	北大西洋公约组织成立	1949 年 _____
1956 年	苏伊士危机	1956 年 _____
1963 年	约翰·肯尼迪被暗杀	1963 年 _____
1969 年	人类首次登月	1969 年 _____

统；五代和十国，辽宋并夏金；元明清三朝，统一疆土定。"

应当注意的是，编写的歌谣，形式必须简短齐整，内容必须准确全面，语言力求生动活泼。

4. 图表记忆法

图表记忆法的特点是借助图表加强记忆的直观效果，调动视觉功能去启发想象力，达到增强记忆的目的。

秦、唐、元、明、清的疆域四至，可画直角坐标系。又如隋朝大运河图示，太平天国革命运动过程图示，中国工农红军长征过程图示等等。

5. 巧用数字记忆法

历史年代久远，几乎每年都有不同的大事发生。如果要对历史有一个全面的了解，就必须记住年代。但历史年代本身枯燥乏味，难于记忆。有些历史年代，如封建社会起止年代，只能死记硬背。但也有些历史年代，可以采用一些好的方法。

给大脑休息的时间

为了功能最佳化，大脑需要休息时间以巩固记忆。如果你不给大脑规律的休息，尽管你仍然可以学习，但不会颇有成效。休息时间的数量、长短取决于信息的复杂性和新奇性以及个人以前对信息掌握的多寡。一个很好的规范是，每学习 10—50 分钟，休息 3　10 分钟。

（1）抓住年代本身的特征记忆。

比如，蒙古灭金，1234 年，四个数字按自然数顺序排列。马克思诞生，1818 年，两个 18。

（2）抓重大事件间隔距离记忆。

比如：第一次国内革命战争失败，1927 年；抗日战争爆发，1937 年；中国人民解放军转入反攻，1947 年。三者相隔都是 10 年。

（3）抓重大历史事件的因果关系记年代。

比如：1917 年十月革命，革命制止战争，1918 年第一次世界大战结束；巴黎和会拒绝中国的正义要求，成为 1919 年"五四"运动的导火线；"五四"运动把新文化运动推向新阶段，传播马克思主义成为主流，1920 年共产主义小组出现；马克思主义同工人运动相结合，1921 年中国共产党诞生。

（4）概括为一二三四五六来记。

比如：隋朝的大运河的主要知识点：一条贯通南北的交通大动脉；用了二百万人开凿，全长两千多公里；三点，中心点是洛阳、东北到涿郡、东南到余杭；四段是永济渠、通济渠、邗沟和江南河；连接五条河：海河、黄河、淮河、长江和钱塘江；经六省：冀、鲁、豫、皖、苏、浙。

（5）分时间段记忆。

比如："二战"后民族解放运动，分为三个时期，第一时期时间为 1945 年至 20 世纪 50 年代中，第二时期为 20 世纪 50 年代中至 20 世纪 60 年代末，第三时期为 20 世纪 70 年代初至现在。将其概括为三个数，即 10、15、20 多；因是"二战"后民族解放运动，记住"二战"结束于 1945 年，那么按 10、15、20 多三个数字一排，就可牢固记住每个时期的时间了。

6. 规律记忆法

历史发展有其规律性。提示历史发展的规律，能帮助记忆。例如，重大历史事件，我们都可以从背景、经过、结果、影响等方面进行分析比较，找出规律。如：资产阶级革命爆发的原因虽然很多，但其根源无非是腐朽的封建政权严重地阻碍了资本主义的发展。

在学习过程中，我们可以寻找具有规律性的东西，如：在资产阶级革命过程中，英国、法国、美国三国资产阶级革命爆发的原因都是：反动的政治统治阻碍了国内资本主义的发展，要发展资本主义，就必须起来推翻反动的政治统治。而三国的革命，又都有导火线、爆发标志、主要领导人、文件的颁布等。在发展资本主义方式上，俄国和日本都是通过自上而下的改革来完成的，意大利和德意志则是通过完成国家统一来进行的。

7. 荒谬记忆法

想法越奇特，记忆越深刻。如：民主革命思想家陈天华有两部著作《猛回头》《警世钟》，记法为一边想"一个叫陈天华的人猛回头撞响了警世钟，一边做转头动作，同时发出钟声响。"军阀割据时，曹锟、段祺瑞控制的地盘及其支持者可联想为"曹锟靠在一棵日本梨（直隶）树（江苏）上，饿（鄂——湖北）得快干（赣——江西）了。段祺瑞端着一大碗（皖——安徽）卤（鲁——山东）面（闽——福建），这（浙江）也全靠日本撑着呀！"

当然，记忆的方法多种多样，还有直观形象记忆法、联系实际记忆法、分解记忆法、重复记忆法、推理记忆法、信号记忆法、卡片记忆等。在实际学习中，要根据自己的实际情况，选择适合自己的记忆方法。只要大家掌握了其中的一种甚至几种方法，学习历史就不再是可望而不可即的事了。

发展敏锐的感官意识

许多记忆力好的人或熟知记忆技巧的人都有了不起的感知能力。训练你自己的精确的观察能力并通过调整你的感觉来集中你的注意力。漫无目的地看或听而不是真正仔细地看或听是造成记忆力不好的主要原因。当你想要记住某事，停顿一会儿，调整一下，并注意你要回忆哪些要点。

第六节
物理知识记忆法

学好物理有妙招

物理记忆主要以理解为主，在理解的基础上我们在这里简单介绍几种物理记忆方法。

1. 观察记忆法

物理是一门实验科学，物理实验具有生动直观的特点，通过物理实验可加深对物理概念的理解和记忆。例如，观察水的沸腾。

（1）观察水沸腾发生的部位和剧烈程度可以看到，沸腾时水中发生剧烈的汽化现象，形成大量的气泡，气泡上升、变大，到水面破裂开来，里面的水蒸气散发到空气中，就是说，沸腾是在液体内部和表面同时进行的剧烈的汽化现象。

（2）对比观察沸腾前后物理现象的区别。沸腾前，液体内部形成气泡并在上升过程中逐渐变小，以至未到液面就消失了；沸腾时，气泡在上升过程中逐渐变大，达到液面破裂。

（3）通过对数据定量分析，可以得出沸腾条件：①沸腾只在一定的温度下发生，液体沸腾时的温度叫沸点；②液体沸腾需要吸热。以上两个条件缺少任何一个条件，液体就不会沸腾。

2. 比较记忆法

把不同的物理概念、物理规律，特别是容易混淆的物理知识，进行对比分析，并把握住它们的异同点，从而进行记忆的方法叫作比较记忆法。例如，对蒸发和沸腾两个概念可以从发生部位、温度条件、剧烈程度、液化温度变化等方面进行对比记忆。又如串联电路和并联电路，可以从电路图、特点、规律等方面进行记忆。

3. 图示记忆法

物理知识并不是孤立的，而是有着必然的联系，用一些线段或有箭头的线段把物理概念、规律联系起来，建立知识间的联系点，这样形成的方框图具有简单、明了、

形象的特点，可帮助我们对知识的理解和记忆。

4. 浓缩记忆法

把一些物理概念、物理规律，根据其含义浓缩成简单的几个字，编成一个短语进行记忆。例如，记光的反射定律时，把涉及的点、线、面、角的物理名词编成一点（入射点）、三线（反射光线、入射光线、法线）、一面（反射光线、入射光线、法线在同一平面内）、二角（反射角、入射角）短语来加深记忆。

记凸透镜成像规律时，可用"一焦分虚实，二焦分大小""物近、像远、像变大"短语来记忆。即当凸透镜成实像时，像与物是朝同一方向移动的。当物体从很远处逐渐靠近凸透镜的一倍焦距时，另一侧的实像也由一倍焦距逐渐远离凸透镜到大于二倍焦距以外，且像距越大，像也越大，反之亦然。

5. 口诀记忆法

如：力的图示法口诀。

你要表示力，办法很简单。选好比例尺，再画一段线，长短表大小，箭头示方向，注意线尾巴，放在作用点。

物体受力分析：

施力不画画受力，重力弹力先分析，摩擦力方向要分清，多、漏、错、假须鉴别。

牛顿定律的适用步骤：

画简图、定对象、明过程、分析力；选坐标、作投影、取分量、列方程；求结果、验单位、代数据、作答案。

6. 三多法

所谓"三多"，是指"多理解，多练习，多总结"。多理解就是紧紧抓住课前预习和课上听讲，要认真听懂；多练习，就是课后多做习题，真正掌握；多总结，就是在考试后归纳分析自己的错误、弱项，以便日后克服，真正弄清自己的优势和弱点，从而明白日后听课时应多理解什么地方，课下应多练习什么题目，形成良性循环。

7. 实验记忆法

下面介绍一些行之有效的物理实验复习法：

（1）通过现场操作复习。

把实验仪器放在实验桌上，根据实验原理、目的、要求进行现场操作。

（2）通过信息反馈复习。

就那些在实验过程中发生、发现的问题进行共同讨论，及时纠错，达到复习巩固物理概念的目的。

（3）通过联系复习。

在复习某一个实验时，可以把与之相关的其他实验联系起来复习。

第七节
地理知识记忆法

会看图才能学好地理

几种行之有效的看图方法是很多学习高手总结出来的学习经验，对学习地理帮助很大，具体论述如下：

形象记忆法

仔细观察中国地图，湖南就像一个人头像；山东就相当于一个鸡腿；黑龙江好像一只美丽的天鹅站在东北角上；青海省的轮廓则像一只兔子，西宁就好似它的眼睛。

把图片用生动的比喻联系起来就很容易记忆了。

地理知识的形象记忆是相对于语义记忆而言的，是指学生通过阅读地图和各类地理图表、观察地理模型和标本、参加地理实地考察和实验等途径所获得的地理形象的记忆。如学习"经线"和"纬线"这两个概念，学生观察经纬仪后，便能在头脑中形成经纬仪的表象，当需要时，头脑中的经纬仪表象便能浮现在眼前，以致将"经线"和"纬线"的概念正确地表述出来，这就是形象记忆。由于地理事物具有鲜明、生动的形象性，所以形象记忆是地理记忆的重要方法之一。尤其当形象记忆与语义记忆有机结合时，记忆效果将成倍增加。

下面有一些更加形象的例子可以帮助你记忆它们：

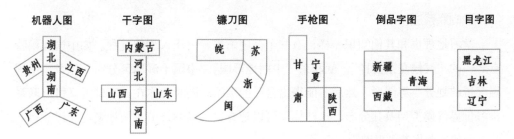

大脑中"什么"和"哪里"的路径帮助我们理解我们所看到的。"什么"的路径是从枕叶开始到颞皮质，帮助我们确定我们所看到的。"哪里"的路径是从枕叶皮质到顶叶的皮质，帮助我们定位我们看到的。

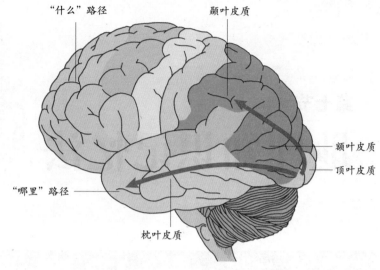

"什么"路径　　颞叶皮质

额叶皮质

顶叶皮质

"哪里"路径

枕叶皮质

简化记忆法

简化记忆法实际上就是将课本上比较复杂的图片加以简化的一种方法。比如中国的铁路分布线路图看起来特别的复杂，其实只要你用心去看，就能把图片分割成几个版块，以北京为中心可形成一个放射线状的图像。

直观读图法

适用于解释地理事物的空间分布，如中国山脉的走向，盆地、丘陵的分布情况等。用图像记忆法揭示地理事物现象或本质特征，可以激发跳跃式思维，加快记忆。这种方法多用于记忆地理事物的分布规律、记忆地名、记忆各种地理事物特点及它们之间相互影响等知识。

例如，我国煤炭资源分布，主要有山西、内蒙古、陕西、河南、山东、河北等，省区名称多，很难记。可以用图像记忆法读图，在图上找到山西省，明确山西省是我国煤炭资源最丰富的省，再结合我国煤炭资源分布图，找出分布规律——它们以山西省为中心，按逆时针方向旋转一周，即可记住这些省区的名称，陕西以北是内蒙古、以西是陕西，以南是河南，以东是山东和河北。接着，在图上掌握我国煤炭资源还分布在安徽和江苏省北部，以及边远省区的新疆、贵州、云南、黑龙江。

纵向联系法

学习地理也和其他知识一样，有一个循序渐进、由浅入深的过程。如中国气候特点之一的"气候复杂多样"，就联系"中国地形图""中国干湿地区分布"以及"中国温度带的划分"等图形，然后才能得出自己的结论。同时，你在此基础上又可以联系学习世界气候类型及其分布，这样你就可以把有关气候的章节系统地复习，以后碰到这方面的考题你就可以游刃有余了。

除此之外，还有几种值得学生尝试的记忆方法：

口诀记忆法

例1：地球特点：赤道略略鼓，两极稍稍扁。自西向东转，时间始变迁。南北为纬线，相对成等圈。东西为经线，独成平行圈；赤道为最长，两极化为点。

例2：气温分布规律：气温分布有差异，低纬高来高纬低；陆地海洋不一样，夏陆温高海温低，地势高低也影响，每千米相差6℃。

分解记忆法

分解记忆法就是把繁杂的地理事物进行分类，分解成不同的部分，便于逐个"歼灭"的一种记忆方法。如要记住人口超过1亿的10个国家：中国、印度、美国、印度尼西亚、巴西、俄罗斯、日本、孟加拉国、尼日利亚和巴基斯坦，单纯死记硬背很难记住，且容易忘记。采用分解记忆法较易掌握，即在熟读这10个国家的基础上分洲分区来记：掌握北美、南美、欧洲、非洲有一个，分别是美国、巴西、俄罗斯、尼日利亚。其余6个国家是亚洲的。亚洲的又可分为3个地区，属东亚的是中国、日本；属东南亚的有印度尼西亚；属南亚的有印度、孟加拉国、巴基斯坦。

表格记忆法

就是把内容容易混淆的相关的地理知识，通过列表进行对比而加深理解记忆的一种方法。它用精炼醒目的文字，把冗长的文字叙述简化，使条理清晰，能对比掌握有关地理知识，例如，世界三次工业技术革命，可通过列表比较它们的年代，主要标志、主要工业部门和主要工业中心，重点突出，一目了然。这种方法有利于提高学生的概括能力，开拓学生的求异思维，强化应变能力，提高理解记忆。

归纳记忆法

就是通过对地理知识的分类和整理，把知识联系在一起，形成知识结构，以便记忆的方法。它使分散的趋于集中，零碎的组成系统，杂乱无章的变得有条不紊。例如，要记住我国的土地资源、生物资源、矿产资源的特点，可归纳它们的共同之处是类型多样，分布不均；再记住它们不同的特点，就可以把土地资源、生物资源和矿产资源的特点全掌握了。

荒谬记忆法

荒谬记忆法指利用一些离奇古怪的联想方法，把零散的地理知识串到一块在大脑中形成一连串物象的记忆方法。通过奇特联想，能增强知识对我们的吸引力和刺激性，从而使需要记忆的内容深刻地烙在脑海中。如柴达木盆地中有矿区和铁路，记忆时可编成"冷湖向东把鱼打（卡），打柴（大柴旦）南去锡山（锡铁山）下，挥汗（察尔汗）砍得格尔木，火车运送到茶卡"。总之，地理记忆的方法多种多样，中学生根据不同的地理知识采取不同的记忆方法就可以达到记而不忘，事半功倍的效果。

第八节
时政知识记忆法

巧用记忆方法学习政治

政治记忆的方法有很多种，这里简单介绍几种方法：

1. 谚语记忆法

谚语记忆法就是运用民间的谚语说明一个道理的记忆方法。

采用这种记忆方法的好处是：

（1）可激发自己的学习兴趣，促进学习的积极性，变厌学为爱学，变被动学习为主动学习；

（2）可拓宽自己的思路，提高自己思维的灵活性；

（3）能培养自己一种好的学习习惯，通过刻苦钻研，从而在自己的学习过程中克服一个个难题。

采用这种记忆法应注意以下几点：

（1）谚语与原理联系要自然，千万不能生造谚语，勉强凑合；

（2）谚语所说明的原理要注意准确性，千万不能乱搭配，不然就会谬误流传；

（3）谚语应是所熟悉的，这样才能便于自己的记忆。

例如，"无风不起浪""城门失火，殃及池鱼"……说明事物之间是相互联系的，是唯物辩证法的联系观点。

如"山外青山楼外楼，前进路上无尽头""刻舟求剑"等这些都说明了事物都是处于不停的运动、发展之中的，运动是绝对的，静止是相对的，这是唯物辩证法发展的观点。

2. 自问自答法

自己当教师提问，自己又作为学生对所提问题进行回答的方法，称之为"自问自答法"。

在学习过程中，对一些最基本的问题就可以用"自问自答法"进行。例如：

问：商品的两个基本属性是什么？

答：是使用价值和价值。

问：货币的本质是什么？它的两个基本职能是什么？

答：货币的本质是一般等价物。价值尺度、流通手段是它的两个基本职能。

自问自答法不仅可以用于基本概念和基本原理的学习中，对于一些较复杂的知识的学习也可用此法进行，而且效果也很好。

比较复杂的学习内容，经过自问自答，就会条理清晰，便于记忆和理解。所以，"自问自答法"是一种比较常用的理想的记忆方法。

3. 举一反三法

在学习过程中，对某个问题进行重复学习以达到记忆的目的的方法称之为举一反三法。

"举一反三"的记忆方法并不是说对同一问题简单重复2—4次，而是指对同一类问题从不同的角度，反复进行学习、练习、讨论，这样才能使我们较牢固地掌握知识，思维也较开阔，才能学得活、学得好、记得牢。

如对商品这一概念的理解，我们运用"举一反三法"，真正掌握了任何商品都是劳动产品，但只有用于交换的劳动产品才是商品；商品的价值是凝结在商品中无差异的人类劳动，如1件衣服能和3斤大米交换，是因为它们的价值是相等的。千差万别的商品之所以能够交换，是因为它们都有价值，有价值的物品一定有使用价值……如此从多种角度反复进行，就能牢固地掌握商品的基本概念及与它相关的一些因素，使我们真正获得知识，吸取精华。

4. 理清层次法

要善于把所学习的基本概念和原理进行分析，找出每一个层次的主要意思，这样就便于我们熟记了。

例如，我们学习"法律"这一基本概念，用"理清层次法"就较为科学。这个概念我们可以分解成这么几个部分：

（1）它是反映统治阶级的意志，维护统治阶级的根本利益的（法律不维护被统治阶级的利益）；

（2）由国家制定或认可的（没有这一点，就不能称其为法律）；

（3）用国家强制力的特殊的行为规则（国家通过法庭、监狱、军队来保证执行）。

记忆和无线电新闻广播

为什么我们对收音机里的新闻总是比电视里的新闻记得更清楚呢？在收音机里，新闻总是在很短的时间内播报，因此新闻内容的编排更为简洁，不像电视里的新闻有很多的补充性细节，所以更容易被记忆。相反，电视新闻播放的图片信息会分散人的注意力，从而干扰了人们对主要新闻内容的关注。

采用这种理清层次的方法，不仅便于熟记这一概念，而且也不易忘记。

5. 规律记忆法

这种学习方法就是要我们在学习中，注意找到事物的规律，以帮助我们牢记。在基本原理的熟记中，这种学习方法可谓是最佳方法。

例如我们根据对立统一规律就能熟记：内因和外因、主要矛盾和次要矛盾、矛盾的主要方面和次要方面、矛盾的特殊性和普遍性、量变和质变、新事物和旧事物等都会在一定的条件下互相转化。

"规律性记忆法"能以最少的时间熟记最多的知识。

在政治课的学习中，如果能把上面介绍的 5 种学习方法融会贯通，交替使用，无疑对提高学习效果是有积极意义的。

记忆力测试

请仔细阅读下面的短文，并记住细节。

1937 年 3 月 6 日，捷列什科娃出生在苏联雅罗斯拉夫尔州图塔耶夫区马斯连尼科瓦村的一个工人家庭。1959 年，22 岁的捷列什科娃第一次在雅罗斯拉夫尔航空俱乐部接触到最终改变其一生命运的活动：跳伞运动。1960 年，她从纺织技术专科学校（函授）毕业，获纺织工艺师称号。1962 年，她加入苏共，并在宇宙航行学校接受宇航员培训，期间获少尉军衔。1963 年 6 月 16 日，她驾驶宇宙飞船"东方 6 号"升空，做围绕地球 48 圈的飞行，成为人类第一位进入太空的女性。1963 年 6 月 16 日至 19 日，捷列什科娃驾驶"东方 6 号"宇宙飞船在太空遨游 70 小时 50 分钟。迄今为止，她仍是世界上唯一一位在太空单独飞行 3 天的女性。

用纸遮住上面的短文，回答下面的问题。看看你的记忆力如何？

1. 第一位进入太空的女性叫什么名字？

_____

2. 她是哪国人？

_____

3. 她第一次在雅罗斯拉夫尔航空俱乐部接触到的是什么活动？

_____

4. 她最早是做什么工作的？

_____

5. 她于哪一年进入太空的？

_____

6. 她驾驶的宇宙飞船在太空遨游了多长时间？

_____

第十一章

提高记忆力的思维游戏

第一节
记忆力与思维游戏

　　记忆一直都在运作：每天我们有意无意地记住、记起许多信息。有时漏掉几个也无可厚非，作为一种复杂的"工具"，记忆不可能每时每刻或者一生都被拥有和保持。

　　许许多多的因素影响着记忆的作用。为了提高你的记忆表现，你必须重视那些与你最有关联的因素，以及忘记一些不太重要的事情。遗忘的定义是没有能力回忆、辨认，或者再生产以前学过的东西——换句话说，当有人问你像"上星期一你做了什么？"这类事时，你脑子里一片空白。

　　没有人能够记住所有的事情。记忆过程的一个必要部分是决定什么信息对你来说是有价值的，并值得你花费力气将其编译。当一位偶尔教你们体操课的女老师仅仅是一个不经常打交道的人时，花费精力将她的名字编译记住真的有必要吗？

　　遗忘是正常的——实际上我们不需要记住每件事情。没有遗忘，你的头脑会因为有太多太多的信息而发昏。所以，遗忘实际上对于记忆是至关重要的。因为你需要为你想要或需要记住的事情腾出空间来。但当人们不得不说"我忘了"时，大多数人会感到非常失落甚至难堪。

改善你的记忆

　　在一个领域获知的新信息并不能自动增强我们在另一个领域的能力，但却能巩固

记忆和填字游戏

　　填字游戏是一种很棒的个人娱乐方式，也是一种运用你的个人信息储备的好方法。经常练习会使你的大脑活动变得更加流畅，你会发现思维变得更加活跃。因此，尽可能快地填完那个网格并不是这个游戏的真正目的。选择一个适合你的水平的字谜，不要被一个你觉得非常熟悉的字所困住，继续往下进行，然后间歇性地停顿几秒钟，这样可以使注意力得到更新。

仔细观察下面的图片，应特别注意细节。

请问下面的6个选项中哪一个和所给剪影的轮廓完全契合？

A   B   C   D   E   F

答案：E。

把这一个领域的知识记得更牢的能力。记忆并不孤立于大脑的其他功能，而是参与了所有动脑过程。做"记忆游戏"前，首先要了解自己的记忆，熟悉记忆的过程，培养一些反应……接着自我娱乐一下吧！一个老手总能比新手更容易在自己酷爱的领域进行学习。通过以下练习，你也能成为某个领域的老手了，但别要求更多：对于你来说找回钥匙和想起刚刚见过的人的名字都是不容易的。不存在可以改善记忆的一蹴而就的办法，只存在更好地了解记忆和了解自我的方法。

游戏是如何设计的

每个游戏开头都有指定的目标，记忆和其他认知功能的一些形态都被概括进游戏里。

- 游戏有难有易，我们可以先挑选简单的，然后逐步加深难度。

- 在某些情况下，要使用以前的知识；在某些情况下，要记忆新的信息。游戏围绕训练视觉记忆、文化记忆、词汇记忆、逻辑记忆等展开，这也是引导我们变化的原则。

- 完成游戏的时间没有限制，因为准确比速度更重要。我们的目标不是第一步就成功。有些练习很难，其目的是诠释一个过程，然后将其运用到实际中。好好分析遇到的困难，剖析机制，让下次练习变得更有效率。看答案并不代表能够学到什么，只有让你学到方法并能在以后重做游戏时回想起来，从而走向成功，那才算有意义。

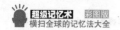

第二节
提高记忆力的思维游戏

001 做早餐

目标： 这个练习需要集中注意力，并要求调动逻辑推理、计划和心理意象等能力。

把下面打乱的图案按照逻辑顺序重新排列。

002 阅读应用（1）

目标： 这个练习要求高强度的记忆力和注意力。

1.仔细阅读这段文章，然后把它盖住，继续做练习。

　　复活节期间，格瓦赫在他所在辖区的一个文化中心参加了一个戏剧培训班。最初，他只是想战胜自己害羞的天性，但是很快他就被出台演出的欲望征服了。在老师的鼓励下，他明天将第一次接受演员分配挑选，参演一个由爱尔兰小说改编的音乐剧。

2.现在请盖住文章，回答下面的问题：

　◎ 格瓦赫在什么时候参加的培训班？

　◎ 他在哪里参加的培训班？

　◎ 他抱着什么样的目的报的名？

　◎ 他什么时候接受第一次演员分配挑选？

　◎ 音乐剧是由什么改编来的？

003 缺失的图像（1）

目标： 这个练习需要调动分析能力和视觉记忆。

1. 仔细地观察并记住这些图。然后，把它们盖住，继续以下的练习。

现在，请在 4 个选项中找出一个可以填充的元素，以得到上一个系列。

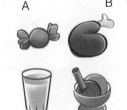

2. 仔细地观察并记住这些图。然后，把它们盖住，继续以下的练习。

现在，请在 4 个选项中找出一个可以填充的元素，以得到上一个系列。

3. 仔细地观察并记住这些图。然后，把它们盖住，继续以下的练习。

现在，请在 4 个选项中找出一个可以填充的元素，以得到上一个系列。

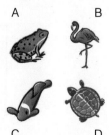

004 服务员（1）

目标：这个练习训练运作记忆的口头和视觉方面。事实上，它涉及学习一定数量的新信息，然后再把它们重组出来。

1. 记住两个对话者的菜单。然后，盖住图片完成练习。

2. 现在你能够借助下面的菜名将两个对话者的菜单重组出来吗？

菜单
绿沙拉
猪肉酱

牛扒
面磨鳎鱼

卡门贝干酪
白奶酪

草莓奶油蛋糕
水果沙拉

005 逻辑推理（1）

目标：在这个练习中，为了理解从一个多米诺骨牌到下一个多米诺骨牌所执行的操作，良好的推理能力是必需的。同时，还需要视觉运作记忆的参与。

1. 观察下面的多米诺骨牌。

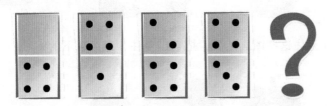

2. 在以下 4 个选项中，找出能够替代问号的多米诺骨牌。

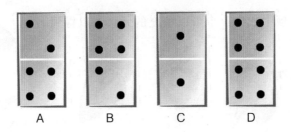

006 恰当地配对（1）

目标： 这个练习需要利用你的文化知识和良好的视觉—空间记忆。

1. 找出对应的国家及其首都。　　2. 找出对应的动物及其类属。

3. 找出对应的医生称谓及其专业。

建议： 如果你对这些题目涉及的内容不太了解，请不要沮丧。参见答案，然后在一星期后重新做练习，评估你是否取得进步。

007 旋转的立方体（1）

目标： 这个练习要求调动心理成像的能力。

1. 仔细地观察这个展开的立方体表面，记住图案及其位置。然后，盖住它继续做练习。

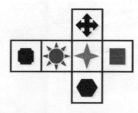

2. 现在，把提供的元素重新放入展开的立方体表面。为了帮助你，两个元素已经被放置在其中了。注意，立方体被旋转了！

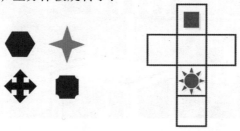

008 找出不同之处（1）

目标： 这个练习需要集中注意力，及分析、视觉—空间记忆和口头记忆的参与。建议最好记住物体的外形、颜色和位置，如果给每件物体起个名字，就更容易了。

1. 仔细地观察下面给出的场景，记住不同物体的外形、位置和颜色。然后，盖住图片继续完成练习。

2. 现在，请找出这个场景与上面给出的场景之间的 6 处不同。物体可能被置换、移动、拿走……

009 整理书籍（1）

目标：这个练习要求调动情景记忆（因为必须记住游戏的步骤）和策略性的程序记忆（利用以前使用过的类似策略）。

如何移动最少的书，就能从图 A 到图 B，注意：

◎ 不能把一本书放在比它小的书上；　　　◎ 一次只能移动一本书。

010 旋转的立方体（2）

目标：这个练习要求调动心理成像的能力。

1.仔细地观察这个展开的立方体表面，记住图案及其位置。然后，盖住它继续做练习。

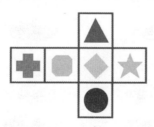

2. 现在，把提供的元素重新放入展开的立方体表面。为了帮助你，两个元素已经被放置在其中了。注意，立方体被旋转了！

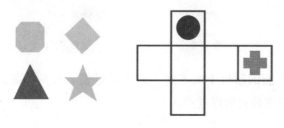

011 他是谁（1）

目标： 这个练习将考查你的语义记忆，包括你的文化知识和推理能力。

1.瑞典化学家，炸药的发明者，有一个奖项以他的名字命名，每年颁发一次，奖励在不同领域里做出卓越贡献的人。

他是谁？　　A.阿尔弗雷德·诺贝尔　　　B.托马斯·爱迪生　　　C.亚历山德罗·伏特

2.罗马爱神，他有一张金弓、一枝金箭和一枝银箭，被他的金箭射中，便会产生爱情；被他的银箭射中，便会拒绝爱情。

他是谁？　　A.阿波罗　　　　　　　B.朱庇特　　　　　　C.丘比特

建议： 如果你对上面的题目不太了解，请不要沮丧。参见答案，然后在一星期后重新做练习，评估你是否取得进步。

012 恰当地配对（2）

目标： 这个练习需要利用你的文化知识和良好的视觉—空间记忆。

1.找出对应的技术及其职业。

排空　　　　　农业生产者

外科医生　　　　修补

截肢　　　　　机械师

厨师　　　　　调味

耕地　　　　　裁缝

2.找出对应的植物及其类属。

北风菌　　　　　谷物

香料　　　　　荞麦

接骨木　　　　　水果

树木　　　　　桂皮

哈密瓜　　　　　蘑菇

建议： 如果你对上面的题目不太了解，请不要沮丧。参见答案，然后在一星期后重新做练习，评估你是否取得进步。

013 找出不同之处（2）

目标： 这个练习需要集中注意力，及分析、视觉—空间记忆和口头记忆的参与。建议最好记住物体的外形、颜色和位置，如果给每件物体起个名字，就更容易了。

1.仔细地观察下面给出的场景，记住不同物体的外形、位置和颜色。然后，盖住图片继续完成练习。

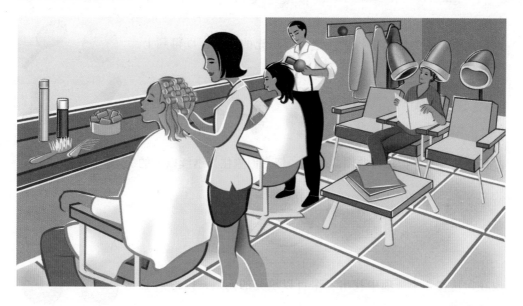

2.现在，请找出这个场景与上面给出的场景之间的6处不同。物体可能被置换、移动、拿走……

014 缺失的图像（2）

目标：这个练习需要调动分析能力和视觉记忆。

1.仔细地观察并记住这些图。然后，把它们盖住，继续以下的练习。

现在，请在 4 个选项中找出一个可以填充的元素，以得到上一个系列。

2.仔细地观察并记住这些图。然后，把它们盖住，继续以下的练习。

现在，请在 4 个选项中找出一个可以填充的元素，以得到上一个系列。

3.仔细地观察并记住这些图。然后，把它们盖住，继续以下的练习。

现在，请在 4 个选项中找出一个可以填充的元素，以得到上一个系列。

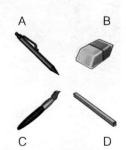

015 看病

目标：这个练习需要集中注意力，并要求调动逻辑推理、计划和心理意象等能力。

把下面打乱的图案按照逻辑顺序重新排列。

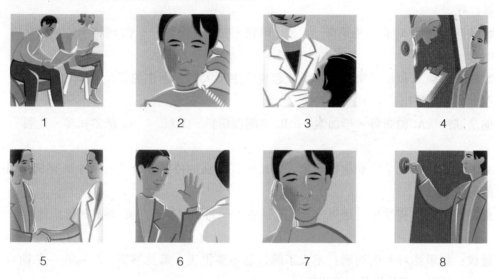

1 　　　 2 　　　 3 　　　 4

5 　　　 6 　　　 7 　　　 8

016 阅读应用（2）

目标：这个练习要求高强度的记忆力和注意力。为了成功地完成练习，不仅需要仔细地阅读文章，还要尽可能多地注意其中的细节。这个练习同时也训练了对文章的理解能力。

1.仔细阅读这段文章，然后把它盖住，继续做练习。

　　去年，纪尤姆和朱丽叶去埃及度蜜月。他们花了一个星期，乘坐一艘四层豪华大客轮沿着尼罗河游览了整个国家。他们对国王河谷印象特别深刻，那儿有法老墓。不幸的是，朱丽叶难以忍受这个国家闷热的天气。

2.现在请盖住文章，回答下面的问题：

　　◎ 纪尤姆和朱丽叶是什么时候去埃及的？

　　◎ 他们为什么去埃及？

　　◎ 他们在埃及逗留了多久？

　　◎ 大客轮有几层？

　　◎ 大客轮是沿着什么河航行的？

　　◎ 他们对什么留下特别的印象？

　　◎ 朱丽叶遇到什么困难？

017 他是谁（2）

目标：这个练习将考查你的语义记忆，包括你的文化知识和推理能力。

在备选答案中选出与每个陈述相关的人物。

1.法国皇后，原籍奥地利，丈夫死后，被关在巴黎裁判所的附属监狱里。1793 年，被处死。

她是谁？　　A.玛莉·梅第奇　　　B.玛莉·安托瓦奈特　　　C.玛格丽特·纳瓦拉

2.西班牙画家和雕塑家，尖胡子，超现实主义大师，创作的作品"柔软的钟表"在世界各地展出。

他是谁？　　A.帕布鲁·毕加索　　B.弗朗西斯科·戈雅　　C.萨尔瓦多·达利

3.19 世纪法国化学家和生物学家，发现抗狂犬病的疫苗，今天有一个研究机构以他的名字命名。

他是谁？　　A.皮埃尔·居里　　　B.尼古拉·哥白尼　　　C.路易·巴斯德

建议：如果你对上面的题目不太了解，请不要沮丧。参见答案，然后在一星期后重新做练习，评估你是否取得进步。

018 正确的图案（1）

目标：这个练习训练你的视觉记忆和注意力。

1.仔细地观察下面的这个图案，然后把它盖住再继续练习。

2.以下 4 个图案，哪个是你刚记住的？

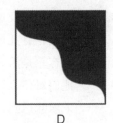

A　　　　　　B　　　　　　C　　　　　　D

019 整理书籍（2）

目标： 这个练习要求调动情景记忆（因为必须记住游戏的步骤）和策略性的程序记忆（利用以前使用过的类似策略）。

如何移动最少的书，就能从图 A 到图 B，注意：

◎ 不能把一本书放在比它小的书上；

◎ 一次只能移动一本书。

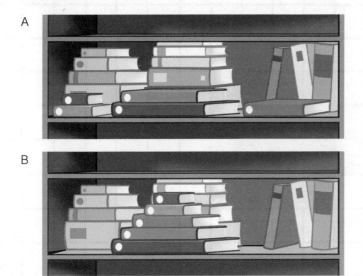

020 迷宫（1）

目标： 这个游戏训练视觉—空间记忆和注意力。

进入迂回曲折的迷宫，然后尽可能快地出来。

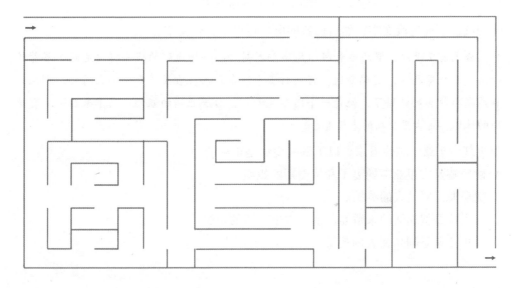

021 在镜子中的记忆（1）

目标：这个练习训练视觉—空间记忆和意象转动图像的能力。

仔细观察左边的图案，记住它的形状和所占的格子。然后盖住图案，在右边的"镜子中"对称地画出它的图像。

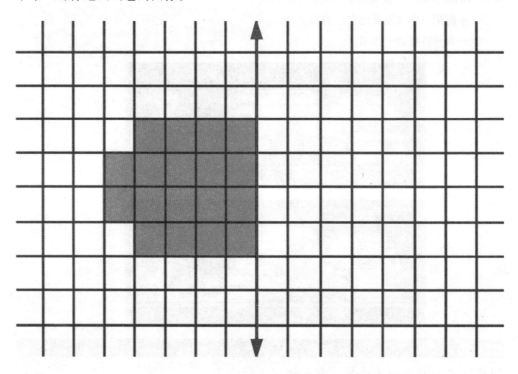

022 逻辑推理（2）

目标：这个练习需要调动情景记忆和逻辑推理能力。

仔细阅读下面这段文字，然后回答问题。可以不盖住文字。

　　公元前7世纪，罗马城和阿尔瓦城陷入对峙。一场血腥的战斗将决定两个军营的命运：三个罗马人，贺瑞斯氏，将攻打三个阿尔瓦人，古里亚斯……在这场悲剧里，贺瑞斯与萨宾娜结婚了，她是一个阿尔瓦女人，古里亚斯的姐姐；而卡米拉——贺瑞斯的妹妹，是古里亚斯的未婚妻。

很难理清头绪？在你看来，以下哪些说法是正确的？

A. 萨宾娜是古里亚斯的妻子和贺瑞斯的姐姐。

B. 贺瑞斯是罗马人的英雄。

C. 卡米拉是贺瑞斯的未婚妻，也是古里亚斯的姐姐。

D. 古里亚斯是阿尔瓦人的英雄。

023 树形家谱图（1）

目标： 这个练习训练记忆名字和家庭关系的能力。

树形家谱图以简单的方式标出一个家族的亲属关系。

　　◎ 竖线表示父母—子女关系。

　　◎ 水平线表示兄弟姐妹关系。

　　◎ X 表示夫妻关系。

1.观察并记住这个树形家谱图，然后盖住它继续做练习。

2.现在请盖住图谱，你是否能够判断下面这些说法的对错？

A.皮埃尔和路易斯有 4 个孩子。

B.克莱尔是保罗的妻子。

C.保罗是欧内斯特的内兄。

D.欧内斯特是亚历山大的兄弟或者姐妹。

024 异类

目标： 这个练习训练你的视觉记忆和观察力。

下面的哪个图形和其他选项不一样？

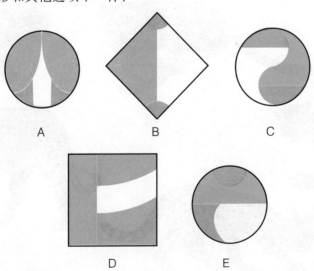

025 斗兽之星（1）

目标：这个练习训练语义记忆和逻辑能力。

仔细观察以下这些猫科动物，记住它们的名字，然后做下面的练习。

薮猫　　　　　猎豹　　　　　豹猫

美洲豹　　　　　　　　非洲豹

盖住上面的图，然后在以下选项中找出对应的图

A. 美洲豹

B. 薮猫

C. 非洲豹

D. 豹猫

E. 猎豹

026 在镜子中的记忆（2）

目标：这个练习训练视觉—空间记忆和意象转动图像的能力。

仔细观察左边的图案，记住它的形状和所占的格子。然后盖住图案，在右边的"镜子中"对称地画出它的图像。

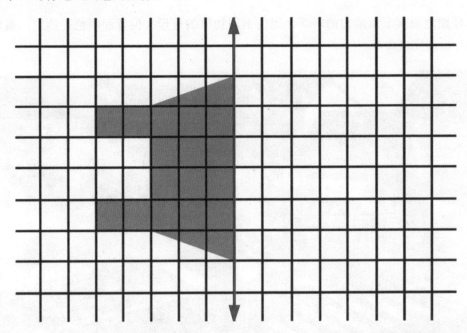

027 正确的图案（2）

目标：这个练习训练你的视觉记忆和注意力。

1. 仔细地观察下面的这个图案，然后把它盖住再继续练习。

2. 以下 4 个图案，哪个是你刚记住的？

A   B   C   D

028 找出不同之处（3）

目标：这个练习需要集中注意力，及分析、视觉—空间记忆和口头记忆的参与。建议最好记住物体的外形、颜色和位置，如果给每件物体起个名字，就更容易了。

1.仔细地观察下面给出的场景，记住不同物体的外形、位置和颜色。然后，盖住图片继续完成练习。

2.现在，请找出这个场景与上面给出的场景之间的8处不同。物体可能被置换、移动、拿走……

029 阅读应用（3）

目标： 这个练习要求高强度的记忆力和注意力，不仅需要仔细地阅读文章，还要尽可能多地注意其中的细节。这个练习同时也训练了对文章的理解能力。

1. 仔细阅读这段文章，然后把它盖住，继续做练习。

　　网球比赛仍在进行。从两个球员的脸上可以看出他们已经筋疲力尽了，观众也热切地等待这场比赛的结果。科阿特在做最后一次努力，他成功地得到了制胜的一分。因获得循环赛决赛的冠军，他感到放松而愉快，他自豪地举起球拍，然后在雷鸣般的掌声中把拍子扔在场地上，在地上打起滚来。

2. 现在请盖住文章，回答下面的问题：

◎ 两个运动员从事什么体育活动？

◎ 从他们的面部可以看出什么？

◎ 胜利者赢得了什么比赛？

◎ 他在掌声中做出了什么举动？

030 意外事件

目标： 这个练习需要集中注意力，并要求调动逻辑推理、计划和心理意象等能力。

把下面打乱的图案按照逻辑顺序重新排列。

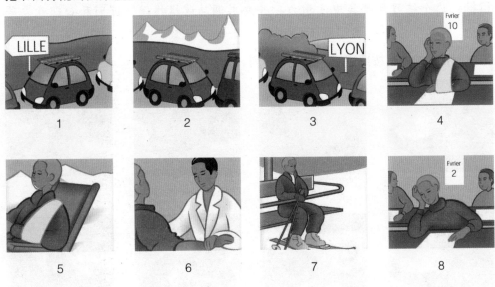

031 旋转的立方体（3）

目标：这个练习要求调动心理成像的能力。

1.仔细地观察这个展开的立方体表面，记住图案及其位置。然后，盖住它继续做练习。

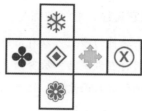

2.现在，把提供的元素重新放入展开的立方体表面。为了帮助你，一个元素已经被放置在其中了。注意，立方体被旋转了！

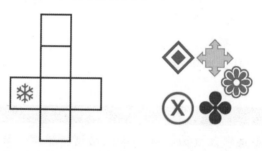

032 日光浴

目标：这个练习需要集中注意力，并要求调动逻辑推理、计划和心理意象等能力。

把下面打乱的图案按照逻辑顺序重新排列。

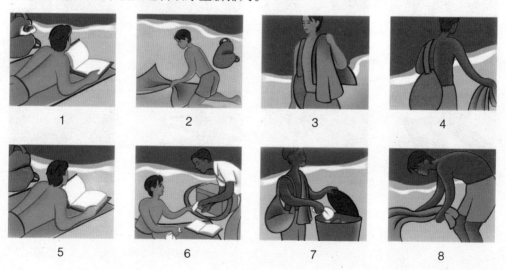

033 在超市（1）

目标：这个练习训练运作记忆的口头和视觉方面。事实上，它涉及学习一定数量的新信息，然后再把它们重组出来。

1.记住 3 个购买者的购物单。然后，盖住图片完成练习。

2.现在你能够借助收银台的电脑小票将3 个顾客所购买的物品重组出来吗？

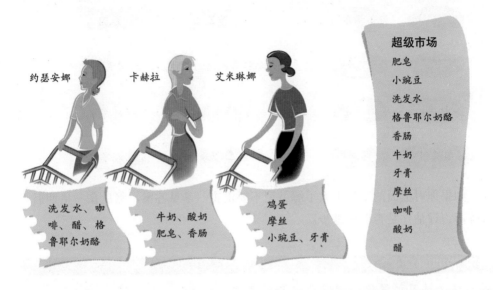

约瑟安娜　　卡赫拉　　艾米琳娜

超级市场

肥皂

小豌豆

洗发水

格鲁耶尔奶酪

香肠

牛奶

牙膏

摩丝

咖啡

酸奶

醋

洗发水、咖啡、醋、格鲁耶尔奶酪

牛奶、酸奶肥皂、香肠

鸡蛋摩丝小豌豆、牙膏

034 逻辑推理（3）

目标：在这个练习中，为了理解从上个图形到下一个图形所执行的操作，良好的推理能力是必需的。同时，还需要视觉运作记忆的参与。

1.观察下面的图形。

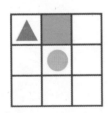 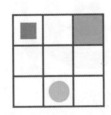 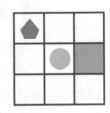

2.从以下的 5 个选项中，找出能够继续上一系列的图形。

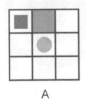 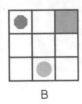 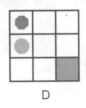 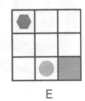

A　　　　B　　　　C　　　　D　　　　E

035 恰当地配对（3）

目标： 这个练习需要利用你的文化知识和良好的视觉—空间记忆。

1.找出对应的货币和使用国家。　　　2.找出对应的服装和国家。

列伊	罗马尼亚		纱丽	南美牧人穿的披风
铢	第纳尔		莎笼	泰国
阿根廷	以色列		北非有风帽的长袍	缠腰式长裙
比索	谢克尔		塔希提	印度
阿尔及利亚	泰国		摩洛哥	秘鲁

建议： 如果你对上面的题目不太了解，请不要沮丧。参见答案，然后在一星期后重新做练习，评估你是否取得进步。

036 正确的图案（3）

目标： 这个练习训练你的视觉记忆和注意力。

1.仔细地观察下面的图案，然后把它盖住再继续练习。

2.以下4个图案，哪个是你刚记住的？

 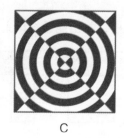 

A　　　　　B　　　　　C　　　　　D

037 整理书籍（3）

目标： 这个练习要求调动情景记忆（因为必须记住游戏的步骤）和策略性的程序记忆（利用以前使用过的类似策略）。

如何移动最少的书，就能从图 A 变到图 B，注意：

◎ 不能把一本书放在比它小的书上； ◎ 一次只能移动一本书。

038 箭头

目标： 这个练习需要运用良好的视觉—空间记忆和逻辑分析能力。

下列图形是按照一定规律排列的，按照这一规律，接下来应该填入方框中的是 A，B，C，D 中的哪一项？

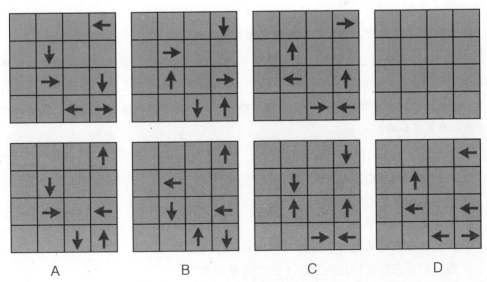

039 旋转的立方体（4）

目标：这个练习要求调动心理成像的能力。

1.仔细地观察这个展开的立方体表面，记住图案及其位置。然后，盖住它继续做练习。

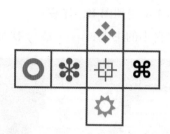

2.现在，把提供的元素重新放入展开的立方体表面。为了帮助你，一个元素已经被放置在其中了。注意，立方体被旋转了！

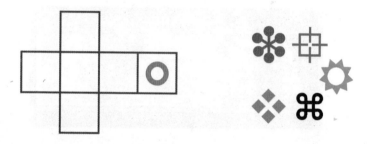

040 阅读应用（4）

目标：这个练习要求高强度的记忆力和注意力。为了成功地完成练习，不仅需要仔细地阅读文章，还要尽可能多地注意其中的细节。这个练习同时也训练了对文章的理解能力。

1.仔细阅读这段文章，然后把它盖住，继续做练习。

　　年轻的盗窃犯由于内疚，决定向警察全盘托出。在调查人员长时间询问下，他详细地说出了自己是如何潜入银行家的住宅，然后撬开藏在一块大毯子后面的保险箱，毯子遮盖了一间小客厅的整一面墙。作为砖石工的他曾在这间客厅干过活，因此他对房间的布置了如指掌……

2.现在请盖住文章，回答下面的问题：

　◎ 为什么年轻的盗窃犯决定全盘托出？

　◎ 谁询问了盗窃犯？

　◎ 盗窃犯潜入了谁的住宅？

　◎ 保险箱藏在什么地方？

　◎ 盗窃犯曾在房主的住所从事了什么职业活动？

041 缺失的图像（3）

目标： 这个练习需要调动分析能力和视觉记忆。

1.仔细地观察并记住这些图。然后，把它们盖住，继续以下的练习。

现在，请在 4 个选项中找出一个可以填充的元素，以得到上一个系列。

2.仔细地观察并记住这些图。然后，把它们盖住，继续以下的练习。

现在，请在 4 个选项中找出一个可以填充的元素，以得到上一个系列。

3.仔细地观察并记住这些图。然后，把它们盖住，继续以下的练习。

现在，请在 4 个选项中找出一个可以填充的元素，以得到上一个系列。

042 找出不同之处（4）

目标: 这个练习需要集中注意力,及分析、视觉—空间记忆和口头记忆的参与。建议最好记住物体的外形、颜色和位置,如果给每件物体起个名字,就更容易了。

1.仔细地观察下面给出的场景,记住不同物体的外形、位置和颜色。然后,盖住图片继续完成练习。

2.现在,请找出这个场景与上面给出的场景之间的8处不同。物体可能被置换、移动、拿走……

043 在超市（2）

目标：这个练习训练运作记忆的口头和视觉方面。事实上，它涉及学习一定数量的新信息，然后再把它们重组出来。

1. 记住 3 个购买者的购物单。然后，盖住图片完成练习。

2. 现在你能够借助收银台的电脑小票将 3 个顾客所购买的物品重组出来吗？

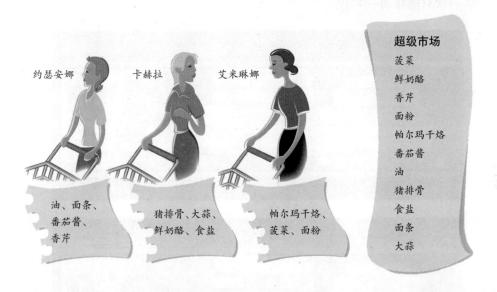

约瑟安娜　　卡赫拉　　艾米琳娜

油、面条、番茄酱、香芹

猪排骨、大蒜、鲜奶酪、食盐

帕尔玛干烙、菠菜、面粉

超级市场

菠菜
鲜奶酪
香芹
面粉
帕尔玛干烙
番茄酱
油
猪排骨
食盐
面条
大蒜

044 正确的图案（4）

目标：这个练习训练你的视觉记忆和注意力。

1. 仔细地观察下面的图案，然后把它盖住再继续练习。

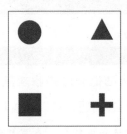

2. 以下 4 个图案，哪个是你刚记住的？

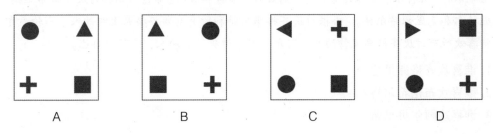

A　　　　　　B　　　　　　C　　　　　　D

045 整理书籍（4）

目标： 这个练习要求调动情景记忆（因为必须记住游戏的步骤）和策略性的程序记忆（利用以前使用过的类似策略）。

如何移动最少的书，就能从图 A 变到图 B，注意：

◎ 不能把一本书放在比它小的书上；

◎ 一次只能移动一本书。

A

B

046 逻辑推理（4）

目标： 这个练习需要调动情景记忆和逻辑推理能力。

仔细阅读下面这段文字，然后回答问题。可以不盖住文字。

齐格弗里德喜欢克里姆希尔特和巩特尔。克里姆希尔特喜欢齐格弗里德，讨厌布伦希尔特。巩特尔喜欢布伦希尔特、克里姆希尔特和哈根。布伦希尔特讨厌齐格弗里德、巩特尔和克里姆希尔特。哈根讨厌齐格弗里特和所有喜欢齐格弗里特的人。布伦希尔特喜欢所有讨厌齐格弗里特的人。阿尔贝里希讨厌所有的人，除了他自己。

1. 谁喜欢齐格弗里德？

2. 谁喜欢布伦希尔特？

3. 谁喜欢阿尔贝里希？

047 逻辑推理（5）

目标： 在这个练习中，为了理解从上个图形到下一个图形所执行的操作，良好的推理能力是必需的。同时，还需要视觉运作记忆的参与。

1. 观察下面的图形。

2. 从以下 5 个选项中，找出能够继续上一系列的图形。

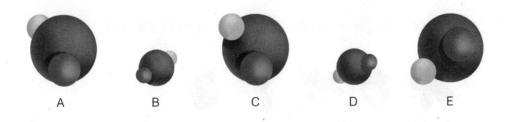

A   B   C   D   E

048 恰当地配对（4）

目标： 这个练习需要利用你的文化知识和良好的视觉—空间记忆。

1. 找出相应的体育运动及其诞生国家。　2. 找出相应的罗马神及其掌管的领域。

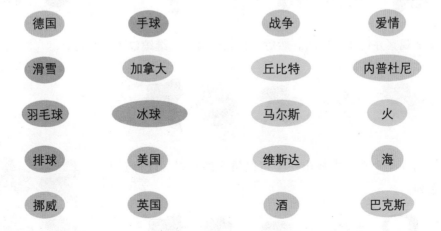

德国	手球	战争	爱情
滑雪	加拿大	丘比特	内普杜尼
羽毛球	冰球	马尔斯	火
排球	美国	维斯达	海
挪威	英国	酒	巴克斯

建议： 如果你对上面的题目不太了解，请不要沮丧。参见答案，然后在一星期后重新做练习，评估你是否取得进步。

049 缺失的图像（4）

目标： 这个练习需要调动分析能力和视觉记忆。

1.仔细地观察并记住这些图。然后，把它们盖住，继续以下的练习。

现在，请在4个选项中找出一个可以填充的元素，以得到上一个系列。

2.仔细地观察并记住这些图。然后，把它们盖住，继续以下的练习。

现在，请在4个选项中找出一个可以填充的元素，以得到上一个系列。

3.仔细地观察并记住这些图。然后，把它们盖住，继续以下的练习。

现在，请在4个选项中找出一个可以填充的元素，以得到上一个系列。

050 迷宫（2）

目标： 这个游戏训练视觉—空间记忆和注意力。

进入迂回曲折的迷宫，然后尽可能快地出来。

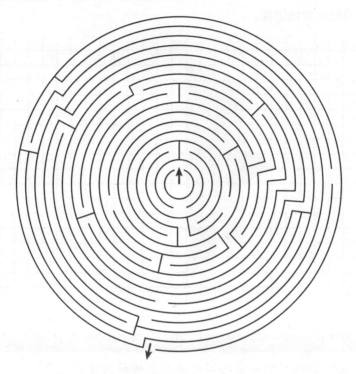

051 逻辑推理（6）

目标： 这个练习需要调动情景记忆和逻辑推理能力。

仔细阅读下面这段文字，然后回答问题。可以不盖住文字。

　　3 个男孩，约翰、弗雷德里克和查理，每个人乘坐自己的船，离开湖面。船的颜色分别是红色、绿色和蓝色。在红色船里的男孩是弗雷德里克的弟弟。约翰没有乘坐绿色的船。在绿色船里的男孩与弗雷德里克发生了争吵。

3 个男孩分别乘坐了什么颜色的船？

你可以借助以下这个表格进行每一步的推理。

	红色的船	绿色的船	蓝色的船
约翰			
弗雷德里克			
查理			

052 在镜子中的记忆（3）

目标： 这个练习训练视觉—空间记忆和意象转动图像的能力。

仔细观察左边的图案，记住它的形状和所占的格子。然后盖住图案，在右边的"镜子中"对称地画出它的图像。

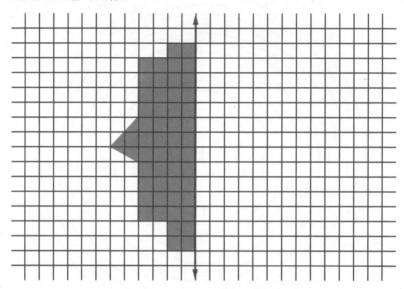

053 在镜子中的记忆（4）

目标： 这个练习训练视觉—空间记忆和意象转动图像的能力。

仔细观察左边的图案，记住它的形状和所占的格子。然后盖住图案，在右边的"镜子中"对称地画出它的图像。

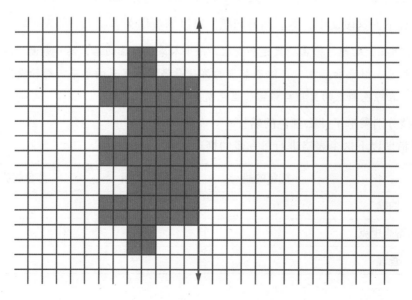

054 树形家谱图（2）

目标： 这个练习训练记忆名字和家庭关系的能力。

树形家谱图以简单的方式标出一个家族的亲属关系。

◎ 竖线表示父母—子女关系；

◎ 水平线表示兄弟姐妹关系；

◎ X 表示夫妻关系。

1. 从下面这些确定的关系开始，重新把每个家庭成员放在正确的位置。一旦完成树形家谱，记住并把它盖住，再继续做练习。

◎ 朱丽是尤金的侄女。

◎ 尤金有 3 个孩子，分别是马克、玛丽亚、莫里斯。

◎ 朱丽有两个表姐妹，凯特和珍妮，以及一个表兄弟拉乌尔。

◎ 玛丽亚有两个女儿，莫里斯有一个儿子。

2. 现在请盖住图谱，回答下面的问题。

a. 谁是朱丽的父亲？

b. 尤金的侄子、侄女都是谁？

c. 谁是凯特和珍妮的叔叔？

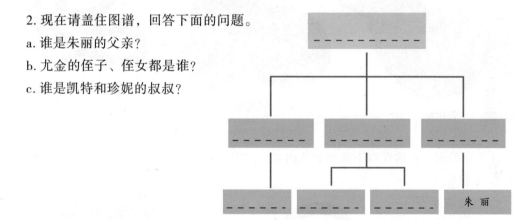

055 填入缺失的数字

目标： 这个练习需要分析和视觉记忆能力。

1. 仔细地阅读下面这篇文章，记住其中的数字，然后盖住文章再继续做练习。

　　自 2002 年以来，法国每年发现 1000 例军团菌病，而在 20 世纪 80 年代，每年只有 100 多例。这个增长数值，与自 1987 年起，需要义务申报军团菌病并记录在登记簿上相关。

2. 现在，重新填上缺失的数字。

　　自_____年以来，法国每年发现_____例军团菌病病例，而在_____世纪_____年代，只有_____多例。这个增长数值，与自_____年起，需要义务申报军团菌病并记录在登记簿上相关。

056 斗兽之星（2）

目标：这个练习训练语义记忆和逻辑能力。

仔细观察以下这些蛇，记住它们的名字，然后做下面的练习。

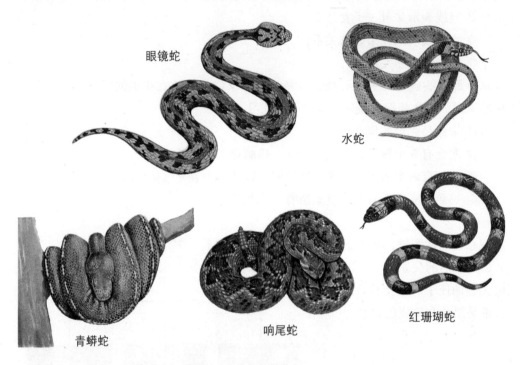

眼镜蛇

水蛇

青蟒蛇

响尾蛇

红珊瑚蛇

盖住上面的图，然后在以下选项中找出对应的图。

◎ 眼镜蛇

◎ 红珊瑚蛇

◎ 水蛇

◎ 青蟒蛇

◎ 响尾蛇

057 阅读应用（5）

目标：这个练习要求高强度的记忆力和注意力，同时也训练了对文章的理解能力。

1. 仔细阅读这段文章，然后把它盖住，继续做练习。

　　画家让一个年轻女子坐在深红色的天鹅绒沙发上，她身上的白色塔夫绸长裙随着她每一个优雅的动作而摆动。她鬈曲的头发落在薄薄的披肩上，披肩上几颗充满光泽的珍珠与那绺棕色的头发形成鲜明的对比。画家给她一本精致的小书，让她打开放在膝盖上。然后，画家开始在白色的大画布上勾勒她的轮廓。年轻的女子不敢动，生怕打断了画家的工作，我们几乎感觉不到她的呼吸。

2. 现在请盖住文章，回答下面的问题：

　　◎ 画家让年轻女子坐在什么地方？

　　◎ 她的裙子是用什么材料做的？

　　◎ 她披肩上有什么？

　　◎ 画家让她拿着什么？

　　◎ 为什么年轻女子不敢动？

058 旋转的立方体（5）

目标：这个练习要求调动心理成像的能力。

1. 仔细地观察这个展开的立方体表面，记住各个字母及其位置。然后，盖住它继续做练习。

2. 现在，把提供的字母重新放入展开的立方体表面。为了帮助你，一个字母已经被放置在其中了。注意，立方体被旋转了！

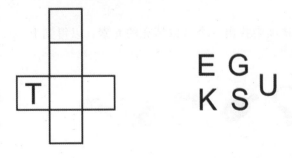

059 缺失的图像（5）

目标：这个练习需要调动分析能力和视觉记忆。

1.仔细地观察并记住这些图。然后，把它们盖住，继续以下的练习。

现在，请在4个选项中找出一个可以填充的元素，以得到上一个系列。

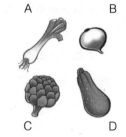

2.仔细地观察并记住这些图。然后，把它们盖住，继续以下的练习。

现在，请在4个选项中找出一个可以填充的元素，以得到上一个系列。

3.仔细地观察并记住这些图。然后，把它们盖住，继续以下的练习。

现在，请在4个选项中找出一个可以填充的元素，以得到上一个系列。

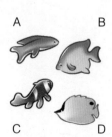

060 服务员（2）

目标： 这个练习训练运作记忆的口头和视觉方面。事实上，它涉及学习一定数量的新信息，然后再把它们重组出来。

1. 记住 4 个顾客的菜单。然后，盖住图片完成练习。

2. 现在你能够借助下面的菜名将 4 个顾客的菜单重组出来吗？

迪伯特：橙汁、面包片、白奶酪

朱丽：热巧克力、羊角面包、蛋糕、柚子

瑟哈芬：茶、炒鸡蛋、水果酸奶

夏特洛：咖啡加牛奶、烤火腿、蜂窝饼、猕猴桃

咖啡加牛奶
热巧克力
橙汁
茶
面包片
羊角面包
蜂窝饼
烤火腿
炒鸡蛋
蛋糕
白奶酪
猕猴桃
柚子
水果酸奶

061 逻辑排序（1）

目标： 在这个练习中，为了理解从上个数字到下一个数字所执行的操作，良好的推理能力是必需的。同时，还需要视觉运作记忆的参与。

1. 观察下面的数字。

12 8 10 3 5 22 28 1 1 14 7 ?

2. 从以下 6 个选项中，找出能够继续上一序列的数字。

12 20 15 9 8 4

目标： 这个练习需要集中注意力，及分析、视觉—空间记忆和口头记忆的参与。建议最好记住物体的外形、颜色和位置，如果给每件物体起个名字，就更容易了。

1. 仔细地观察下面给出的场景，记住不同物体的外形、位置和颜色。然后，盖住图片继续完成练习。

2. 现在，请找出这个场景与上面给出的场景之间的 10 处不同。物体可能被置换、移动、拿走……

063 他是谁（3）

目标：这个练习将考查你的语义记忆，包括你的文化知识和推理能力。

在备选答案中选择与陈述相关的人物。

1.网球运动员，1970 年出生于拉斯维加斯，赢得了最大的联赛，其中包括 1999 年的法国网球公开赛。

他是谁？　A.皮特·桑普拉斯　　　　　B.安德列·阿加斯　　　　　C.吉姆·库勒尔

2.美国民主党派政客，1976 年当选为美国总统，《戴维营和平协议》的促成者，但在 1980 年的总统竞选中因不敌罗纳德·里根而落选。

他是谁？　A.约翰·菲茨杰拉德·肯尼迪　　B.理查德·尼克松　　C.吉米·卡特

3.19 世纪英国女文学家，一个英国浪漫主义诗人的妻子，因幻想小说《弗兰肯斯泰因》而出名。

她是谁？　A.艾米莉·勃朗特　　　　　B.简·奥斯丁　　　　　C.玛丽·雪莱

建议：如果你对上面的题目不太了解，请不要沮丧。参见答案，然后在一星期后重新做练习，评估你是否取得进步。

064 约会

目标：这个练习需要集中注意力，并要求调动逻辑推理、计划和心理意象等能力。

请把下面打乱的图案按照逻辑顺序重新排列。

1　　　　　　　2　　　　　　　3　　　　　　　4

5　　　　　　　6　　　　　　　7　　　　　　　8

065 整理书籍（5）

目标： 这个练习要求调动情景记忆（因为必须记住游戏的步骤）和策略性的程序记忆（利用以前使用过的类似策略）。

如何移动最少的书，就能从图 A 到图 B，注意：

◎ 不能把一本书放在比它小的书上； ◎ 一次只能移动一本书。

066 恰当地配对（5）

目标： 这个练习需要利用你的文化知识和良好的视觉—空间记忆。

1. 找出相应的美国各州及其首府。　　　2. 找出相应的宝石及其颜色。

建议： 如果你对上面的题目不太了解，请不要沮丧。参见答案，然后在一星期后重新做练习，评估你是否取得进步。

067 服务员（3）

目标： 这个练习训练运作记忆的口头和视觉方面。事实上，它涉及学习一定数量的新信息，然后再把它们重组出来。

1. 记住 4 个顾客的菜单。然后，盖住图片完成练习。

2. 现在你能够借助下面的菜名将 4 个顾客的菜单重组出来吗？

菜单

夹心奶油果
鹅肝油
含羞草鸡蛋
特色沙拉
白豆焖肉
蘑菇汁兔肉
咖喱鸡
烤金枪鱼
波弗特奶酪
库洛米埃干酪
普索罗奶酪
半软蛋味干酪
香蕉船
上校杯
焦糖奶皮
果馅饼

贾斯订：鹅肝油、蘑菇汁兔肉、普索罗奶酪、上校杯

贝尔纳：含羞草鸡蛋、烤金枪鱼、库洛米埃干酪、果馅饼

克里斯蒂安：夹心奶油果、咖喱鸡、波弗特奶酪、香蕉船

雷亚：特色沙拉、白豆焖肉、半软蛋味干酪、焦糖奶皮

068 逻辑排序（2）

目标： 在这个练习中，为了理解从上个数字到下一个数字所执行的操作，良好的推理能力是必需的。同时，还需要视觉运作记忆的参与。

1. 观察下面的字母。

Y N U J Q F M ?

2. 从以下 6 个选项中，找出能够继续上一序列的字母。

B N A D K G

069 整理书籍（6）

目标： 这个练习要求调动情景记忆（因为必须记住游戏的步骤）和策略性的程序记忆（利用以前使用过的类似策略）。

如何移动最少的书，就能从图 A 变到图 B，注意：

◎ 不能把一本书放在比它小的书上； ◎ 一次只能移动一本书。

070 逻辑推理（7）

目标： 这个练习需要调动情景记忆和逻辑推理能力。

仔细阅读下面这段文字，然后回答问题。可以不盖住文字。

　　欧德、芭芭拉、塞琳娜和黛尔芬，遇到了埃德蒙、弗雷德里克、纪尧姆和艾尔维，但是他们互不同意对方要做的。最后，根据每个人的品位形成了几对（一个女孩和一个男孩）。欧德想去迪斯科跳舞；芭芭拉和纪尧姆一起走；无论如何，塞琳娜不想和弗雷德里克一起做任何事；艾尔维去了电影院；弗雷德里克去听了一场管风琴音乐会；其中有一对将去公园散步。

他们是怎么分组的，谁和谁在一起。你可以借助以下这个表格进行推理。

	埃德蒙	弗雷德里克	纪尧姆	艾尔维
欧德				
芭芭拉				
塞琳娜				
黛尔芬				

071 旋转的立方体（6）

目标：这个练习要求调动心理成像的能力。

1.仔细地观察这个展开的立方体表面，记住各个字母及其位置。然后，盖住它继续做练习。

2.现在，把提供的字母重新放入展开的立方体表面。为了帮助你，一个字母已经被放置在其中了。注意，立方体被旋转了！

072 完善图形

目标：这个练习将考查你的视觉—空间记忆、逻辑分析能力和观察力。

空白处应该填入哪个选项？

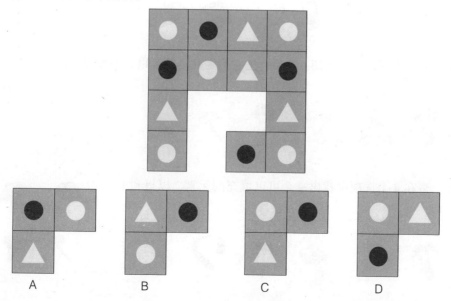

073 缺失的图像（6）

目标： 这个练习需要分析和视觉记忆能力。

1.仔细地观察并记住这些图。然后，把它们盖住，继续以下的练习。

现在，请在 4 个选项中找出一个可以填充的元素，以得到上一个系列。

2.仔细地观察并记住这些图。然后，把它们盖住，继续以下的练习。

现在，请在 4 个选项中找出一个可以填充的元素，以得到上一个系列。

3.仔细地观察并记住这些图。然后，把它们盖住，继续以下的练习。

现在，请在 4 个选项中找出一个可以填充的元素，以得到上一个系列。

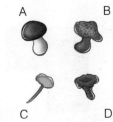

074 找出不同之处（6）

目标: 这个练习需要集中注意力，及分析、视觉—空间记忆和口头记忆的参与。建议最好记住物体的外形、颜色和位置，如果给每件物体起个名字，就更容易了。

1.仔细地观察下面给出的场景，记住不同物体的外形、位置和颜色。然后，盖住图片继续完成练习。

2.现在，请找出这个场景与上面给出的场景之间的9处不同。物体可能被置换、移动、拿走……

075 阅读应用（6）

目标： 这个练习要求高强度的记忆力和注意力，同时也训练了对文章的理解能力。

1. 仔细阅读这段文章，然后把它盖住，继续做练习。

　　10点整，一个年轻男子穿着特地买来的深灰色西服不安地来到接待台。10分钟后，人力资源经理让他进入办公室，并长时间地询问他在大学对原子物理学的学习。年轻男子详细地讲述了自己的论文主体，并特别强调了自己曾在一个富有经验的研究团队里从事的研究工作。 接着，人力资源经理向他介绍了该企业主要专注于精密医学器材的研究，以及12个员工的具体分工。最后，还向他描述了如果他被雇用所需负责的工作。面试结束后，经理向他保证将在极短的时间内给他一个确切的答复。

2. 现在请盖住文章，回答下面的问题
   ◎ 应聘者的西服是什么颜色的？
   ◎ 他在几点钟到的接待台？
   ◎ 他在几分钟后被接待？
   ◎ 他在大学学的是什么？
   ◎ 该企业的专业领域是什么？
   ◎ 该企业已经雇用了多少员工？

076 服务员（4）

目标： 这个练习训练运作记忆的口头和视觉方面。事实上，它涉及学习一定数量的新信息，然后再把它们重组出来。

1. 记住两位顾客的菜单。然后，盖住图片完成练习。

2. 现在你能够借助下面的菜名将两位顾客的菜单重组出来吗？

077 在镜子中的记忆（5）

目标： 这个练习训练视觉—空间记忆和意象转动图像的能力。

仔细观察左边的图案，记住它的形状和所占的格子。然后盖住图案，在右边的"镜子中"对称地画出它的图像。

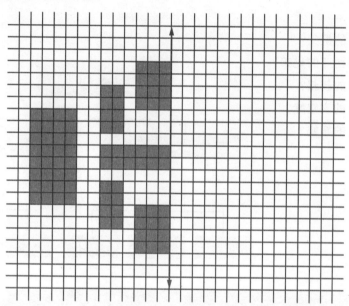

078 正确的图案（6）

目标： 这个练习训练你的视觉记忆和注意力。

1.仔细地观察下面的图案，然后把它盖住再继续练习。

2.以下 4 个图案，哪个是你刚记住的？注意，图案被旋转了。

A　　　　　　　B　　　　　　　C　　　　　　　D

079 树形家谱图（3）

目标：这个练习训练记忆名字和家庭关系的能力。

树形家谱图以简单的方式标出一个家族的亲属关系，记住它，然后在回答问题前把它盖住。

1. 谁是雷翁的祖父？
2. 谁是巴蒂西亚的兄弟？
3. 谁是约翰的叔叔？
4. 谁是雷亚的表姐妹？
5. 谁是雷奥的姨妈？

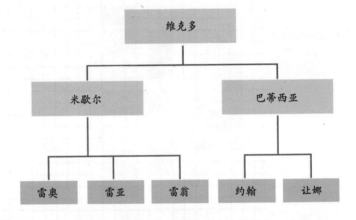

080 迷宫（3）

目标：这个游戏训练视觉—空间记忆和注意力。

进入迂回曲折的迷宫，然后尽可能快地出来。

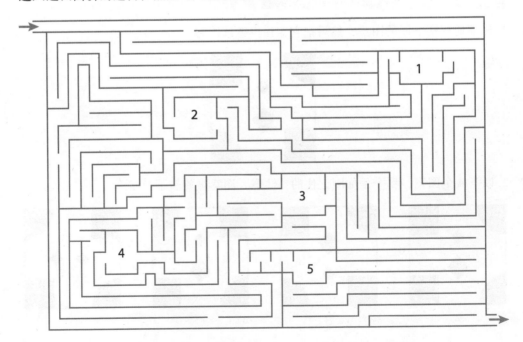

081 植物专家

目标： 这个练习训练视觉和口头记忆。

仔细地观察下面这些针叶树，并记住它们的名字，然后盖住图继续做练习。

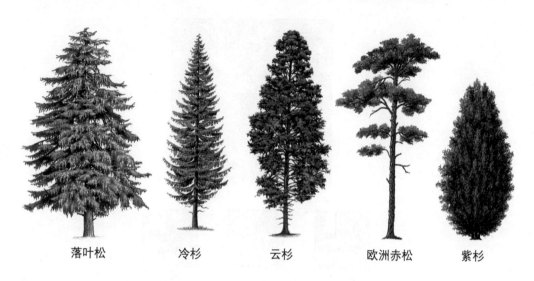

落叶松　　冷杉　　云杉　　欧洲赤松　　紫杉

给每一种树标上相应的名字。

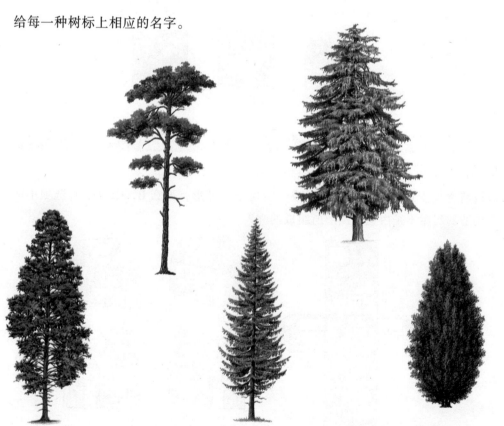

082 补空缺

目标： 这个练习需要集中注意力，并训练视觉—空间记忆力和逻辑推理能力。

想想看，哪个选项填到空缺处比较适合呢？

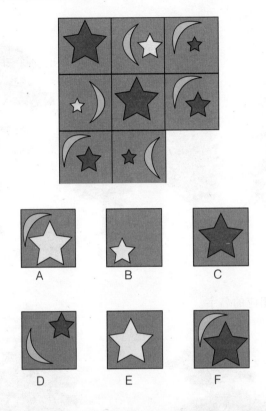

083 构造的房屋

目标： 这个游戏训练视觉—空间记忆力和注意力。

假设将A向上或向后折叠使其形成一所房子的外形，那么B，C，D，E选项中哪个构造的房屋不是由这个图形所组成的呢？

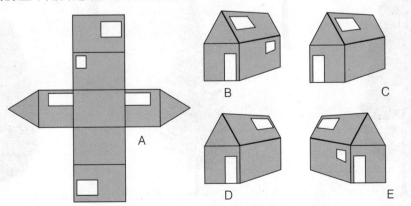

084 找出不同之处（7）

目标：这个练习需要集中注意力，及分析、视觉—空间记忆和口头记忆的参与。
建议最好记住物体的外形、颜色和位置，如果给每件物体起个名字，就更容易了。

下面两幅图中有 5 处不同的地方，你能找出来吗？

A

B

085 颜色和形状

目标： 这个游戏训练记忆力和注意力。

1. 仔细观察下面的图片，并记住每个形状的颜色。

2. 请盖住你刚看见的图片。这里有些图形的颜色和形状已经改变了，你能确定是哪几个吗？请圈出来。

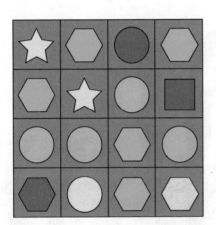

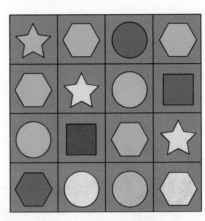

086 圆点（1）

目标： 这个游戏训练你记忆力和空间想象力。

仔细观察下面的图，并注意圆点的排列方式。

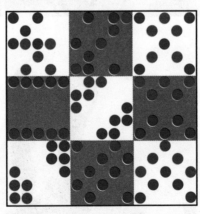

请盖住你刚看见的图片。请问下面的小图来自原图的哪一个部分？

1	2	3
4	5	6
7	8	9

087 各式各样的图形

目标：这个游戏训练记忆力和观察力。

仔细观察下面的图形，并记住它们。

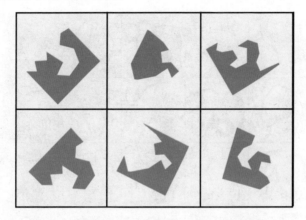

请盖住你刚看见的图片。请问下面的哪些图是你刚见过的？

088 动物散步

目标： 这个游戏需要调动分析能力和视觉记忆。

仔细观察下面的图片，并记住其排列顺序。

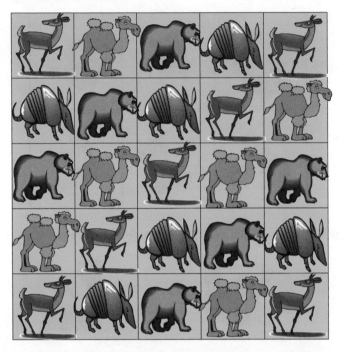

请盖住上面的图片。请问下图中的问号处应该分别填上什么动物？

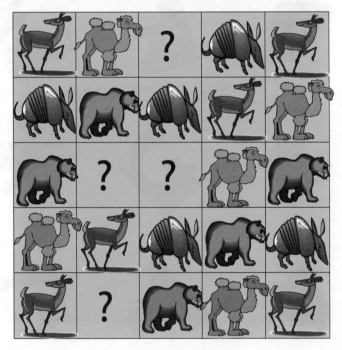

410

089 圆点（2）

目标： 这个游戏训练记忆力和注意力。

仔细观察下面的图，并注意圆点的排列方式。

请盖住你刚看见的图片。请问图中的哪些部分没有圆点？请标出来。

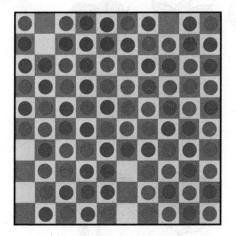

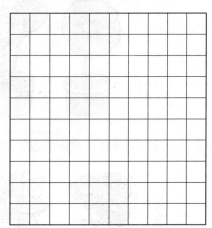

090 彩色方形图

目标： 这个游戏需要调动视觉记忆和观察能力。

仔细观察下面的图形，并尽量记住。

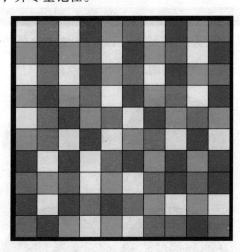

请问编号 1 ～ 5 的方形卡片中哪张不可能在上面的图中找到？

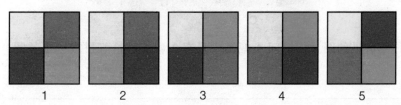

1 2 3 4 5

091 盆栽

目标：这个游戏训练记忆力和观察力。

请仔细地观察下面的这 4 个盆栽。

将上图盖住。请将盆栽对应的数字写出来。

092 拼整圆

目标：这个游戏训练记忆力、判断力，以及逻辑思维能力。

仔细观察下面的图片，并记住每幅图。

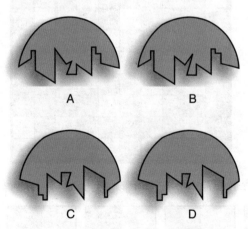

请盖住你刚看见的图片。请问 4 幅图中只有 2 幅能够恰好拼成一个整圆，是哪两幅呢？

093 镜像图

目标：这个游戏需要调动分析能力和视觉记忆。

仔细观察左边的图片，应特别注意细节。请问右边 5 个选项中哪一个是所给图的镜像图？

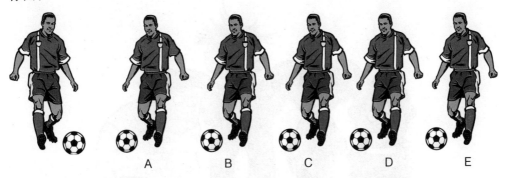

A   B   C   D   E

094 彩色的词

目标：这个游戏训练视觉记忆和观察力。

请用 2 分钟时间记住下面的词及其颜色。

红色　绿色　蓝色　橘红色　黑色

蓝色　黄色　灰色　红色　粉红色

上面的词和颜色你还记得吗？请回答下面的问题。

1. 上面共有多少个词？

_____

2. "橘红色"的词呈现什么颜色？

_____

3. "绿色"的词呈现什么颜色？

_____

4. 哪几种颜色有两个词？

_____

5. 哪几种颜色只有一个词？

_____

6. "黑色"的词呈现的是黑色吗？

_____

095 四个男孩

目标：这个游戏需要调动分析能力和视觉记忆。

请在 2 分钟内记住 4 个男孩的姓名及其偏爱的玩具的名称。

| 迪亚斯托 | 杰弗里 | 詹姆斯 | 宾西亚 |
| 积木 | 玩具手枪 | 气球 | 轨道火车 |

请盖住上图。请在空缺处填上正确的答案。

| 宾西亚 | | 杰弗里 | |
| ___ | 气球 | ___ | 积木 |

096 痛苦的记忆

目标： 这个游戏需要调动语言分析能力和重复记忆能力。

仔细阅读下面的句子，并记住其内容。

在很多情况下，痛苦的记忆会演变成一种避性反应和其他一些持久性的非逻辑行为。严格说来，当这种记忆被唤起时，我们似乎不会采取非常理性的行为。这种记忆的结果会对当前的情况做出不合适的反应。有些时候提到像"感情包袱或是有毒记忆"这样的现象，如果我们不承认他们的存在，那么这些联系最后就会妨碍当前的关系往来和健康的交流模式，并且可能有意识地用更合适的反应替换过时的反应。

请回答下面的问题。

1. 痛苦的记忆会演变成什么？

_____

2. 文中提到"我们似乎不会采取"什么行为？

_____

3. 与"感情包袱"并列的是什么？

_____

4. 文中有一句"健康的"什么？

_____

5. 过时的反应会被什么替换？

_____

097 天山

目标： 这个游戏训练记忆力和判断力。

请认真阅读下面的短文，注意用词的选择。

天山不仅给人一种稀有美丽的感觉，而且更给人一种无限温柔的感情。它有丰饶的水草，有绿发似的森林。当它披着薄薄云纱的时候，它像少女似的含羞；当它被阳光照耀得非常明朗的时候，又像年轻母亲饱满的胸膛。人们会同时用两种甜蜜的感情交织着去爱它，既像婴儿喜爱母亲的怀抱，又像男子依偎自己的恋人。

与上面的短文相比，下文中的一些词语被替换了，请在被替换的词语下面画横线。

天山不仅给人一种稀有瑰丽的感觉，而且更给人一种无限温柔的情感。它有丰饶的水草，有绿发似的树木。当它披着薄薄云纱的时候，它像少女似的害羞；当它被阳光照耀得非常明亮的时候，又像年轻母亲丰满的胸膛。人们会同时用两种甜蜜的感情交织着去爱它，既像婴儿喜爱母亲的怀抱，又像男子依靠自己的恋人。

098 贝壳

目标： 这个游戏需要调动逻辑思维能力和视觉记忆。

请记住下面的 6 张图及其旁边的数字。

请将下面的图片替换成上面代表的数字，并解答这些计算题。

099 平分秋色

目标： 这个游戏需要调动视觉记忆和逻辑分析能力。

仔细观察下面的图片，并试图记住其中的事物及其细节。

在这幅场景里有 3 样东西分别跟这些数字的单词押韵：two，four，six，eight，ten。你能把它们都找出来吗？

_____

_____

_____

100 填补空白

目标：这个游戏训练视觉记忆和空间想象能力。

仔细观察下面的图形，并试图找出其分布规律。

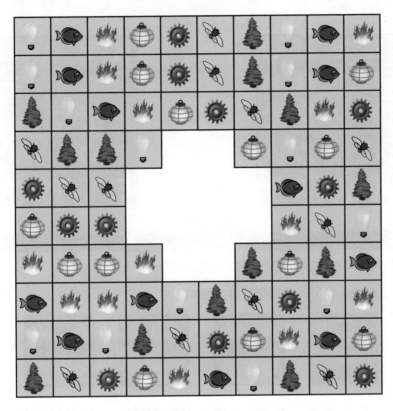

以下的 5 个选项哪一个可以放在上面的空白处？

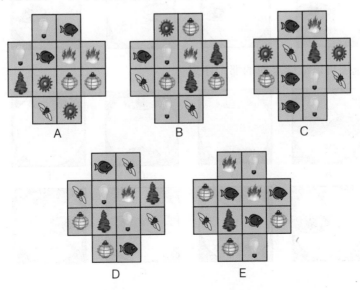

A B C

D E

101 字母正方形

目标：这个游戏训练视觉记忆和逻辑思维能力。

1. 仔细观察下面的字母正方形，并尽量记住。

2. 请盖住左边的图片。请填出缺失的字母。

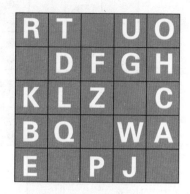

102 图形序列

目标：这个游戏训练视觉记忆和逻辑思维能力。

仔细观察下面的 8 幅图，并记住其排列的顺序。

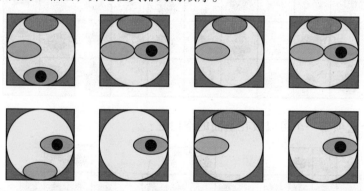

请问哪一个选项可以继续上面的那个序列？

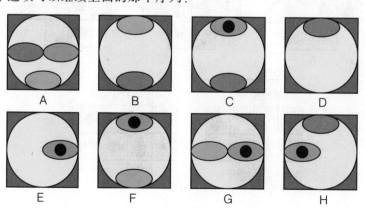

103 板子游戏

目标： 这个游戏训练视觉记忆和联想能力。

仔细观察下面的 7 个冲浪板，并记住每块冲浪板上的图案。

这些冲浪板上面所画图案的英文名称都能放在"board"前面组成一个新单词，比如，画有超市收银员（supermarket checker）的冲浪板就能拼出"CHECKBOARD"。你能拼出多少个这样的词？

1. _____ 2. _____ 3. _____ 4. _____

5. _____ 6. _____ 7. _____

104 数字 H

目标： 这个游戏训练视觉记忆和逻辑思维能力。

请花 2 分钟时间记住每个 H 中的数字。

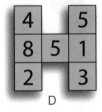

A

B

C

D

盖住上面的图片。上面的 4 个 H 你还有印象吗？请回答下面的问题。

1. A 图中哪个数字出现了两次？

_____

2. 从 1 到 9 的数字中，C 图中缺什么数字？

_____

3. 上面的四个图中的数字相加，哪个图的和最小？是多少？

_____

4. B 图中是奇数多还是偶数多？

_____

5. D 图中最中间的数字是多少？

_____

105 运动空间

目标：这个游戏训练视觉记忆和联想能力。

下图中的每一个孩子都在做运动，但是，他们的运动器材并没有画出来。请仔细观察他们的姿势，想想他们在做什么运动。

请将图片序号与运动相对应。

上面的运动有：花样滑冰、高尔夫球、箭术、保龄球、棒球、美式撞球、网球、排球、篮球、击剑、举重、足球。

1 → _____	2 → _____
3 → _____	4 → _____
5 → _____	6 → _____
7 → _____	8 → _____
9 → _____	10 → _____
11 → _____	12 → _____

106 一列数字

目标：这个游戏训练视觉记忆和逻辑思维能力。

请用 2 分钟时间记住下面的一列数字。

73564326331837 41

盖住上面的图片。请回答下面的问题。

1. 那列数字一共有多少个数？

2. 那列数字相加是多少？

3. 那列数字中出现次数最多的是几？

4. 其中最大的数字是多少？

107 立方体展开

目标：这个游戏训练视觉记忆和空间想象能力。

仔细观察下面的立方体，并记住细节。

下面 A，B，C，D，E 中哪张图纸能够折叠成上面的图所示的立方体？

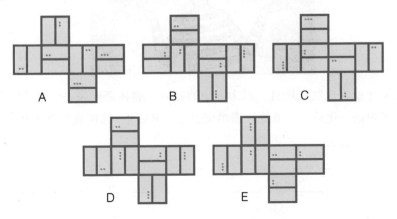

A   B   C

D   E

108 金鱼的故事

目标：这个游戏训练记忆力、逻辑思维能力和分析组织能力。

仔细观察下面的漫画，并注意细节。

上面的那组漫画讲了一个非常幽默的故事。不过图片的顺序被打乱了，你能把它们排好吗？

□→□→□→□→□→□→□→□

109 奇怪的球

目标：这个游戏训练记忆力、联想力和判断力。

仔细观察下面的图片，并试图记住其中的事物。

你得有准备才能完成这道题目，因为图中的每一个物体都代表一个以"ball"结尾的单词或者短语。比如，一罐漆代表单词 PAINTBALL。你能找出多少呢？

1. _____　　2. _____　　3. _____

4. _____　　5. _____　　6. _____

7. _____　　8. _____　　9. _____

110 洗澡奇遇

目标：这个游戏训练记忆力、逻辑思维能力和分析组织能力。

仔细观察下面的漫画，并注意细节。

上面的那组漫画讲了一个非常幽默的故事。不过图片的顺序被打乱了，你能把它们排好吗？

□→□→□→□→□→□→□→□

111 数字九宫格

目标：这个游戏训练视觉记忆和观察能力。

请用 2 分钟记住这些带有不同背景颜色的数字。

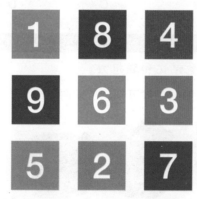

盖住你刚看到的那些带颜色的数字。请回答下面的问题。

1. 左下角的数字是什么？

_____

2. 数字 8 的背景颜色是什么？

_____

3. 有几个数字在红色的方格中？

_____

4. 最中间的数字是什么？

_____

112 缺少的图形

目标：这个游戏训练视觉记忆和逻辑思维能力。

仔细观察下面的图片，试着找出规律记住它。

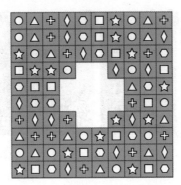

下面的 5 个选项中，哪一个可以放在上面的空白处？

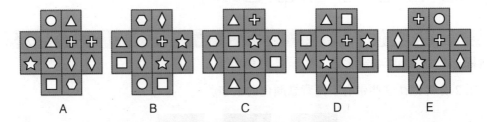

A   B   C   D   E

113 截然相反

目标：这个游戏训练视觉记忆和联想力。

仔细观察下面的图片，看图的时候可别忘了逆向思维。

上面的每一张图片都可以用两个单词来命名，而两个单词之间字母相同、排序相反。比如，某一张图片上画着一堆杂物，最上面是一只壶，那么我们就可以说 "top pot"。横线提示你单词里的字母数量。试试看，你能写出来几个？

1. ＿＿＿＿＿＿＿　2. ＿＿＿＿＿＿＿　3. ＿＿＿＿＿＿＿　4. ＿＿＿＿＿＿＿

5. ＿＿＿＿＿＿＿　6. ＿＿＿＿＿＿＿　7. ＿＿＿＿＿＿＿　8. ＿＿＿＿＿＿＿

114 三个句子

目标：这个游戏训练记忆力和理解力。

阅读下面的句子，并尽可能记住它们的顺序。

    1.诺斯家的柜子上摆放着 5 个小猪储蓄罐，他家的 5 个小孩正努力存钱。

    2.这周的"思道布自由言论"主要是关于 4 个乡村酒吧老板的新闻。

    3.洛蒂·吉姆斯本是一个不起眼的女演员，但是却凭自己的努力争得了几部大片的参演机会。

遮住上面的 3 个句子。下面的字词都是上面的 3 个句子里的，请写出它们各属于哪一句。

吉姆斯	第_____句	努力	第_____句
储蓄罐	第_____句	关于	第_____句
参演	第_____句	诺斯	第_____句
乡村酒吧	第_____句	4 个	第_____句
柜子	第_____句	5 个	第_____句
不起眼	第_____句	摆	第_____句
自己	第_____句		

115 美味世界

目标：这个游戏训练记忆力和联想力。

仔细观察下面的图片，并记住图中的细节。

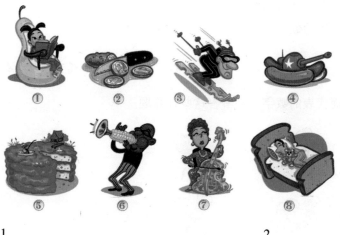

这 8 幅图中都有一件物品是食物做成的，同时，物品和构成它的食物二者的英文单词是押韵的。比如说，意大利面做成的可爱小狗可以叫作"noodle（面条）poodle（狮子狗）"。你能将这样的单词都找出来吗？

1. _____ 2. _____

3. _____ 4. _____

5. _____ 6. _____

7. _____ 8. _____

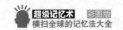

116 车水马龙

目标：这个游戏训练记忆力和观察力。

仔细观察下面的图片，并记住它们。

上面的 8 张图片展示了 8 种坐着不同乘客的交通工具。这些交通工具和乘客的英文单词互相押韵。比如，一只脚趾间有蹼的鸟开着一辆 18 个车轮的大车，可以说成 duck truck，你能把它们都想出来吗？

1. _____ 2. _____

3. _____ 4. _____

5. _____ 6. _____

7. _____ 8. _____

117 花朵

目标：这个游戏训练记忆力和计算力。

请记住下面的 6 张图及其旁边的数字。

= 3   = 4   = 1   = 6   = 8   = 2

请将下面的图片替换成上面代表的数字，并解答这些计算题。

× − = _____

+ × = _____

+ ÷ = _____

118 图案速配

目标：这个游戏需要调动分析能力和视觉记忆。

请努力记住下面的图案。

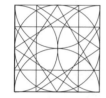

用最快的速度从右图中分别找出与上面的 30 幅图完全相同的图案。

1	2	3	4	5
6	7	8	9	10
11	12	13	14	15
16	17	18	19	20
21	22	23	24	25
26	27	28	29	30

答 案

001...

6，4，7，8，2，1，5，3

005...

D。多米诺骨牌上部和下部的点数轮流增加 1，而另一部分总是有 4 点。

006...

1. 首都→国家

巴格达→伊拉克

曼谷→泰国

布宜诺斯艾利斯→阿根廷

达喀尔→塞内加尔

奥斯陆→挪威

2. 动物→类属

凤尾鱼→鱼类

旱獭→哺乳纲

鹧鸪→鸟类

白蚁→昆虫

乌龟→爬行纲

3. 医生→专业

心脏科医生→心脏

皮肤科医生→皮肤

眼科医生→眼睛

儿科医生→儿童

肺病科医生→肺

008...

1. 沙发的扶手由圆形变成了方形。

2. 陈列柜里的 CD 少了。

3. 靠垫原来放在沙发的左边。

4. 书柜中最底层的书原来都不是直立放置的。

5. 矮桌子上什么东西都没有了。

6. 电视机上天线没有了。

009...

至少需要移动 5 次书：

1. 红色的书放在第一堆书上。

2. 橘色的书放在第三堆书上。

3. 红色的书放在第二堆书上。

4. 黄色的书放在第三堆书上。

5. 红色的书放在第三堆书上。

011...

1.A。
2.C。

012...

1. 技术→职业

截肢→外科医生

调味→厨师

耕地→农业生产者

修补→裁缝

排空→机械师

2. 植物→类属

桂皮→香料

哈密瓜→水果

北风菌→蘑菇

荞麦→谷物

接骨木→树木

013...

1. 看报的女子原来坐在中间的烫发机下。

2. 矮桌上的杂志没有了。

3. 针刺形梳子变成了平梳。

4. 男理发师原来是左手拿着吹风机。

5. 最左边的女子头上的卷发夹子变成了绿色。

6. 大衣架上多了一顶帽子。

015...

7, 2, 8, 4, 1, 5, 3, 6。

017...

1.B。

2.C。

3.C。

018...

C。

019...

至少需要移动4次书:

1. 橘色的书放在第二堆书上。

2. 红色的书放在第三堆书上。

3. 黄色的书放在第二堆书上。

4. 红色的书放在第二堆书上。

020...

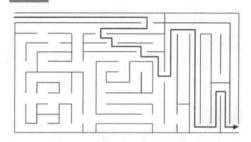

022...

B 和 D。

023...

A 错,B 错,C 对,D 对。

024...

E。所有图形都可以分为4部分。在前4个图形中,都有两部分可以接触到其他3部分,另外两部分只可以接触其他两部分。而在第5个图形中,有一部分可以接触到另外3部分,两部分可以接触到另外两部分,最后一部分只能接触到其中一部分。

027...

D。

028...

1. 最右边的房子的门上原来有3面旗帜。

2. 原来钟楼上的时钟显示13点。

3. 房子的两扇窗户现在敞开着。

4. 只剩下4棵法国梧桐,原来有5棵。

5. 流浪狗的位置上变成了一只猫。

6. 挽着菜栏的妇女位置改变了。

7. 长椅变成了绿色。

8. 面包店的橱窗里多了一个大的圆形蛋糕。

030...

8，3，2，7，6，5，1，4。

032...

3，2，5，6，1，8，7，4。

034...

E。

为了找到正确的答案，应该分析每一个孤立的元素的发展变化：

1. 蓝色的格子按顺时针方向改变位置。

2. 橘色的几何图形每次增加一条边。

3. 黄色的圆在中央的格子和其正下方的格子的位置上交替出现。

035...

1. 货币→国家

比索→阿根廷

第纳尔→阿尔及利亚

列伊→罗马尼亚

谢克尔→以色列

铢→泰国

2. 服饰→国家

北非有风帽的长袍→摩洛哥

缠腰式长裙→塔希提

南美牧人穿的披风→秘鲁

纱丽→印度

纱笼→泰国

036...

D。

037...

至少需要移动7次书：

1. 红色的书放在第一堆书上。

2. 黄色的书放在第二堆书上。

3. 红色的书放在第二堆书上。

4. 橘色的书放在第一堆书上。

5. 红色的书放在第三堆书上。

6. 黄色的书放在第一堆书上。

7. 红色的书放在第一堆书上。

038...

B。每个小方框里的箭头每次逆时针旋转90°。

042...

1. 其中一张桌子上的蜡烛灭了。

2. 原来厨师的上衣的右部有一块污渍，现在污渍出现在上衣左部。

3. 厨师所在的桌子上的酒瓶没了。

4. 厨师所在的桌子上的杯子空了。

5. 服务员端来的菜变成了鱼，原来是牛排。

6. 7号桌变成了4号桌。

7. 面包篮的位置变了。

8. 穿毛衣的男宾客原来没有围围巾。

044...

C。

045...

至少需要移动8本书：

1. 绿色的书放在第二堆书上。

2. 红色的书放在第二堆书上。

3. 黄色的书放在第一堆书上。

4. 红色的书放在第一堆书上。

5. 橘色的书放在第二堆书上。

6. 红色的书放在第三堆书上。

7. 黄色的书放在第二堆书上。

8. 红色的书放在第二堆书上。

046...

1. 只有克里姆希尔特喜欢齐格弗里特。

2. 只有巩特尔喜欢布伦希尔特。

3. 布伦希尔特喜欢所有憎恨齐格弗里特的人。因为阿尔贝里希讨厌所有人，所以布伦希尔特非常喜欢他。

047...

C。

为了找到正确的答案，应该分析每一个孤立的元素的发展和变化：

1. 红色圆依次改变大小。

2. 蓝色圆依次位于红色圆的下方、中央和上方，如此循环。

3. 黄色圆每次都按逆时针方向转动1/4圈，并且每两次就有一次转到红色的圆后面。

048...

1. 体育运动→国家

羽毛球→英国

手球→德国

冰球→加拿大

滑雪→挪威

排球→美国

2. 神→领域

巴克斯→酒

丘比特→爱情

马尔斯→战争

内普杜尼→海

维斯达→火

050...

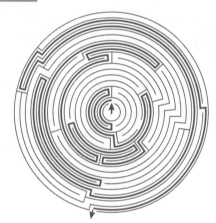

051...

绿色的船里：

不是约翰；

不是弗雷德里克，因为他不可能自己和自己吵架；

所以是查理。

红色的船里：

不可能是弗雷德里克，因为这条船是他哥哥管理的；

不是查理，因为他坐在绿色的船里；

所以是约翰。

蓝色的船里：

弗雷德里克坐在这条船里，因为只剩下这一个男孩了。

054...

1.第一行：尤金。

第二行：莫里斯，玛丽亚，马克。

第三行：拉乌尔，凯特，珍妮，朱丽。

2. a.马克。

b.拉乌尔、凯特、珍妮和朱丽。

c.马克和莫里斯。

061...

答案是9。

分组进行计算，每组3个数字，每3个数字的和都应该等于30：

$$12+8+10=30$$
$$3+5+22=30$$
$$28+1+1=30$$
$$14+7+9=30$$

062...

1.其中一只老虎的斑纹不同。

2.原来老虎园里的树枝上没有树叶。

3.原来脖子上挂着相机的游客穿着一件长袖的衣服。

4.小女孩的冰激凌变成了一个黄色的小球。

5.现在鸟笼里有8只鹦鹉，而原来有6只。

6.鹦鹉的颜色多了种绿色。

7.有一只猴子的尾巴变短了。

8.一只猴子的动作方向变了。

9.餐桌下的水洼的形状变了。

10.垃圾桶中高脚杯里的吸管改变了方向。

063...

1.B。

2.C。

3.C。

064...

5，3，2，4，7，6，1，8。

065...

至少应该移动9本书：

1.红色的书放在第二堆书上。

2.绿色的书放在第三堆书上。

3.红色的书放在第三堆书上。

4.黄色的书放在第一堆书上。

5.红色的书放在第一堆书上。

6.橘色的书放在第三堆书上。

7.红色的书放在第二堆书上。

8.黄色的书放在第三堆书上。

9.红色的书放在第三堆书上。

066...

1.州→首府

亚利桑那州→菲尼克斯

加利福尼亚州→萨克拉曼多

科罗拉多州→丹佛

火奴鲁鲁→夏威夷

印第安纳州→印第安纳波利斯

2.宝石→颜色

紫水晶→紫色

翡翠→绿色

天青石→蓝色

红宝石→红色

黄玉→黄色

068...

B。

有两个同时发生的进展，一个从字母 Y 开始，另一个从字母 N 开始。按照字母顺序，从倒数第二个字母开始，回溯 4 个字母：

Y（X W V），N（M L K），U（T S R），J（I H G），Q（P O N），F（E D C），M（L K J），B。

069...

至少应该移动 11 本书：

1. 红色的书放在第三堆书上。

2. 黄色的书放在第一堆书上。

3. 红色的书放在第一堆书上。

4. 绿色的书放在第三堆书上。

5. 红色的书放在第三堆书上。

6. 黄色的书放在第二堆书上。

7. 红色的书放在第二堆书上。

8. 橘色的书放在第三堆书上。

9. 红色的书放在第一堆书上。

10. 黄色的书放在第三堆书上。

11. 红色的书放在第三堆书上。

070...

应该分步进行，采用排除法。

第一步：芭芭拉和纪尧姆一起离开，所以他俩都不可能再和其他人在一起。

第二步：塞琳娜不可能和弗雷德里克在一起。

第三步：弗雷德里克不可能和欧德在一起，因为他想去听一场管风琴演奏会，而欧德去了迪斯科舞厅。那么，他一定是和黛尔芬在一起。

第四步：艾尔维不可能和欧德在一起，因为他想去电影院，而欧德去了迪斯科舞厅。那么，他一定是和塞琳娜在一起。同样，欧德一定是和埃德蒙在一起，因为她既没有和弗雷德里克或纪尧姆在一起，也没有和艾尔维在一起。

072...

C。

074...

1. 最右面的男人原来腿是伸直的。

2. 跑步机上的女人穿着一件淡紫色的厚运动衫。

3. 左前方男人的文身变了。

4. 矮柜上的毛巾少了。

5. 哑铃变成了"20 千克"。

6. 后排最左边的女人头上戴着发带。

7. 旧毛巾没有了。

8. 正在举哑铃的男人的鞋带开了。

9. 墙上的四幅体育运动照片中有一幅倾斜着。

078...

B。

079...

1. 维克多。

2. 米歇尔。

3. 米歇尔。

4. 让娜。

5. 巴蒂西亚。

080...

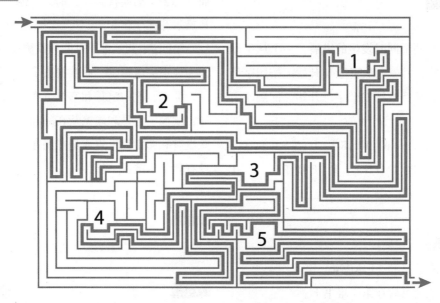

082...

E。

083...

D。

084...

090...

1 图。

092...

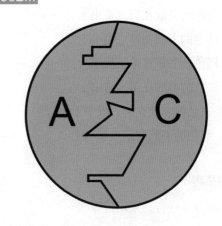

093...

B。

099...

Two: glue（胶水）, screw（螺丝钉）, shoe（鞋）Four: core（of apple）（苹果核）, door（门）, oar（桨）

Six: bricks（砖）, chicks（小鸡）, sticks（棍子）

Eight: crate（板条箱）, gate（大门）, plate（盘子）

Ten: hen（母鸡）, men（男人）, pen（笔）

100...

C。从左上角开始并按照顺时针方向、以螺旋形向中心移动。7个不同的符号每次按照相同的顺序重复。

102...

D。

103...

1.Keyboard 键盘
2.Clipboard 剪贴板
3.Backboard 篮板
4.Cardboard 硬纸板
5.Blackboard 黑板
6.Snowboard 滑雪板
7.Billboard 广告牌

105...

1. 篮球
2. 击剑
3. 高尔夫球
4. 美式撞球
5. 举重

6. 保龄球
7. 网球
8. 排球
9. 足球
10. 棒球
11. 箭术
12. 花样滑冰

107...

B。

108...

正确的顺序是：3，6，1，5，2，4。

109...

1.Gumball 口香糖
2.Handball 手球
3.Basketball 篮球
4.Crystal ball 水晶球
5.Football 足球
6.Hair ball 毛球
7.Meatball 肉团
8.Pinball 弹球
9.Mothball 卫生球

110...

正确的顺序是：3，4，1，6，2，5。

112...

C。从左上角开始并按照顺时针方向、以螺旋形向中心移动。7个不同的符号每次按照相同的顺序重复。

113...

1.POOL（游泳池）LOOP（环状）

2.STRAW（吸管）WARTS（瘊子）

3.BUS（公交车）SUB（潜水艇）

4.STEP（台阶）PETS（宠物）

5.STAR（明星）RATS（老鼠）

6.GUM（口香糖）MUG（大杯）

7.DRAWER（抽屉）REWARD（赏金）

8.STRESSED（紧张的）DESSERTS（甜点）

115...

1.Pear chair（梨做的椅子）

2.Pickle nickel（腌黄瓜做的五分币）

3.Cheese skis（奶酪的滑雪板）

4.Frank tank（热狗做成的坦克）

5.Cake lake（蛋糕湖）

6.Corn horn（玉米做成的喇叭）

7.Jell-o cello（果冻做成的大提琴）

8.Bread bed（面包做成的床）

116...

1.Chimp blimp（坐着黑猩猩的软式小型飞船）

2.Crab cab（坐着螃蟹的出租车）

3.Actor tractor（坐着演员的拖拉机）

4.Dragon wagon（坐着龙的四轮小车）

5.Bowler stroller（玩儿滚球的人坐在婴儿车上）

6.Shark ark（坐着鲨鱼的方舟）

7.Sheep jeep（坐着绵羊的吉普车）

8.Collie trolley（坐着牧羊犬的手推车）

118...

1	2	3	4	5
6	7	8	9	10
11	12	13	14	15
16	17	18	19	20
21	22	23	24	25
26	27	28	29	30

5	27	13	28	8
30	11	18	3	20
23	16	7	15	29
2	17	10	6	26
9	14	22	1	24
21	4	19	25	12